U0897253

计算方法丛书·典藏版 4

线性规划计算方法

赵凤治 编著

科学出版社

北 京

内 容 简 介

线性规划是一个应用广泛的数学分支．本书介绍几种常用的线性规划计算方法．如：单纯形法、初等矩阵法、迭代法等；讨论几种特殊类型的线性规划问题的解法，如：生产组织与管理问题、运输问题、分配问题等．

本书可供有关专业的教师、研究生，大学高年级学生以及科研、工程技术人员参考．

图书在版编目（CIP）数据

线性规划计算方法/赵凤治编著．—北京：科学出版社，2015.11

（计算方法丛书）

ISBN 978-7-03-046408-8

Ⅰ．①线… Ⅱ．①赵… Ⅲ．①线性规划—计算方法 Ⅳ．①O221.1

中国版本图书馆 CIP 数据核字（2015）第 275755 号

责任编辑：向安全　张鸿林／责任校对：鲁　素

责任印制：钱玉芬／封面设计：王　浩

科学出版社 出版

北京东黄城根北街 16 号

邮政编码：100717

http://www.sciencep.com

北京凌奇印刷有限责任公司 印刷

科学出版社发行　各地新华书店经销

*

1981 年 10 月第　一　版　开本：850×1168 1/32

2016 年 1 月印　　　刷　印张：10 1/8

字数：265 000

定价：69.00 元

（如有印装质量问题，我社负责调换）

前　　言

线性规划是数学规划中理论完整、方法成熟、应用广泛的一个分支. 它可以用来解决科学研究、工程设计、活动安排、军事指挥、经济规划、经营管理等许多方面提出的大量问题. 为适应在电子计算机上求解这些问题的要求，本书有选择地介绍一些线性规划问题的常用解法.

本书共分四章: 第一章是本书的重点，介绍单纯形法. 包括对偶单纯形法、原来-对偶单纯形法、分解原则等. 为了对计算中或应用中产生的问题进行分析，也进行了必不可少的理论方面的讨论. 第二章介绍初等矩阵法和迭代法. 他们与单纯形法有联系，但又各有特色. 这里对初等矩阵法介绍得较为详细，因为用它求解一些实际问题，特别是大规模稀疏线性规划问题较为方便;迭代法讲得较少，对其有兴趣的读者可参阅文献[13,14]. 第三章以特殊类型线性规划作为讨论对象，讨论了运输问题、分配问题、生产组织与管理问题的解法. 最后一章叙述了用线性规划的解法求解分段线性规划、非线性规划、整数线性规划问题的计算方案.

介绍每一个算法一般分四步，首先做一些理论上的讨论，以便使读者把握住方法的实质;第二是计算公式，便于在机器上实现时套用;第三是给出示意性框图，供读者了解算法的逻辑结构; 最后提供手算例题，帮助读者掌握算法. 书中还附有少量习题和参考文献.

限于作者水平，缺点和错误在所难免，请读者批评指正.

作　者

目　　录

第一章 单纯形法

在线性规划的解法中，单纯形法是一个最著名的方法. 它在理论上是完善的、严格的；在实践上是方便的、有效的.

这一章介绍单纯形法的几种实现形式和与之有关的理论，还介绍大规模线性规划问题的分解算法.

§1. 线性规划的对偶理论

线性规划的对偶理论是线性规划理论的一个重要部分. 利用它来分析线性规划解的存在性、稳定性以及其它特性是很方便的. 在建立计算方法时，对偶理论的研究也有指导意义.

数学规划对偶理论的建立，首先就是在线性规划的范围内进行的. 数学规划工作者希望能在非线性规划中，也建立起类似于线性规划对偶理论的理论. 所以线性规划对偶理论自 1947 年提出以后在不到三十年的时间内，数学规划的对偶理论就有了很大的发展. 在这些发展中，人们都试图能保存线性规划对偶理论的一些很好的性质. 因此可以说，对线性规划对偶理论的深刻理解，不单是研究线性规划所必需的，并且对于研究数学规划的对偶理论也是必要的.

1.1. 线性不等式组的有关对偶理论

在研究线性规划的对偶理论之前，我们先讨论一些线性不等式组方面的知识.

定义 1.1. 我们称

(P): $\boldsymbol{v} \geqslant \mathbf{0}$, $A^T\boldsymbol{u} + C^T\boldsymbol{v} \geqslant \mathbf{0}$, $B^T\boldsymbol{u} + D^T\boldsymbol{v} = \mathbf{0}$;

与

(D)：$-Ax-By=0$，$-Cx-Dy\geqslant 0$，$x\geqslant 0$

为一对相互对偶的线性不等式组．也可以说成，(P)是“原有”的线性不等式组，(D)是(P)的“对偶”线性不等式组．

很明显，依定义，若把(D)看成“原有”的线性不等式组，则其对偶线性不等式组刚好是(P)．这种对偶关系，我们说它具有“对合”性质，即(P)的对偶的对偶刚好是问题(P)本身．这种对合性质也是数学规划对偶理论所追求的一个重要特性．

对于这一对相互对偶的线性不等式组有下述重要性质．

定理 1.1. 一对对偶线性不等式组．

(P)：$\boldsymbol{v}\geqslant \boldsymbol{0}$，$\boldsymbol{u}$ 自由，$A^T\boldsymbol{u}+C^T\boldsymbol{v}\geqslant \boldsymbol{0}$，$B^T\boldsymbol{u}+D^T\boldsymbol{v}=\boldsymbol{0}$；

(D)：$-A\boldsymbol{x}-B\boldsymbol{y}=\boldsymbol{0}$，$-C\boldsymbol{x}-D\boldsymbol{y}\geqslant \boldsymbol{0}$，$\boldsymbol{x}\geqslant \boldsymbol{0}$，$\boldsymbol{y}$ 自由，

具有解 $\boldsymbol{u}^*$，$\boldsymbol{v}^*$ 和 $\boldsymbol{x}^*$，$\boldsymbol{y}^*$，满足

$$\boldsymbol{v}^*-C\boldsymbol{x}^*-D\boldsymbol{y}^*>\boldsymbol{0},$$
$$A^T\boldsymbol{u}^*+C^T\boldsymbol{v}^*+\boldsymbol{x}^*>\boldsymbol{0}.$$

这里在两个向量之间用符号“>”表示，“>”左面的向量与“>”右面的向量，各个分量之间都成立严格不等式．如 $\boldsymbol{w}=(w_1,w_2,\cdots,w_n)^T>\boldsymbol{0}$，是指满足不等式

$$w_j>0 \quad (j=1,2,\cdots,n).$$

在上面两组不等式组中各个量的意义如下：

A：$m\times n$ 矩阵；

B：$m\times r$ 矩阵；

C：$p\times n$ 矩阵；

D：$p\times r$ 矩阵；

$\boldsymbol{x}$：n 维向量，一般指列向量．

$\boldsymbol{y}$：r 维向量；

$\boldsymbol{u}$：m 维向量；

$\boldsymbol{v}$：p 维向量．

其中符号“T”记于矩阵或向量的右上角，表示矩阵或向量的转置．

为了证明定理 1.1，我们先要证明引理 1.1 及引理 1.2．

引理 1.1. 线性不等式组

$$A^T\boldsymbol{u} \geqslant \boldsymbol{0},$$

和

$$A\boldsymbol{x} = \boldsymbol{0},\ \boldsymbol{x} \geqslant \boldsymbol{0}$$

有解 $\boldsymbol{u}^*$, $\boldsymbol{x}^*$ 满足

$$A^T\boldsymbol{u}^* + \boldsymbol{x}^* > \boldsymbol{0}.$$

其中 A 为 $m \times n$ 矩阵，$\boldsymbol{u}$ 为 m 维向量，$\boldsymbol{x}$ 为 n 维向量.

容易看出，引理 1.2 是定理 1.1 中取 $B = 0$, $C = 0$, $D = 0$ 的特殊情形. 所以它们也是一对相互对偶的线性不等式组.

证　我们先证明设引理 1.1 有解 $\boldsymbol{u}^{(j)}$, $\boldsymbol{x}^{(j)}$ 使 $A^T_{\cdot j}\boldsymbol{u}^{(j)} + x_j^{(j)} > 0$ 的情形. 其中 $A_{\cdot j}$ 为矩阵 A 的第 j 列，$A^T_{\cdot j}$ 为一行向量. $\boldsymbol{u}^{(j)}$, $\boldsymbol{x}^{(j)}$ 为与 $A_{\cdot j}$ 有关的两个向量. $x_j^{(j)}$ 为纯量，是向量 $\boldsymbol{x}^{(j)}$ 的第 j 个分量. 因为 A 的各个列向量 $\boldsymbol{x}^{(j)}$ 的各个分量和标号 j 无关，也就是说，我们完全可以用分量交换的方式把它们换到任意指定的位置. 所以为证明 $A^T_{\cdot j}\boldsymbol{u}^{(j)} + x_j^{(j)} > 0$，只要证明 $A^T_{\cdot 1}\boldsymbol{u}^{(1)} + x_1^{(1)} > 0$ 就够了. 即对

$$A^T\boldsymbol{u} \geqslant \boldsymbol{0} \tag{1.1}$$

和

$$A\boldsymbol{x} = \boldsymbol{0},\ \boldsymbol{x} \geqslant \boldsymbol{0} \tag{1.2}$$

有解 $\boldsymbol{u}^{(1)}$, $\boldsymbol{x}^{(1)}$, 且满足

$$A^T_{\cdot 1}\boldsymbol{u}^{(1)} + x_1^{(1)} > 0. \tag{1.3}$$

用归纳法证明：

当 A 只有一列时，记为 $A_{\cdot 1}$. 若 $A_{\cdot 1} = \boldsymbol{0}$, 取 $x_1^{(1)} = \alpha > 0$, 不管 $\boldsymbol{u}^{(1)}$ 取任何向量，只要各分量的值取定，于是上述(1.1), (1.2), (1.3)都可满足.

若 $A_{\cdot 1} \neq 0$, 取 $\boldsymbol{u}^{(1)} = A_{\cdot 1}$, $x_1^{(1)} = 0$, 于是代入(1.1),(1.2),(1.3)都满足. 因此对于 A 只有一列时命题成立.

设当 A 有 k 列时命题成立，证明 A 有 $k+1$ 列时命题也成立. 记

$$A^{\Delta} = (A_{\cdot 1}, \cdots, A_{\cdot k}, A_{\cdot k+1}) = (\tilde{A}, A_{\cdot k+1}).$$

由归纳法的假设，有 $\boldsymbol{u}$, $\boldsymbol{x}$ 使得

$$\widetilde{A}^T\boldsymbol{u}\geqslant\boldsymbol{0},\ \widetilde{A}\boldsymbol{x}=\boldsymbol{0},\ \boldsymbol{x}\geqslant\boldsymbol{0},\ A_{\cdot 1}^T\boldsymbol{u}+x_1>0.$$

下面分两种情形来构造 $\boldsymbol{u}^{(1)}$ 及 $\boldsymbol{x}^{(1)}$.

i) 当 $A_{\cdot k+1}^T\boldsymbol{u}\geqslant 0$ 时,取 $\boldsymbol{u}^{(1)}=\boldsymbol{u},\ \boldsymbol{x}^{(1)}=(\boldsymbol{x}^T,0)^T$, 只要直接代入公式进行验证就可以知道,如此构造的 $\boldsymbol{u}^{(1)}$, $\boldsymbol{x}^{(1)}$ 满足

$$(A^{\triangle})^T\boldsymbol{u}^{(1)}=\begin{pmatrix}\widetilde{A}^T\boldsymbol{u}\\ \widetilde{A}_{\cdot k+1}^T\boldsymbol{u}\end{pmatrix}\geqslant\boldsymbol{0},$$

$$A^{\triangle}\boldsymbol{x}^{(1)}=(\widetilde{A},A_{\cdot k+1})\begin{pmatrix}\boldsymbol{x}\\ 0\end{pmatrix}=\widetilde{A}\boldsymbol{x}=\boldsymbol{0},$$

$$\boldsymbol{x}^{(1)}=\begin{pmatrix}\boldsymbol{x}\\ 0\end{pmatrix}\geqslant\boldsymbol{0},$$

$$(A_{\cdot 1}^{\triangle})^T\boldsymbol{u}^{(1)}+x_1^{(1)}=A_{\cdot 1}^T\boldsymbol{u}+x_1>0.$$

ii) 当 $A_{\cdot k+1}^T\boldsymbol{u}<0$ 时,引进矩阵

$$\begin{aligned}B&=(B_1,B_2,\cdots,B_k)\\&=(A_{\cdot 1}+\lambda_1A_{\cdot k+1},A_{\cdot 2}+\lambda_2A_{\cdot k+1},\cdots,A_{\cdot k}+\lambda_kA_{\cdot k+1}).\end{aligned}$$

其中

$$\lambda_j=\frac{-A_{\cdot j}^T\boldsymbol{u}}{A_{\cdot k+1}^T\boldsymbol{u}}\geqslant 0\quad(j=1,2,\cdots,k).$$

对于 B 有

$$\begin{aligned}B^T\boldsymbol{u}=((A_{\cdot 1}^T+\lambda_1A_{\cdot k+1}^T)\boldsymbol{u},(A_{\cdot 2}^T+\lambda_2A_{\cdot k+1}^T)\boldsymbol{u},\cdots,\\(A_{\cdot k}^T+\lambda_kA_{\cdot k+1}^T)\boldsymbol{u})^T=0.\end{aligned}$$

因为 B 是只含有 k 列的矩阵,故根据归纳法的假设有 $\boldsymbol{v}$, $\boldsymbol{y}$ 满足

$$B^T\boldsymbol{v}\geqslant\boldsymbol{0},\ B\boldsymbol{y}=\boldsymbol{0},\ \boldsymbol{y}\geqslant\boldsymbol{0},\ B_1^T\boldsymbol{v}+y_1>0.$$

于是取

$$\boldsymbol{u}^{(1)}=\boldsymbol{v}+\mu\boldsymbol{u},$$

$$\boldsymbol{x}^{(1)}=\left(\boldsymbol{y}^T,\ \sum_{j=1}^k\lambda_jy_j\right)^T$$

其中

$$\mu=\frac{-A_{\cdot k+1}^T\boldsymbol{v}}{A_{\cdot k+1}^T\boldsymbol{u}},\qquad\boldsymbol{y}=(y_1,y_2,\cdots,y_k)^T,$$

则 $\boldsymbol{u}^{(1)}$, $\boldsymbol{x}^{(1)}$ 为所要求的向量.

事实上

$$
\begin{aligned}
(A^{\triangle})^T\boldsymbol{u}^{(1)} &= \begin{pmatrix}\widetilde{A}^T \\ A^T_{\cdot k+1}\end{pmatrix}(\boldsymbol{v}+\mu\boldsymbol{u}) \\
&= (A^T_{\cdot 1}\boldsymbol{v}+\mu A^T_{\cdot 1}\boldsymbol{u} \quad A^T_{\cdot 2}\boldsymbol{v}+\mu A^T_{\cdot 2}\boldsymbol{u}\cdots A^T_{\cdot k}\boldsymbol{v} \\
&\qquad +\mu A^T_{\cdot k}\boldsymbol{u} \quad A^T_{\cdot k+1}\boldsymbol{v}+\mu A^T_{\cdot k+1}\boldsymbol{u})^T \\
&= \Bigg(A^T_{\cdot 1}\boldsymbol{v}-\frac{A^T_{\cdot k+1}\boldsymbol{v}}{A^T_{\cdot k+1}\boldsymbol{u}}A^T_{\cdot 1}\boldsymbol{u} \quad A^T_{\cdot 2}\boldsymbol{v}+\frac{A^T_{\cdot k+1}\boldsymbol{v}}{A^T_{\cdot k+1}\boldsymbol{u}}A^T_{\cdot 2}\boldsymbol{u}\cdots \\
&\qquad A^T_{\cdot k}\boldsymbol{v}-\frac{A^T_{\cdot k+1}\boldsymbol{v}}{A^T_{\cdot k+1}\boldsymbol{u}}A^T_{\cdot k}\boldsymbol{u} \quad A^T_{\cdot k+1}\boldsymbol{v} \\
&\qquad -\frac{A^T_{\cdot k+1}\boldsymbol{v}}{A^T_{\cdot k+1}\boldsymbol{u}}A^T_{\cdot k+1}\boldsymbol{u}\Bigg)^T \\
&= ((A_{\cdot 1}+\lambda_1A_{k+1})^T\boldsymbol{v}(A_{\cdot 2}+\lambda_2A_{k+1})^T\boldsymbol{v}\cdots \\
&\qquad (A_{\cdot k}+\lambda_kA_{k+1})^T\boldsymbol{v} \quad 0)^T \\
&= (B^T\boldsymbol{v} \quad 0)^T \geqslant 0.
\end{aligned}
$$

$$
\begin{aligned}
A^{\triangle}\boldsymbol{x}^{(1)} &= (\widetilde{A} \quad A_{\cdot k+1})\begin{pmatrix}\boldsymbol{y} \\ \sum_{j=1}^{k}\lambda_j y_j\end{pmatrix} \\
&= \widetilde{A}\boldsymbol{y}+\sum_{j=1}^{k}\lambda_jA_{\cdot k+1}y_j = B\boldsymbol{y} = \boldsymbol{0}.
\end{aligned}
$$

因为 $\boldsymbol{y}\geqslant\boldsymbol{0}$, $\lambda_j\geqslant 0\ (j=1,2,\cdots,k)$ 所以明显地有

$$
\boldsymbol{x}^{(1)} = \begin{pmatrix}\boldsymbol{y} \\ \sum_{j=1}^{k}\lambda_j y_j\end{pmatrix} \geqslant \boldsymbol{0}.
$$

最后

$$
\begin{aligned}
A^{\triangle T}_{\cdot 1}\boldsymbol{u}^{(1)}+x_1^{(1)} &= A^T_{\cdot 1}\boldsymbol{v}-\frac{A^T_{\cdot 1}\boldsymbol{u}}{A^T_{\cdot k+1}\boldsymbol{u}}A^T_{\cdot k+1}\boldsymbol{v}+y_1 \\
&= B_1^T\boldsymbol{v}+y_1>0.
\end{aligned}
$$

故如此构造的 $\boldsymbol{u}^{(1)}$, $\boldsymbol{x}^{(1)}$ 满足所有条件. 证毕.

只要对 A 的各列和 $\boldsymbol{x}$ 的各分量重新排列，仿上面的证明便可以得出 $\boldsymbol{u}^{(j)}$, $\boldsymbol{x}^{(j)}$, 其满足

$$
A^T\boldsymbol{u}^{(j)}\geqslant 0,\quad A\boldsymbol{x}^{(j)}=0,\quad \boldsymbol{x}^{(j)}\geqslant 0,\quad A^T_{\cdot j}\boldsymbol{u}^{(j)}+x_j^{(j)}>0.
$$

若令

$$\boldsymbol{u}^* = \sum_{j=1}^{n} \boldsymbol{u}^{(j)},$$

$$\boldsymbol{x}^* = \sum_{j=1}^{n} \boldsymbol{x}^{(j)},$$

则有

$$A^T\boldsymbol{u}^* = \sum_{j=1}^{n} A^T\boldsymbol{u}^{(j)} \geqslant \boldsymbol{0},$$

$$A\boldsymbol{x}^* = \sum_{j=1}^{n} A\boldsymbol{x}^{(j)} = \boldsymbol{0},$$

$$\boldsymbol{x}^* = \sum_{j=1}^{n} \boldsymbol{x}^{(j)} \geqslant \boldsymbol{0}$$

及由

$$A^T_{\cdot j}\boldsymbol{u}^* + \boldsymbol{x}_j^* = \sum_{k=1}^{n} (A^T_{\cdot j}\boldsymbol{u}^{(k)} + x_j^{(k)}) \geqslant A^T_{\cdot j}\boldsymbol{u}^{(j)} + x_j^{(j)} > 0$$

$$(j = 1, 2, \cdots, n)$$

推出

$$A^T\boldsymbol{u}^* + \boldsymbol{x}^* > \boldsymbol{0}.$$

引理 1.1 证完.

有了这个引理,很容易证明下述

引理 1.2. 线性不等式组

$$\boldsymbol{v} \geqslant \boldsymbol{0},\ G^T\boldsymbol{v} \geqslant \boldsymbol{0},$$

与

$$-G\boldsymbol{x} \geqslant \boldsymbol{0},\ \boldsymbol{x} \geqslant \boldsymbol{0}$$

有解 $\boldsymbol{v}^*$ 和 $\boldsymbol{x}^*$ 满足

$$\boldsymbol{v}^* - G\boldsymbol{x}^* > \boldsymbol{0},$$

$$G^T\boldsymbol{v}^* + \boldsymbol{x}^* > \boldsymbol{0}.$$

容易看出,引理 1.2 是定理 1.1 中取 $A = 0$, $B = 0$, $D = 0$, $C = G$ 的特殊情形,表明这还是一对对偶线性不等式组.

证 在引理 1.1 中我们取 $A = (I\ \ G)$,于是有解 $\boldsymbol{v}^*$ 及 $\begin{pmatrix} \boldsymbol{w}^* \\ \boldsymbol{x}^* \end{pmatrix}$

满足

$$(I\ \ G^T)^T\boldsymbol{v}^*\geqslant\mathbf{0},\quad (I\ \ G)\begin{pmatrix}\boldsymbol{w}^*\\ \boldsymbol{x}^*\end{pmatrix}=\mathbf{0},$$

$$\begin{pmatrix}\boldsymbol{w}^*\\ \boldsymbol{x}^*\end{pmatrix}\geqslant\mathbf{0},\ (I\ \ G^T)^T\boldsymbol{v}^*+\begin{pmatrix}\boldsymbol{w}^*\\ \boldsymbol{x}^*\end{pmatrix}>\mathbf{0}.$$

其中 I 为一单位矩阵. 从第一式求出 $\boldsymbol{v}^*\geqslant\mathbf{0}$, $G^T\boldsymbol{v}^*\geqslant\mathbf{0}$, 从第二、三式求出 $-G\boldsymbol{x}^*\geqslant\mathbf{0}$, $\boldsymbol{x}^*\geqslant\mathbf{0}$, 从第二、四式求出 $\boldsymbol{v}^*-G\boldsymbol{x}^*>\mathbf{0}$ 及 $G^T\boldsymbol{v}^*+\boldsymbol{x}^*>\mathbf{0}$. 引理 1.2 证完.

现在证明定理 1.1.

证　在引理 1.1 中取

$$G=\begin{pmatrix}-A & -B & B\\ A & B & -B\\ C & D & -D\end{pmatrix},$$

相应地将 $\boldsymbol{v}$ 扩大为

$$\begin{pmatrix}\boldsymbol{u}_1\\ \boldsymbol{u}_2\\ \boldsymbol{v}\end{pmatrix},$$

将 $\boldsymbol{x}$ 扩大为

$$\begin{pmatrix}\boldsymbol{x}\\ \boldsymbol{y}_1\\ \boldsymbol{y}_2\end{pmatrix},$$

则存在

$$\boldsymbol{u}_1^*\geqslant\mathbf{0},\ \boldsymbol{u}_2^*\geqslant\mathbf{0},\ \boldsymbol{v}^*\geqslant\mathbf{0};\ \boldsymbol{x}^*\geqslant\mathbf{0},\ \boldsymbol{y}_1^*\geqslant\mathbf{0},\ \boldsymbol{y}_2^*\geqslant\mathbf{0}$$

满足

$$\left.\begin{aligned}&-A^T\boldsymbol{u}_1^*+A^T\boldsymbol{u}_2^*+C^T\boldsymbol{v}^*\geqslant\mathbf{0},\\&-B\boldsymbol{u}_1^*+B^T\boldsymbol{u}_2^*+D^T\boldsymbol{v}^*\geqslant\mathbf{0},\\&B^T\boldsymbol{u}_1^*-B^T\boldsymbol{u}_2^*-D^T\boldsymbol{v}^*\geqslant\mathbf{0},\end{aligned}\right\}\text{对应于 } G^T\boldsymbol{v}\geqslant\mathbf{0},$$

$$\left.\begin{aligned}&A\boldsymbol{x}^*+B\boldsymbol{y}_1^*-B_2\boldsymbol{y}_2^*\geqslant\mathbf{0},\\&-A\boldsymbol{x}^*-B\boldsymbol{y}_1^*+B_2\boldsymbol{y}_2^*\geqslant\mathbf{0},\\&-C\boldsymbol{x}^*-D\boldsymbol{y}_1^*+D\boldsymbol{y}_2^*\geqslant\mathbf{0},\end{aligned}\right\}\text{对应于 }-G\boldsymbol{x}\geqslant\mathbf{0}.$$

$\boldsymbol{v}^* - C\boldsymbol{x}^* - D\boldsymbol{y}_1^* + D\boldsymbol{y}_2^* > \boldsymbol{0}$，对应于 $\boldsymbol{v}^* - G\boldsymbol{x}^* > \boldsymbol{0}$ 的最后一部分.

$-A^T\boldsymbol{u}_1^* + A^T\boldsymbol{u}_2^* + C^T\boldsymbol{v}^* + \boldsymbol{x}^* > \boldsymbol{0}$，对应于 $G^T\boldsymbol{v}^* + \boldsymbol{x}^* > \boldsymbol{0}$ 的第一部分. 我们取

$$\boldsymbol{u}^* = \boldsymbol{u}_2^* - \boldsymbol{u}_1^*,$$
$$\boldsymbol{y}^* = \boldsymbol{y}_1^* - \boldsymbol{y}_2^*$$

代入上面各式，得出

$$A^T\boldsymbol{u}^* + C^T\boldsymbol{v}^* \geqslant \boldsymbol{0}, \quad -A\boldsymbol{x}^* - B\boldsymbol{y}^* = \boldsymbol{0},$$
$$B^T\boldsymbol{u}^* + D^T\boldsymbol{v}^* = \boldsymbol{0}, \quad -C\boldsymbol{x}^* - D\boldsymbol{y}^* \geqslant \boldsymbol{0},$$
$$A^T\boldsymbol{u}^* + C^T\boldsymbol{v}^* + \boldsymbol{x}^* \geqslant 0, \quad \boldsymbol{v}^* - C\boldsymbol{x}^* - D\boldsymbol{y}^* > \boldsymbol{0}.$$

为定理 1.1 所要证明的.

定理 1.2. 我们称

$$K\boldsymbol{w} \geqslant \boldsymbol{0}, \quad \boldsymbol{w} \geqslant \boldsymbol{0},$$

当 $K^T = -K$ 时为自对偶系统，它有解 $\boldsymbol{w}^*$ 满足

$$K\boldsymbol{w}^* + \boldsymbol{w}^* > \boldsymbol{0}.$$

证　在引理 1.2 中取 $G = K^T = -K$，则存在 $\boldsymbol{v}^*$ 及 $\boldsymbol{x}^*$ 满足

$$\boldsymbol{v}^* \geqslant \boldsymbol{0}, \quad K\boldsymbol{v}^* \geqslant \boldsymbol{0}, \quad K\boldsymbol{x}^* \geqslant \boldsymbol{0}, \quad \boldsymbol{x}^* \geqslant \boldsymbol{0},$$
$$\boldsymbol{v}^* + K\boldsymbol{x}^* > \boldsymbol{0}, \quad K\boldsymbol{v}^* + \boldsymbol{x}^* > \boldsymbol{0}.$$

取

$$\boldsymbol{w}^* = \boldsymbol{v}^* + \boldsymbol{x}^*,$$

便有

$$K\boldsymbol{w}^* = K(\boldsymbol{v}^* + \boldsymbol{x}^*) = K\boldsymbol{v}^* + K\boldsymbol{x}^* \geqslant \boldsymbol{0},$$
$$\boldsymbol{w}^* = \boldsymbol{v}^* + \boldsymbol{x}^* \geqslant \boldsymbol{0},$$
$$\begin{aligned} K\boldsymbol{w}^* + \boldsymbol{w}^* &= K(\boldsymbol{v}^* + \boldsymbol{x}^*) + \boldsymbol{v}^* + \boldsymbol{x}^* \\ &= \boldsymbol{v}^* + K\boldsymbol{x}^* + K\boldsymbol{v}^* + \boldsymbol{x}^* > \boldsymbol{0}. \end{aligned}$$

由此得证.

对偶线性不等式组还有一些结果，这里就不予介绍了.

练　　习

1. (Farkas 引理)若对所有满足

$$Ax \geqslant 0,$$

的 x 都有

$$b^T x \geqslant 0$$

成立,则一定有 $y \geqslant 0$ 使

$$A^T y = b$$

成立.

其中 A 为 $m \times n$ 矩阵,b为 n 维向量.

证明此引理.

2. 给出 Farkas 引理的几何解释.

3. 若

$$Ax \geqslant 0,$$
$$b^T x < 0$$

无解,则

$$A^T y = b,$$
$$y \geqslant 0$$

一定有解.

1.2. 线性规划的对偶理论

定义 1.2. 我们称下述的数学问题为线性规划问题:

(LP): 极大化

$$S = c^T x \tag{1.4}$$

满足于约束条件

$$Ax \leqslant b, \tag{1.5}$$

$$x \geqslant 0. \tag{1.6}$$

其中 c 是一个给定的 n 维向量,称为价值系数向量,或目标函数系数向量. $S = c^T x$ 被称为目标函数. x 为未知量,也是一个 n 维向量. A 为一给定的 $m \times n$ 矩阵. 称为技术状态矩阵,或约束条件系数矩阵. b 为给定的 m 维列向量,称为要求向量,或约束条

件右端向量. $Ax \leqslant \boldsymbol{b}$, $\boldsymbol{x} \geqslant \boldsymbol{0}$ 称为约束条件. 因为目标函数和约束条件中各函数都是自变量 $\boldsymbol{x}$ 的线性函数，故称为线性规划问题. 在整个这本书中都将讨论这一类数学问题.

每一个线性规划问题中有三个给定的量，即 $\boldsymbol{c}$, A, $\boldsymbol{b}$. 也可以说凡给定了 A, $\boldsymbol{b}$, $\boldsymbol{c}$ 我们都可依(1.4), (1.5), (1.6)写出一个线性规划问题.

定义 1.3. 对应着每一个线性规划问题 (LP), 都可给出与其匹配的另一个线性规划问题:

(LD): 极小化

$$z = \boldsymbol{b}^T\boldsymbol{y}, \tag{1.7}$$

满足于约束条件

$$A^T\boldsymbol{y} \geqslant \boldsymbol{c}, \tag{1.8}$$

$$\boldsymbol{y} \geqslant \boldsymbol{0}. \tag{1.9}$$

称 (LP) 为“原有”线性规划问题，称 (LD) 为 (LP) 的“对偶”线性规划问题.

应该注意，对偶线性规划一定要有一对线性规划问题. 没有一个“对偶”的线性规划存在，就无所谓“原有”线性规划，自不必说，没有“原有”规划就更谈不上什么“对偶”线性规划问题了.

在一对对偶线性规划问题中，所用的给定量都为 A, $\boldsymbol{b}$, $\boldsymbol{c}$. 有了 A, $\boldsymbol{b}$, $\boldsymbol{c}$ 可以用 (1.4), (1.5), (1.6)写出 (LP); 同时也可以用 (1.7),(1.8),(1.9)写出(LD). 所以 A, $\boldsymbol{b}$, $\boldsymbol{c}$ 给定了，问题 (LD) 也就给定了. 因此可以说沿以上的规律定义的对偶线性规划，一旦 (LP) 给定了，(LD) 也是确定的.

因为极小化 $\boldsymbol{b}^T\boldsymbol{y}$ 与极大化 $-\boldsymbol{b}^T\boldsymbol{y}$ 相一致. $A^T\boldsymbol{y} \geqslant \boldsymbol{c}$ 与 $-A^T\boldsymbol{y} \leqslant -\boldsymbol{c}$ 相一致. 所以可以把 (LD) 改写成:

(LP)′: 极大化

$$-z = -\boldsymbol{b}^T\boldsymbol{y}$$

满足于约束条件

$$-A^T\boldsymbol{y} \leqslant -\boldsymbol{c},$$

$$\boldsymbol{y} \geqslant \boldsymbol{0}.$$

于是，按上述的对偶规则，可以写出 (LP)′ 的对偶线性规划问题:

$(LD)'$：极小化

$$-s = c^T x$$

满足于约束条件

$$(-A^T)^T x \geqslant -b,$$
$$x \geqslant 0.$$

事实上，$(LP)'$ 就是前面的 (LD)，而 $(LD)'$ 就是前面的 (LP).

也就是说，对于一个给定的线性规划问题 (LP) 我们可以根据对偶规则写出其对偶问题(LD).对于新的线性规划问题(LD)，还可以根据对偶规则再写出 (LD) 的对偶，此时给出的线性规划问题刚好是 (LP) 本身. 所以线性规划的对偶关系具有“对合”性质. 于是一对相互对偶的线性规划问题，其中哪一个都可以称为原有问题，而另一个称为它的对偶问题. 因此我们可以称 (LP)，(LD) 是一对互为对偶的线性规划问题.

对偶理论的提出是有深刻的实践背景的，对此大家可以参阅书后参考文献.

一对对偶线性规划有一些很好的性质，研究这些性质是数学规划对偶理论的重要内容. 为了研究这些性质，首先引进一些概念.

定义 1.4. 容许解：满足全部约束条件的向量称为容许解，也可称为一个容许点.

如对问题 (LP)，若有 x° 满足 $Ax^\circ \leqslant b$，$x^\circ \geqslant 0$，我们便称 x° 为 (LP) 的一个容许解.

又如对问题(LD)，若有 y° 满足 $A^T y^\circ \geqslant c$，$y^\circ \geqslant 0$，则称 y° 为 (LD) 的一个容许解. 其中 $x \geqslant 0$，$y \geqslant 0$ 的约束条件且不可忽略. 有时把这种约束条件称为“平庸”的约束条件，但这些约束条件不满足也不能称为容许解.

定义 1.5. 容许集合：也有时称为容许区域，容许集等. 所有容许点构成的集合称为容许集合.

因为可以把一个容许点称为一个容许解. 所以容许集合也就是容许解的集合，

定义 1.6. 若一个线性规划问题 (LP) 的容许集合为空集合，则称这一线性规划问题的约束条件是不相容的．或者说这个线性规划问题 (LP) 是不相容的．

(LP) 不相容，就是 $A\boldsymbol{x}\leqslant\boldsymbol{b}$，$\boldsymbol{x}\geqslant 0$ 没有解，也可以说约束条件是相互矛盾的．

定义 1.7. 容许集合无界时称该线性规划有无界解．

定义 1.8. 凸集合：我们称集合 $\mathscr{K}$ 是凸集合，指集合 $\mathscr{K}$ 具有下述性质：

对任何 $\boldsymbol{x}_1\in\mathscr{K}$，$\boldsymbol{x}_2\in\mathscr{K}$ 及对任何纯量 λ 满足 $0\leqslant\lambda\leqslant 1$ 都有

$$\lambda\boldsymbol{x}_1+(1-\lambda)\boldsymbol{x}_2\in\mathscr{K}.$$

也可以记成

$$q_1\boldsymbol{x}_1+q_2\boldsymbol{x}_2\in\mathscr{K}.$$

其中

$$q_1+q_2=1,\ q_1\geqslant 0,\ q_2\geqslant 0.$$

我们称 q_1, q_2 为一组“权”，称

$$\boldsymbol{x}=q_1\boldsymbol{x}_1+q_2\boldsymbol{x}_2$$

为 $\boldsymbol{x}_1$, $\boldsymbol{x}_2$ 以 q_1, q_2 为权的凸组合．当没有 $q_1+q_2=1$ 的限制时，称 $\boldsymbol{x}$ 为 $\boldsymbol{x}_1$, $\boldsymbol{x}_2$ 的正线性组合，或正系数组合．

容易证明线性规划的容许集合是凸集合．

下面介绍线性规划对偶理论的一些内容．

定理 1.3. 对于问题 (LP) 的任意容许解 $\boldsymbol{x}$，及问题 (LD) 的任意容许解 $\boldsymbol{y}$，一定有

$$\boldsymbol{c}^T\boldsymbol{x}\leqslant\boldsymbol{b}^T\boldsymbol{y}.$$

证　由于 $\boldsymbol{x}$ 是 (LP) 的容许解，故有

$$A\boldsymbol{x}\leqslant\boldsymbol{b};$$

由于 $\boldsymbol{y}$ 是问题 (LD) 的容许解，故有

$$A^T\boldsymbol{y}\geqslant\boldsymbol{c}.$$

于是得出

$$\boldsymbol{b}^T\boldsymbol{y}\geqslant\boldsymbol{x}^TA^T\boldsymbol{y}\geqslant\boldsymbol{c}^T\boldsymbol{x}.$$

这一性质给出了一对对偶问题目标函数值的一个估计．即，若 $\boldsymbol{x}$ 为(LP)的任一容许解，则 $\boldsymbol{c}^T\boldsymbol{x}$ 为问题(LD)目标函数值的下界；若 $\boldsymbol{y}$ 为(LD)的任一容许解，则 $\boldsymbol{b}^T\boldsymbol{y}$ 是问题(LP)目标函数值的上界．

定理 1.4. 若问题(LP)，(LD)分别有容许解 $\boldsymbol{x}^\circ$，$\boldsymbol{y}^\circ$，满足

$$\boldsymbol{c}^T\boldsymbol{x}^\circ = \boldsymbol{b}^T\boldsymbol{y}^\circ,$$

则 $\boldsymbol{x}^\circ$，$\boldsymbol{y}^\circ$ 分别是线性规划问题(LP)及(LD)的最优解．

证　若设 $\boldsymbol{x}$ 为(LP)的任一容许解，则由定理 1.3 有

$$\boldsymbol{c}^T\boldsymbol{x} \leqslant \boldsymbol{b}^T\boldsymbol{y}^\circ = \boldsymbol{c}^T\boldsymbol{x}^\circ,$$

故 $\boldsymbol{x}^\circ$ 为(LP)的最优解．设 $\boldsymbol{y}$ 为(LD)的任一容许解，则由定理 1.3 有

$$\boldsymbol{b}^T\boldsymbol{y} \geqslant \boldsymbol{c}^T\boldsymbol{x}^\circ = \boldsymbol{b}^T\boldsymbol{y}^\circ$$

故 $\boldsymbol{y}^\circ$ 为(LD)的最优解．

定理 1.5. 对于一对相互对偶的线性规划问题(LP)，(LD)，它们的解有下述两种可能，而且这两种可能必居其一，即：

a) 线性规划问题(LP)与(LD)均有容许解．此时，(LP)，(LD)也一定都有最优解存在，若分别把它们的一组最优解记为 $\boldsymbol{x}^\circ$，$\boldsymbol{y}^\circ$，则一定有

$$\boldsymbol{c}^T\boldsymbol{x}^\circ = \boldsymbol{b}^T\boldsymbol{y}^\circ,$$

$$\boldsymbol{y}^\circ + \boldsymbol{b} > A\boldsymbol{x}^\circ,$$

$$A^T\boldsymbol{y}^\circ + \boldsymbol{x}^\circ > \boldsymbol{c}.$$

b) 线性规划(LP)和(LD)中至少有一个问题没有容许解．此时，如若(LP)没有容许解，(LD)有容许解，则(LD)一定有无界解，而且(LD)的目标函数最优值一定是无界的．由对偶线性规划的对合性质，(LD)无容许解，(LP)有容许解时也有类似结论．

这就是线性规划对偶理论的基本定理．

证　在定理 1.2 中我们取

$$K = \begin{pmatrix} 0 & -A & \boldsymbol{b} \\ A^T & 0 & -\boldsymbol{c} \\ -\boldsymbol{b}^T & \boldsymbol{c}^T & 0 \end{pmatrix}$$

明显地有 $K^T=-K$，于是存在 $\boldsymbol{w}^*=(\boldsymbol{y}^{*T}\ \boldsymbol{x}^{*T}\ t^*)^T$ 满足以下关系式

(i) $\boldsymbol{b}t^*\geqslant A\boldsymbol{x}^*$,

(ii) $A^T\boldsymbol{y}^*\geqslant \boldsymbol{c}t$,

(iii) $\boldsymbol{c}^T\boldsymbol{x}^*\geqslant \boldsymbol{b}^T\boldsymbol{y}^*$,

(iv) $\boldsymbol{c}^T\boldsymbol{x}^*+t^*>\boldsymbol{b}^T\boldsymbol{y}^*$,

(v) $\boldsymbol{y}^*+\boldsymbol{b}t^*>A\boldsymbol{x}^*$,

(vi) $A^T\boldsymbol{y}^*+\boldsymbol{x}^*>\boldsymbol{c}t^*$,

(vii) $\boldsymbol{w}^*\geqslant \boldsymbol{0}$.

由于 $\boldsymbol{w}^*\geqslant\boldsymbol{0}$，故其最末一个分量 t^* 只有两种可能：

(1) $t^*>0$. 此时令 $\boldsymbol{x}^\circ=\frac{1}{t^*}\boldsymbol{x}^*$，$\boldsymbol{y}^\circ=\frac{1}{t^*}\boldsymbol{y}^*$. 代入(i),(ii)可知有 $A\boldsymbol{x}^\circ\leqslant\boldsymbol{b}$，$A^T\boldsymbol{y}^\circ\geqslant\boldsymbol{c}$，故知此 $\boldsymbol{x}^\circ$，$\boldsymbol{y}^\circ$ 满足约束条件(1.5)及(1.8). 又由于 $\boldsymbol{w}^*\geqslant\boldsymbol{0}$，所以有 $\boldsymbol{x}^*\geqslant\boldsymbol{0}$，$\boldsymbol{y}^*\geqslant\boldsymbol{0}$，此处又有 $t^*>0$,故而得出 $\boldsymbol{x}^\circ\geqslant\boldsymbol{0}$，$\boldsymbol{y}^\circ\geqslant\boldsymbol{0}$，满足约束条件(1.6)及(1.9),所以 $\boldsymbol{x}^\circ$, $\boldsymbol{y}^\circ$ 分别是 (LP),(LD) 的容许解. 从定理 1.5 中知道一定有 $\boldsymbol{c}^T\boldsymbol{x}^\circ\leqslant\boldsymbol{b}^T\boldsymbol{y}^\circ$. 用 t^* 除 (iii) 的两边,由于 $t^*>0$，故有 $\boldsymbol{c}^T\boldsymbol{x}^\circ\geqslant\boldsymbol{b}^T\boldsymbol{y}^\circ$，结合 $\boldsymbol{c}^T\boldsymbol{x}^\circ\leqslant\boldsymbol{b}^T\boldsymbol{y}^\circ$ 得出

$$\boldsymbol{c}^T\boldsymbol{x}^\circ=\boldsymbol{b}^T\boldsymbol{y}^\circ.$$

据定理 1.4 可知 $\boldsymbol{x}^\circ$, $\boldsymbol{y}^\circ$ 分别为线性规划问题 (LP), (LD) 的最优解. 在 (v), (vi) 中以 $t^*>0$ 除不等式两边,得出

$$\boldsymbol{y}^\circ+\boldsymbol{b}>A\boldsymbol{x}^\circ,$$

$$A^T\boldsymbol{y}^\circ+\boldsymbol{x}^\circ>\boldsymbol{c}.$$

性质中的 a) 部分已证得.

(2) $t^*=0$. 由 (i) 得到 $A\boldsymbol{x}^*\leqslant\boldsymbol{0}$. 由 (ii) 得到 $A^T\boldsymbol{y}^*\geqslant\boldsymbol{0}$. 由 (iv) 得到 $\boldsymbol{c}^T\boldsymbol{x}^*>\boldsymbol{b}^T\boldsymbol{y}^*$. 假设 (LP) 有容许解 $\boldsymbol{x}^\circ$, (LD) 有容许解 $\boldsymbol{y}^\circ$. 于是由 $A\boldsymbol{x}^*\leqslant\boldsymbol{0}$, $\boldsymbol{y}^\circ\geqslant\boldsymbol{0}$, $A^T\boldsymbol{y}^\circ\geqslant\boldsymbol{c}$ 及 $\boldsymbol{c}^T\boldsymbol{x}^*>\boldsymbol{b}^T\boldsymbol{y}^*$ 得出

$$0\geqslant\boldsymbol{y}^\circ A\boldsymbol{x}^*\geqslant\boldsymbol{c}^T\boldsymbol{x}^*>\boldsymbol{b}^T\boldsymbol{y}^*,$$

即 $\boldsymbol{b}^T\boldsymbol{y}^*<0$. 再由 $A^T\boldsymbol{y}^*\geqslant\boldsymbol{0}$ 及 $\boldsymbol{x}^\circ\geqslant\boldsymbol{0}$, $A\boldsymbol{x}^\circ\leqslant\boldsymbol{b}$ 得出

$$0 \leqslant (\boldsymbol{y}^*)^T A\boldsymbol{x}^\circ \leqslant \boldsymbol{b}^T\boldsymbol{y}^*,$$

即 $\boldsymbol{b}^T\boldsymbol{y}^* \geqslant 0$. 因而矛盾. 所以当 $t^* = 0$ 时(LP), (LD)两个问题中不可能同时有容许解.

由 $A^T\boldsymbol{y}^* \geqslant \boldsymbol{0}$, 设 (LD) 有容许解 $\boldsymbol{y}^\circ$, 故 $A^T\boldsymbol{y}^\circ \geqslant \boldsymbol{c}$. 于是对任何 $\lambda \geqslant 0$ 有

$$A^T(\boldsymbol{y}^\circ + \lambda\boldsymbol{y}^*) = A^T\boldsymbol{y}^\circ + \lambda A^T\boldsymbol{y}^* \geqslant \boldsymbol{c},$$

$$\boldsymbol{y}^\circ + \lambda\boldsymbol{y}^* \geqslant \boldsymbol{0}.$$

说明不管取 $\lambda \geqslant 0$ 为任何值, $\boldsymbol{y}^\circ + \lambda\boldsymbol{y}^*$ 均为 (LD) 的容许解. 特别取 $\lambda \to +\infty$, 只要 $\boldsymbol{y}^*$ 有一个分量大于 0, 便可知 (LD) 为无界解情形. 由于前面证明中已推出有 $\boldsymbol{b}^T\boldsymbol{y}^* < 0$, 因而 $\boldsymbol{y}^*$ 的分量一定有大于 0 者,所以可断言 (LD) 的容许集合是无界的. 又

$$\boldsymbol{b}^T(\boldsymbol{y}^\circ + \lambda\boldsymbol{y}^*) = \boldsymbol{b}^T\boldsymbol{y}^\circ + \lambda\boldsymbol{b}^T\boldsymbol{y}^*,$$

注意 $\boldsymbol{b}^T\boldsymbol{y}^* < 0$, 于是取 $\lambda \to +\infty$ 得出

$$\boldsymbol{b}^T(\boldsymbol{y}^\circ + \lambda\boldsymbol{y}^*) \to -\infty,$$

所以 (LD) 的目标函数值是无界的.

定理 1.6. 若一对对偶线性规划问题(LP), (LD)有最优解, 分别为 $\boldsymbol{x}^\circ$,$\boldsymbol{y}^\circ$,记

$$\boldsymbol{x}^\circ = (x_1^\circ \quad x_2^\circ \cdots x_n^\circ)^T,$$

$$\boldsymbol{y}^\circ = (y_1^\circ \quad y_2^\circ \cdots y_n^\circ)^T,$$

将 $A\boldsymbol{x}^\circ \leqslant \boldsymbol{b}$, $A^T\boldsymbol{y}^\circ \geqslant \boldsymbol{c}$ 分别写成

$$\begin{aligned}
&A_{1\cdot}^T\boldsymbol{x}^\circ \leqslant b_1, \quad w_1 = b_1 - A_{1\cdot}^T\boldsymbol{x}^\circ \geqslant 0,\\
&A_{2\cdot}^T\boldsymbol{x}^\circ \leqslant b_2, \quad w_2 = b_2 - A_{2\cdot}^T\boldsymbol{x}^\circ \geqslant 0,\\
&\quad\vdots \qquad\qquad\quad \vdots\\
&A_{m\cdot}^T\boldsymbol{x}^\circ \leqslant b_m; \quad w_m = b_m - A_{m\cdot}^T\boldsymbol{x}^\circ \geqslant 0;\\
&A_{\cdot 1}^T\boldsymbol{y}^\circ \geqslant c_1, \quad \theta_1 = A_{\cdot 1}^T\boldsymbol{y}^\circ - c_1 \geqslant 0,\\
&A_{\cdot 2}^T\boldsymbol{y}^\circ \geqslant c_2, \quad \theta_2 = A_{\cdot 2}^T\boldsymbol{y}^\circ - c_2 \geqslant 0,\\
&\quad\vdots \qquad\qquad\quad \vdots\\
&A_{\cdot n}^T\boldsymbol{y}^\circ \geqslant c_n. \quad \theta_n = A_{\cdot n}^T\boldsymbol{y}^\circ - c_n \geqslant 0.
\end{aligned}$$

则一定有

$$w_i y_i^\circ = 0 \quad (i = 1, 2, \cdots, m);$$

$$\theta_j x_j^{\circ} = 0 \quad (j = 1, 2, \cdots, n).$$

这个定理一般称为对偶线性规划的互补松弛性质．这也是一个十分重要的结论．

证　因为性质的两部分证明类似，所以我们现在只来证明一部分．现在来证明若 $\theta_j > 0$ 一定有 $x_j^{\circ} = 0$.

不然，设 $x_j^{\circ} > 0$，于是有

$$((\boldsymbol{y}^{\circ})^T A)_j x_j^{\circ} > c_j x_j^{\circ}. \tag{1.10}$$

而对 $r \neq j$ 有

$$((\boldsymbol{y}^{\circ})^T A)_r x_r^{\circ} \geqslant c_r x_r^{\circ} \quad (r = 1, 2, \cdots, n, r = j). \tag{1.11}$$

其中

$$((\boldsymbol{y}^{\circ})^T A)_j = (\boldsymbol{y}^{\circ})^T A_{\cdot j},$$

即 $(\boldsymbol{y}^{\circ})^T A$ 的第 j 个分量．

于是由(1.10)及(1.11)得出

$$(\boldsymbol{y}^{\circ})^T A \boldsymbol{x}^{\circ} > c^T \boldsymbol{x}^{\circ}.$$

因为 $\boldsymbol{x}^{\circ}$ 是 (LP) 的容许解，所以有

$$\boldsymbol{b}^T \boldsymbol{y}^{\circ} \geqslant (\boldsymbol{x}^{\circ})^T A^T \boldsymbol{y}^{\circ} > \boldsymbol{c}^T x^{\circ}, \tag{1.12}$$

但因为 $\boldsymbol{x}^{\circ}$，$\boldsymbol{y}^{\circ}$ 分别为(LP)及(LD)的最优解，因此根据定理 1.7a）有 $\boldsymbol{b}^T \boldsymbol{y}^{\circ} = \boldsymbol{c}^T \boldsymbol{x}^{\circ}$，此与(1.12)矛盾．因此一定有 $x_j^{\circ} = 0$.

同理，若 $x_j^{\circ} > 0$，一定可以推出 $\theta_j = 0$．总之有

$$\theta_j x^{\circ} = 0 \qquad (j = 1, 2, \cdots, n).$$

定理 1.6 证完．

因为线性规划问题 (LP) 的约束 $A\boldsymbol{x} \leqslant \boldsymbol{b}$ 有 m 个不等式，而线性规划问题 (LD) 的变量 $\boldsymbol{y}$ 有 m 个分量，于是一个线性不等式与一个变量相对应．若约束线性不等式对最优解来说，严格不等式成立时，其对偶问题的最优解相应的分量一定取 0 值．反之，若一规划问题，其最优解某一个分量取正值时，其对偶问题代入最优解时，其相应的线性不等式约束一定成立为等式．

在后面讨论单纯形方法时，我们总是把线性规划问题写成：

极大化

$$s = c^T \boldsymbol{x},$$

满足于约束条件

$$Ax = \boldsymbol{b},$$

$$\boldsymbol{x} \geqslant \boldsymbol{0}.$$

为了写出它的对偶线性规划,将此问题改为:
极大化

$$s = \boldsymbol{c}^T\boldsymbol{x},$$

满足于约束条件

$$A\boldsymbol{x} \leqslant \boldsymbol{b},$$

$$-A\boldsymbol{x} \leqslant -\boldsymbol{b},$$

$$\boldsymbol{x} \geqslant \boldsymbol{0}.$$

于是可以写出其对偶问题是:
极小化

$$w = \boldsymbol{b}^T\boldsymbol{y}_1 - \boldsymbol{b}^T\boldsymbol{y}_2,$$

满足于约束条件

$$A^T\boldsymbol{y}_1 - A^T\boldsymbol{y}_2 \geqslant \boldsymbol{c},$$

$$\boldsymbol{y}_1, \boldsymbol{y}_2 \geqslant \boldsymbol{0}.$$

若引进

$$\boldsymbol{y} = \boldsymbol{y}_1 - \boldsymbol{y}_2,$$

则对偶线性规划写成
极小化

$$w = \boldsymbol{b}^T\boldsymbol{y},$$

满足于约束条件

$$A^T\boldsymbol{y} \geqslant \boldsymbol{c}.$$

请注意,此处没有 $\boldsymbol{y} \geqslant \boldsymbol{0}$ 的约束了,也就是 $\boldsymbol{y}$ 为自由变量的情形.

练　　习

1. 若一对对偶的线性规划 (LP), (LD) 有容许解 $\boldsymbol{x}^\circ, \boldsymbol{y}^\circ$, 它们满足互补松弛条件,求证 $\boldsymbol{x}^\circ$, $\boldsymbol{y}^\circ$ 分别是 (LP), (LD) 的最优解.

2. 若一对对偶线性规划 (LP), (LD) 有 $\boldsymbol{x}^\circ$, $\boldsymbol{y}^\circ$ 满足

i) $$Ax^\circ \leqslant b,$$

ii) $$A^T y^\circ \geqslant c,$$

iii) $$(y^\circ)^T(b - Ax^\circ) = 0,$$

iv) $$(c - A^T y^\circ)^T x^\circ = 0,$$

v) $$x^\circ \geqslant 0,$$

vi) $$y^\circ \geqslant 0,$$

则 x°, y° 为 (LP), (LD) 的最优解；反之，若 x°, y° 是 (LP), (LD) 的最优解也一定有 i)～vi) 成立. 试证之.

3. 若线性规划问题：

极大化

$$s = c^T x,$$

满足于约束条件

$$Ax = b \ (b \geqslant 0),$$

$$x \geqslant 0.$$

此时，相应于练习 2 的结论如何?

4. 证明线性规划的容许集合为一凸集合.

§2. 单 纯 形 法

定义 1.9. 我们称下述规划问题为标准线性规划问题：

(SLP)：极大化

$$s = c^T x,$$

满足于约束条件

$$Ax = b,$$

$$x \geqslant 0.$$

如前面所述，A 为 $m \times n$ 矩阵，c, x 为 n 维向量，b 为 m 维向量，总要求 $b \geqslant 0$.

2.1. 单纯形法的基本概念和理论

为了讨论单纯形法，我们引入下述基本概念. 记约束条件系数矩阵 A 为

$$A = (A_{\cdot 1} \ A_{\cdot 2} \cdots A_{\cdot n}) = (p_1 \ p_2 \ \cdots \ p_n).$$

其中

$$p_j = A_{\cdot j},$$

是矩阵 A 的第 i 个列向量．于是 $Ax = b$ 可以写成

$$x_1 p_1 + x_2 p_2 + \cdots + x_n p_n = b.$$

定义 1.10． 基本容许解：若问题（SLP）的一个容许解 $\check{x} = (\check{x}_1, \check{x}_2, \cdots, \check{x}_n)^T$ 满足下述条件：

i）设 $\check{x}$ 的分量中大于 0 的分量为 $\check{x}_{j_1}, \check{x}_{j_2}, \cdots, \check{x}_{j_s}$，$s \leqslant m$；

ii）对应于 $\check{x}$ 分量中大于 0 的分量的各向量 $p_{j_1}, p_{j_2}, \cdots, p_{j_s}$ 是线性无关的．

此时我们称容许解 $\check{x}$ 为线性规划问题（SLP）的基本容许解．也可称为极点解，顶点解等．

定义 1.11． 非退化的基本容许解：对于线性规划问题（SLP）的一个基本容许解来说，当其大于 0 的分量刚好是 m 个时，即 $s = m$，我们称这个基本容许解为非退化的基本容许解．

退化的基本容许解：对于线性规划问题（SLP）的一个基本容许解来说，当其大于 0 的分量少于 m 个时，即 $s < m$，我们称这个基本容许解为退化的基本容许解．

定义 1.12． 基底向量：对于线性规划问题（SLP）的一个基本容许解来说，若它是非退化，即 $s = m$，我们称 $p_{j_1}, p_{j_2}, \cdots, p_{j_m}$ 为基底向量；当 $s < m$ 时，从 $\check{x}$ 等于 0 的分量所对应的 p_j 中抽出 $m - s$ 个，补进 $p_{j_1}, p_{j_2}, \cdots, p_{j_s}$，使这 m 个向量线性无关，此时这 m 个向量便被称为基底向量．

定义 1.13． 基底：m 个基底向量，因为它们线性无关，所以他们构成 m 维向量空间的一个基．在这里把它称为一个基底．

基本变量：x 中对应于基底向量的分量，也就是对应于基底的那些变量．

定义 1.14． 非基本变量：x 中除掉基本变量后余下的变量．

现在介绍有关（SLP）的几个基本结论．

定理 1.7． 线性规划（SLP）有下述基本性质：

i）若（SLP）有容许解，则它一定存在基本容许解；

ii) 若 (SLP) 有最优容许解，则它的最优值一定可以在基本容许解上达到.

本性质中 ii) 的意思是指，若有最优容许解 $\boldsymbol{x}^\circ$，记

$$s^\circ = \boldsymbol{c}\boldsymbol{x}^\circ,$$

则一定有基本容许解 $\boldsymbol{x}^*$，使

$$s^\circ = \boldsymbol{c}^T\boldsymbol{x}^*.$$

证　首先证明 i). 若设容许解 $\boldsymbol{x}^\circ = (x_1^\circ, x_2^\circ, \cdots, x_n^\circ)^T$，则有

$$x_1^\circ \boldsymbol{p}_1 + x_2^\circ \boldsymbol{p}_2 + \cdots + x_n^\circ \boldsymbol{p}_n = \boldsymbol{b}.$$

$$x_1^\circ, x_2^\circ, \cdots, x_n^\circ \geqslant 0.$$

设其中有 p 个分量，不妨将 x_j 的分量顺序改变，设改变后的前 p 个分量大于 0，即

$$x_j^\circ > 0 \qquad (j = 1, 2, \cdots, p).$$

于是有

$$\sum_{j=1}^{p} x_j^\circ \boldsymbol{p}_j = \boldsymbol{b}.$$

当 $\boldsymbol{p}_1, \boldsymbol{p}_2, \cdots, \boldsymbol{p}_p$ 线性无关时，此时一定有 $p \leqslant m$. 若 $p = m$，则此时 x° 即为一基本容许解，而且为非退化的情形. $\boldsymbol{p}_1, \boldsymbol{p}_2, \cdots, \boldsymbol{p}_m$ 即为一个基底. 若 $p < m$，则 $\boldsymbol{x}^\circ$ 也为一基本容许解，是属于退化的情形.

下面讨论在这种情况下如何得到一个基底. 不妨设 A 的秩为 m. 若 A 的秩小于 m，那时 $A\boldsymbol{x} = \boldsymbol{b}$ 或者无容许解，此与假设矛盾，或者有些约束条件可用别的约束条件所代替，故问题可以化简. 由于 A 的秩为 m，故我们可以再从 $\boldsymbol{p}_j$ 中选出 $m-p$ 个向量，不妨记为 $\boldsymbol{p}_{p+1}, \boldsymbol{p}_{p+2}, \cdots, \boldsymbol{p}_m$，使 $\boldsymbol{p}_1, \boldsymbol{p}_2, \cdots, \boldsymbol{p}_m$ 线性无关. 此时有

$$\begin{aligned} & x_1^\circ \boldsymbol{p}_1 + x_2^\circ \boldsymbol{p}_2 + \cdots + x_m^\circ \boldsymbol{p}_m \\ &\quad = x_1^\circ \boldsymbol{p}_1 + x_2^\circ \boldsymbol{p}_2 + \cdots + x_p^\circ \boldsymbol{p}_p \\ &\quad = \boldsymbol{b}. \end{aligned}$$

$$x_j^\circ > 0 \qquad (j = 1, 2, \cdots, p),$$

$$x_j^\circ = 0 \qquad (j = p+1, \cdots, m).$$

总之有 $x_j^{\circ} \geqslant 0$ $(j=1, 2, \cdots, m)$, $\boldsymbol{p}_1, \boldsymbol{p}_2, \cdots, \boldsymbol{p}_m$ 线性无关. 所以 $\boldsymbol{p}_1, \boldsymbol{p}_2, \cdots, \boldsymbol{p}_m$ 就是一个基底.

当 $\boldsymbol{p}_1, \boldsymbol{p}_2, \cdots, \boldsymbol{p}_p$ 线性相关时,一方面有

$$x_1^{\circ}\boldsymbol{p}_1 + x_2^{\circ}\boldsymbol{p}_2 + \cdots + x_p^{\circ}\boldsymbol{p}_p = \boldsymbol{b}.$$

另一方面由 $\boldsymbol{p}_1, \boldsymbol{p}_2, \cdots, \boldsymbol{p}_p$ 的相关性有

$$y_1\boldsymbol{p}_1 + y_2\boldsymbol{p}_2 + \cdots + y_p\boldsymbol{p}_p = \boldsymbol{0}.$$

其中 $y_j(j=1, 2, \cdots, p)$ 不全为 0. 于是对任意 α 有

$$(x_1^{\circ} - \alpha y_1)\boldsymbol{p}_1 + (x_2^{\circ} - \alpha y_2)\boldsymbol{p}_2 + \cdots + (x_p^{\circ} - \alpha y_p)\boldsymbol{p}_p = \boldsymbol{b}.$$

其中至少有一个 $y_j > 0$, 否则取

$$-y_1\boldsymbol{p}_1 - y_2\boldsymbol{p}_2 - \cdots - y_p\boldsymbol{p}_p = \boldsymbol{0}.$$

设

$$\alpha = \min_{y_j > 0}\left\{\frac{x_j^{\circ}}{y_j}\right\} = \frac{x_l^{\circ}}{y_l} > 0,$$

将此 α 代入前式,并且注意

$$x_j = x_j^{\circ} - \alpha y_j \geqslant 0 \qquad (j=1, 2, \cdots, p),$$

其中

$$x_l = x_l^{\circ} - \alpha y_l = 0,$$

$$x_1\boldsymbol{p}_1 + x_2\boldsymbol{p} + \cdots + x_p\boldsymbol{p}_p = \boldsymbol{b}.$$

当 $x_l = 0$ 时有

$$x_1\boldsymbol{p}_1 + x_2\boldsymbol{p}_2 + \cdots + x_{l-1}\boldsymbol{p}_{l-1} + x_{l+1}\boldsymbol{p}_{l+1} + \cdots + x_p\boldsymbol{p}_p = \boldsymbol{b}.$$

于是 $\boldsymbol{x}$ 大于 0 的分量减少一个,向量 $\boldsymbol{p}_1, \boldsymbol{p}_2, \cdots, \boldsymbol{p}_p$ 也减少一个. 若 $\boldsymbol{p}_1, \boldsymbol{p}_2, \cdots, \boldsymbol{p}_{l-1}, \boldsymbol{p}_{l+1}, \cdots, \boldsymbol{p}_p$ 线性无关, 利用前面的讨论便得出了基本容许解, 否则再进行类似于前面的处理. 我们不妨仍对变量顺序进行调换,使 $x_1, x_2, \cdots, x_{p-1}$ 均为大于 0 的分量. 直到求出 $\boldsymbol{p}_1, \boldsymbol{p}_2, \cdots, \boldsymbol{p}_s$ 线性无关时为止. 再用前面的结论, 求出了基本容许解. 从而证明了性质中的 i).

现在证明性质中的 ii).

设规划问题 (SLP) 有最优容许解 $\boldsymbol{x}^{\circ} = (x_1^{\circ}, x_2^{\circ}, \cdots, x_n^{\circ})^T$, 与上面的考虑一样,对变量的顺序重新排列,使得 $x_1^{\circ} > 0$, $x_2^{\circ} > 0, \cdots, x_p^{\circ} > 0$, $x_j^{\circ} = 0$ $(j = p+1, \cdots, n)$. 若 $\boldsymbol{p}_1, \boldsymbol{p}_2, \cdots,$

$\boldsymbol{p}_p$ 线性无关，则此容许解就是基本容许解，命题得证. 若 $\boldsymbol{p}_1, \boldsymbol{p}_2, \cdots, \boldsymbol{p}_p$ 线性相关，则有 $y_1\boldsymbol{p}_1 + y_2\boldsymbol{p}_2 + \cdots + y_p\boldsymbol{p}_p = \boldsymbol{0}$, 取 $y_j = 0$ $(j = p+1, \cdots, n)$. 于是求出

$$\theta = \boldsymbol{c}^T\boldsymbol{y}.$$

这时有二种可能，$\theta = 0$, $\theta < 0$, $\theta > 0$.

当 $\theta < 0$ 时，取前一部分的证明，由 $\boldsymbol{x}^\circ$ 变化到 $\boldsymbol{x}$, 有

$$s' = \boldsymbol{c}^T\boldsymbol{x}^\circ - \alpha\boldsymbol{c}^T\boldsymbol{y} = s^\circ - \alpha\theta > s^\circ.$$

故与 $\boldsymbol{x}^\circ$ 为最优容许解矛盾.

当 $\theta > 0$ 时，在前一部分的证明中取

$$\alpha = \max_{y_j<0}\left\{\frac{x_j^\circ}{y_j}\right\} = \frac{x_l^\circ}{y_l} < 0,$$

于是实行变换

$$\boldsymbol{x} = \boldsymbol{x}^\circ - \alpha\boldsymbol{y}.$$

这时 $\boldsymbol{x}$ 对应的目标函数值应为

$$s' = \boldsymbol{c}^T\boldsymbol{x}^\circ - \alpha\boldsymbol{c}^T\boldsymbol{y} = s^\circ - \alpha\theta > 0$$

所以这与 $\boldsymbol{x}^\circ$ 为最优容许解矛盾.

所以只能有 $\theta = 0$. 因此前面证明 i) 中的变换目标函数值不变. 和 i) 中的证明一样，得到了最优基本容许解. 证明了性质中的 ii). 整个性质证完.

运用前面线性规划的对偶理论很容易给出基本容许解为最优基本容许解的判别条件. 为了给大家的印象更深刻些，这里采取另一种方式引进并证明基本容许解为最优解的判别条件. 读者完全可以用更为容易理解的方式给出这些判别条件来，如本节后面的习题 1.

设有基本容许解

$$\boldsymbol{x}^\circ = (x_1^\circ, x_2^\circ, \cdots, x_m^\circ, x_{m+1}^\circ, \cdots, x_n^\circ)^T.$$

为了方便，取前 m 个分量为基本变量. 即 $\boldsymbol{p}_1, \boldsymbol{p}_2, \cdots, \boldsymbol{p}_m$ 线性无关。于是任何一个 m 维向量都可用这 m 个向量线性表示. 如取 $\boldsymbol{p}_j$, 那么用 $\boldsymbol{p}_1, \boldsymbol{p}_2, \cdots, \boldsymbol{p}_m$ 线性表示为

$$\boldsymbol{p}_j = \alpha_{1j}\boldsymbol{p}_1 + \alpha_{2j}\boldsymbol{p}_2 + \cdots + \alpha_{mj}\boldsymbol{p}_m.$$

定义 1.15.

$$z_j = \sum_{i=1}^{m} \alpha_{ij} c_i \qquad (j = 1, 2, \cdots, n),$$

$$\sigma_j = z_j - c_j \qquad (j = 1, 2, \cdots, n).$$

我们称 σ_j 为判别数.

定理 1.8. 设 $\boldsymbol{x}^\circ = (x_1^\circ, x_2^\circ, \cdots, x_m^\circ, 0, \cdots, 0)^T$ 为线性规划问题 (SLP) 的一个基本容许解,若对它求出的判别数满足

$$\sigma_j \geqslant 0 \ (j = 1, 2, \cdots, n),$$

则 $\boldsymbol{x}^\circ$ 是 (SLP) 的最优基本容许解.

证 对任意一个 (SLP) 的容许解 $\tilde{\boldsymbol{x}} = (\tilde{x}_1, \tilde{x}_2, \cdots, \tilde{x}_n)^T$ 有

$$\tilde{x}_1 \boldsymbol{p}_1 + \tilde{x}_2 \boldsymbol{p}_2 + \cdots + \tilde{x}_m \boldsymbol{p}_m + \tilde{x}_{m+1} \boldsymbol{p}_{m+1} + \cdots + \tilde{x}_n \boldsymbol{p}_n = \boldsymbol{b}. \tag{1.13}$$

将 $\boldsymbol{p}_{m+1}, \cdots, \boldsymbol{p}_n$ 用前 m 个向量 $\boldsymbol{p}_1, \boldsymbol{p}_2, \cdots, \boldsymbol{p}_m$ 线性表示,则有

$$\boldsymbol{p}_j = \sum_{i=1}^{m} \alpha_{ij} \boldsymbol{p}_i \quad (j = m+1, \cdots, n),$$

代入(1.13)得到

$$\tilde{x}_1 \boldsymbol{p}_1 + \cdots + \tilde{x}_m \boldsymbol{p}_m + \tilde{x}_{m+1} \sum_{i=1}^{m} \alpha_{im+1} \boldsymbol{p}_i + \cdots + \tilde{x}_n \sum_{i=1}^{m} \alpha_{in} \boldsymbol{p}_i = \boldsymbol{b},$$

整理后,得

$$\left(\tilde{x}_1 + \sum_{j=m+1}^{n} \alpha_{1j} \tilde{x}_j\right) \boldsymbol{p}_1 + \left(\tilde{x}_2 + \sum_{j=m+1}^{n} \alpha_{2j} \tilde{x}_j\right) \boldsymbol{p}_2 + \cdots + \left(\tilde{x}_m + \sum_{j=m+1}^{n} \alpha_{mj} \tilde{x}_j\right) \boldsymbol{p}_m = \boldsymbol{b}. \tag{1.14}$$

因为 $\boldsymbol{p}_1, \boldsymbol{p}_2, \cdots, \boldsymbol{p}_m$ 线性无关,所以

$$x_1 \boldsymbol{p}_1 + x_2 \boldsymbol{p}_2 + \cdots + x_m \boldsymbol{p}_m = \boldsymbol{b}$$

的解唯一. 由于 $\boldsymbol{x}^\circ = (x_1^\circ, x_2^\circ, \cdots, x_m^\circ, 0, \cdots, 0)^T$ 是 (SLP) 的一个基本容许解,故有

$$x_1^\circ \boldsymbol{p}_1 + x_2^\circ \boldsymbol{p}_2 + \cdots + x_m^\circ \boldsymbol{p}_m = \boldsymbol{b}$$

与(1.14)比较有

$$x_i^{\circ} = \tilde{x}_i + \sum_{j=m+1}^{n} \alpha_{ij}\tilde{x}_j \qquad (i = 1,2,\cdots,m).$$

记 $\boldsymbol{x}^{\circ}$ 对应的目标函数值为 s°，$\tilde{\boldsymbol{x}}$ 对应的目标函数值为 $\tilde{s}$，于是有

$$\begin{aligned}
s^{\circ} - \tilde{s} &= \sum_{i=1}^{m} c_i x_i^{\circ} - \sum_{j=1}^{n} c_j \tilde{x}_j \\
&= \sum_{i=1}^{m} c_i \left(\tilde{x}_i + \sum_{j=m+1}^{n} \alpha_{ij}\tilde{x}_j\right) - \sum_{j=1}^{n} c_j \tilde{x}_j \\
&= \sum_{i=1}^{m} c_i \sum_{j=m+1}^{n} \alpha_{ij}\tilde{x}_j - \sum_{j=m+1}^{n} c_j \tilde{x}_j \\
&= \sum_{j=m+1}^{n} \left(\sum_{i=1}^{m} \alpha_{ij} c_i - c_j\right) \tilde{x}_j \\
&= \sum_{j=m+1}^{n} (z_j - c_j)\, \tilde{x}_j \\
&= \sum_{j=m+1}^{n} \sigma_j \tilde{x}_j
\end{aligned}$$

因为 $\tilde{x}_j \geqslant 0\ (j = 1,2,\cdots,n)$，显然有 $\sigma_j = 0\ (j = 1,2,\cdots,m)$，故若 $\sigma_j \geqslant 0(j = 1,2,\cdots,n)$，也就是 $\sigma_j \geqslant 0(j = m+1,\cdots,n)$，则一定有

$$s^{\circ} - \tilde{s} = \sum_{j=m+1}^{n} \sigma_j \tilde{x}_j \geqslant 0,$$

即

$$s^{\circ} \geqslant \tilde{s}.$$

因为 $\tilde{\boldsymbol{x}}$ 是任意取定的，因而 $\boldsymbol{x}^{\circ}$ 是最优解．命题得证．

定理 1.7 告诉我们线性规划的最优解一定可以在基本容许解中找到，定理 1.8 又告诉我们基本容许解在满足什么条件时就是最优解．在后面的讨论中可以看到，对于非退化的情形，当有 $\sigma_{j_0}<0$ 时，$\boldsymbol{x}^{\circ}$ 对应的目标函数值 s° 一般不是最优值．事实上，在前面证明中若 $\sigma_{j_0} < 0$，$\tilde{x}_{j_0} > 0$，$\tilde{x}_j = 0\ (j \neq j_0,\ j = m+1,\cdots,n)$ 则有 $\tilde{s} > s^{\circ}$，此时 $\boldsymbol{x}^{\circ}$ 就不是最优解．

我们记 $G=(\boldsymbol{p}_1\ \boldsymbol{p}_2\cdots\boldsymbol{p}_m)$,即由基底向量为列向量组成的矩阵. $\mathbf{c}^M=(c_1, c_2, \cdots, c_m)^T$, 即基本变量目标函数系数组成的$\boldsymbol{m}$维向量. 因为 $\boldsymbol{p}_1, \boldsymbol{p}_2, \cdots, \boldsymbol{p}_m$ 线性无关，故有 G^{-1} 存在. 若记 $\boldsymbol{y}^T=(\mathbf{c}^M)^T G^{-1}$, 则 $\boldsymbol{y}$ 就是 (SLP) 的对偶问题的容许解.

在前一小节最后，我们已经介绍了 (SLP) 的对偶线性规划问题:

(SLD): 极小化

$$w=\boldsymbol{b}^T\boldsymbol{y},$$

满足于约束条件

$$A^T\boldsymbol{y}\geqslant\mathbf{c}.$$

为了证实 $\boldsymbol{y}^T=(\mathbf{c}^M)^T G^{-1}$ 满足对偶约束条件，对每一个 p_j, 有

$$\begin{aligned}\boldsymbol{y}^T\boldsymbol{p}_j&=(\mathbf{c}^M)^T G^{-1}\boldsymbol{p}_j=(\mathbf{c}^M)^T(\alpha_{1j}, \alpha_{2j}, \cdots, \alpha_{mj})^T\\&=\sum_{i=1}^{m} c_i\alpha_{ij}=z_j.\end{aligned}$$

由于 $\boldsymbol{x}^\circ=(x_1^\circ, x_2^\circ, \cdots, x_m^\circ, 0, \cdots, 0)^T$ 为最优解,由前面的讨论已知 $z_j-c_j=\sigma_j\geqslant 0\ (j=1, 2, \cdots, n)$, 因此有 $\boldsymbol{y}^T\boldsymbol{p}_j\geqslant c_j$ $(j=1, 2, \cdots, n)$, 即有 $\boldsymbol{y}^T A\geqslant\mathbf{c}^T$, 所以此 $\boldsymbol{y}$ 是对偶线性规划问题 (SLD) 的容许解.

而且由于 $\sigma_j=0\,(j=1, 2, \cdots, m)$, $\sigma_g\geqslant 0\ (g=m+1, \cdots, n)$, $x_j^\circ\geqslant 0\,(j=1, 2, \cdots, m)$, $x_g^\circ=0\,(g=m+1, \cdots, n)$, 故有

$$\sigma_j x_j^\circ=0\qquad(j=1, 2, \cdots, n).$$

至此,得出了一个很好的结论,即当一个基本容许解的判别数均非负时便得到了最优解. 对于一个给定的线性规划问题 (SLP) 明显地其基本容许解的个数不多于

$$\binom{n}{m}=\frac{n!}{m!(n-m)!}.$$

这说明即使用穷举法，也一定可以在有限次运算的基础上求出最优基本容许解. 但对于一个 $\boldsymbol{n}$ 和 $\boldsymbol{m}$ 足够大的线性规划问题，做这

种穷举有运算量极为可观的困难．事实上，一旦给出一个基本容许解后，我们没有必要再去求那些目标函数值变小的基本容许解，而是从这个基本容许解出发来构造另一个目标函数值变大的基本容许解．单纯形法就是基于这种想法的计算方法．

2.2. 单纯形方法的迭代公式及例题

下面介绍单纯形法的计算过程．设对线性规划问题(SLP)已求出一个基本容许解 $\boldsymbol{x}^\circ$．为了叙述方便，不妨仍设 $x_j^\circ=0\ (j=m+1,\cdots,n)$，$\boldsymbol{p}_1,\boldsymbol{p}_2,\cdots,\boldsymbol{p}_m$ 线性无关．记 $G^{-1}=(\boldsymbol{p}_1\ \boldsymbol{p}_2\cdots\boldsymbol{p}_m)^{-1}$，并且，

$$\boldsymbol{p}_j'=(a_{1j},a_{2j},\cdots,a_{mj})^T=G^{-1}\boldsymbol{p}_j,$$
$$\boldsymbol{x}=(x_1,x_2,\cdots,x_m)^T=G^{-1}\boldsymbol{b},$$

显然，

$$\boldsymbol{p}_j'=\boldsymbol{e}_j\qquad(j=1,2,\cdots,m),$$

其中 $\boldsymbol{e}_j$ 为第 j 个分量为 1 的单位向量．称 $\boldsymbol{p}_j$ 为基底 $\{\boldsymbol{p}_1,\boldsymbol{p}_2,\cdots,\boldsymbol{p}_m\}$ 的第 j 个基底向量．于是列出单纯形表格如下：

表 1.1　单纯形表格

基底描述	基本变量价值系数	基本变量值	$\boldsymbol{p}_1$	$\boldsymbol{p}_2\ \cdots$	$\boldsymbol{p}_m$	$\boldsymbol{p}_{m+1}\ \cdots$	$\boldsymbol{p}_j\ \cdots$	$\boldsymbol{p}_n$
			c_1	c_2	c_m	c_{m+1}	c_j	c_n
$\boldsymbol{p}_1$	c_1	x_1	1	0	0	$a_{1\,m+1}$	a_{1j}	a_{1n}
$\boldsymbol{p}_2$	c_2	x_2	0	1	0	$a_{2\,m+1}$	a_{2j}	a_{2n}
⋮	⋮	⋮						
$\boldsymbol{p}_m$	c_m	x_m	0	0	1	$a_{m\,m+1}$	a_{mj}	a_{mn}
z_j 行			c_1	c_2	c_m	z_{m+1}	z_j	z_n
判别数行			0	0	0	σ_{m+1}	σ_j	σ_n

现在对单纯形表格加以说明．左面第一列记述哪些向量是基底向量．因为对基底向量有 $G^{-1}\boldsymbol{p}_j=\boldsymbol{e}_j\ (j=1,2,\cdots,m)$，于是依据 $\boldsymbol{e}_j$ 这一单位向量分量 1 出现的位置，把 $\boldsymbol{p}_j$ 安置在相应的行上．前述情形第 i 行便记为 $\boldsymbol{p}_i$．在一般情况下，基底向量不一

定是前 m 个向量，所以基底向量 $\boldsymbol{p}_k$，当 $G^{-1}\boldsymbol{p}_k=\boldsymbol{e}_i$ 时，便把 $\boldsymbol{p}_k$ 放在第 i 行，称 $\boldsymbol{p}_k$ 为第 i 个基底向量．此处记成 $\boldsymbol{p}_i$，只是为区别于一般自然数 1, 2, …, m 而填上的 $\boldsymbol{p}$．其实只要写出 $\boldsymbol{p}_i$ 的足标 i，即对应的变量的足标就够了．这一列称为基底描述．第二列依次记述基本变量对应的目标函数的系数．如在第 i 行上，第一列为 $\boldsymbol{p}_k$，则第二列第 i 行上就填上 c_k．因为此时基底向量依次是 $\boldsymbol{p}_1$, $\boldsymbol{p}_2$, $\cdots$, $\boldsymbol{p}_m$，故第二列依次是 c_1, c_2, $\cdots$, c_m．第三列为基本容许解对应的基本变量的取值．即从上到下依次记上 $(x_1, x_2, \cdots, x_m)^T=G^{-1}\boldsymbol{b}$ 的各个分量．在一般情况下，其第 i 个分量在原来问题中并不一定是原来变量的第 i 个，而是第一列第 i 行上所标出的变量的序号．表中的第一行为变量的序号，也就是变量的足标．记上 $\boldsymbol{p}$ 也是多余的，只要记上 $\boldsymbol{p}$ 的下标就够了．第二行是相应于第一行序号的目标函数的系数．从左边算起第四列以后，从上面数起第三行以下为相应的 $\boldsymbol{p}_j'$，的值．第四列为 $\boldsymbol{p}_1'$，第五列为 $\boldsymbol{p}_2'$, $\cdots$，第 $n+3$ 列为 $\boldsymbol{p}_n'$ 等．最下面倒数第二行为相应于该列的 z_j 值．它的计算也是很方便的．它是把左边第二列的值作为一个向量，与这一列，如 $\boldsymbol{p}_j'$，做内积求出的数，即

$$z_j=\sum_{i=1}^{m} c_i^M a_{ij}.$$

最后一行为判别行，即 $z_j-c_j=\sigma_j$．有了单纯形表格，进行单纯形法计算就方便了．

事实上，为了节省存储和使用方便，使用者自己也可以设计单纯形表格．而且许多书上单纯形表格也不尽一样．

单纯形法的计算步骤：

1° 求判别数、最小判别数、判别最优性．

由判别数的定义有

$$\sigma_j=z_j-c_j=\sum_{i=1}^{m}\alpha_{ij}c_i^M-c_j.$$

在单纯形表格中左边第二列的 m 个数为 c_i^M 值，而从左边数起第 $j+3$ 列从上面往下看第三个到第 $m+3$ 个数为 α_{1j}, α_{2j}, $\cdots$,

a_{mj}. 故这两行元素对应相乘再求和便求出了 z_j. 第 $j+3$ 列上面第二个元素就是 c_j, 所以容易求出 $\sigma_j = z_j - c_j$. 把它们放入该列最下面二行.

把 σ_j 求出后,求出 k 为

$$\sigma_k = \min_{1 \leqslant j \leqslant n} \{\sigma_j\}.$$

若

$$\sigma_k \geqslant 0,$$

求出了最优解,打印出目标函数值、基底描述列、基本变量值,再打印出判别行的各值. 计算完成.

若

$$\sigma_k < 0,$$

则记 k 为主元列,再进行下一步骤.

2° 定主元行 l.

在 1° 中已经求出了 k, 于是便可以求

$$\theta_l = \min_{a_{ik}>0} \left\{ \frac{x_i^M}{a_{ik}} \right\} = \frac{x_l^M}{a_{lk}} \geqslant 0.$$

x_i^M 为单纯形表标中第三列的 m 个值. a_{ik} 为选定的第 $k+3$ 列 $\boldsymbol{p}_k$ 变化后的值. 即上面标有 $\boldsymbol{p}_k$ 的那一列, 从第三个元素起的 m 个数. 但在上式中做除法,选择最小的、仅在这 m 个数中大于 0 的数上进行.

若所有这 m 个数都不大于 0 ,即

$$a_{ik} \leqslant 0 \qquad (i = 1, 2, \cdots, m),$$

则此时为无界解情形,其理由将在后面叙述. 定出 l 后进行 3°.

3° 改变单纯形表格.

改变基底描述: 将 $\boldsymbol{p}_k$ 的标号放入第一列 $\boldsymbol{p}_l$ 的位置.

改变基本变量价值系数列: 将 c_k 放入第二列 c_l^M 的位置.

改变基本变量的取值: 变换公式为

$$\tilde{x}_i^M \Leftarrow x_i^M - \frac{a_{ik}}{a_{lk}} x_l^M \quad (i \neq l,\ i = 1, 2, \cdots, m),$$

$$\tilde{x}_l^M \Leftarrow \frac{x_l^M}{a_{lk}}.$$

改变各列系数约束条件的值：变换公式为

$$\tilde{a}_{ij} \Leftarrow a_{ij} - \frac{a_{lj}}{a_{lk}} a_{ik} \quad (i \neq l,\ i = 1, 2, \cdots, m;\ j = 1, 2, \cdots, n).$$

$$\tilde{a}_{lj} \Leftarrow \frac{a_{lj}}{a_{lk}} \quad (j = 1, 2, \cdots, n).$$

其中加"～"的表示 x 及 a 的新值，没有"～"表示旧值．我们用"⇐"号，而不用"＝"号，是表示用"⇐"右边的值代替左面的值，"⇐"左面一般不用加"～"号，此处加上"～"只是为了下面讨论方便．

上面完成了单纯形方法的一步迭代．其实这就是解线代数方程组的主元消去法，只不过选主元的标准与那里不同罢了．这样消去一遍称为高斯-约当消去步，或主元消去步．

步骤 3° 计算完成后再转回 1°，直到求出最优基本容许解，或发现为无界解情形时为止．

求出最优解后，再看第一列与第三列，第一列是 x_i 的下标 i 的值，第三列为 x_i 的取值．具体可参看后面的数值例子．

下面详细说明以上三个步骤

首先看一看迭代时目标函数值的变化．对新的解 $\tilde{\boldsymbol{x}}$，记其目标函数值为 $\tilde{s}$，对旧的解 $\boldsymbol{x}$，记其目标函数值为 s．于是

$$\begin{aligned}
\tilde{s} &= \sum_{i=1}^{m} c_i \tilde{x}_i^M \\
&= \sum_{\substack{i=1 \\ i \neq l}}^{m} c_i \left(x_i^M - \frac{a_{ik}}{a_{lk}} x_l^M \right) + c_k \frac{x_l^M}{a_{lk}} \\
&= \sum_{i=1}^{m} c_i x_i^M - \sum_{\substack{i=1 \\ i \neq l}}^{m} c_i \frac{a_{ik}}{a_{lk}} x_l^M - c_l \frac{a_{lk}}{a_{lk}} x_l^M + c_k \frac{x_l^M}{a_{lk}} \\
&= s - \left(\sum_{i=1}^{m} a_{ik} c_i - c_k \right) \frac{x_l^M}{a_{lk}} \\
&= s - \sigma_k \theta_l.
\end{aligned}$$

其中只要 $x_l^M>0$，便有 $\theta_l>0$. 所以当 $x_l^M>0$ 时只要 $\sigma_k<0$，便有 $\tilde{s}>s$. 为了保证 $x_l^M>0$，只要此基本容许解是非退化的就行了. 这便解答了在证明完定理 1.10 之后那一段讨论提出的一个问题. 由此可知按 1° 选择 σ_k，目标函数值当 $x_l^M>0$ 时是上升的，最多当 $x_l^M=0$ 时保持不变.

自然，在 1° 中不去选 σ_j 最小来确定 k，而是选 $\sigma_j\theta_{l_j}$ 最小来确定 k 会使目标函数值上升得更快. 但这样每一步都增加了运算量.

因为我们从 $\boldsymbol{x}$ 的一组值到另一组值的迭代，要求得出新的值仍是容许解. 变换 3° 保证了新的 $\tilde{\boldsymbol{x}}$ 仍满足 $A\tilde{\boldsymbol{x}}=\boldsymbol{b}$，所以为了保证有 $\tilde{x}_i^M\geqslant 0\ (i=1,2,\cdots,m)$，就要另外加上要求.

为了保证

$$\tilde{x}_i^M\geqslant 0 \qquad (i=1,2,\cdots,m,i\neq l),$$

即

$$\tilde{x}_i^M=x_i^M-\frac{a_{ik}}{a_{lk}}x_l^M\geqslant 0 \quad (i=1,2,\cdots,m,i\neq l),$$

要求有

$$\frac{x_i^M}{a_{ik}}\geqslant\frac{x_l^M}{a_{lk}} \quad (\text{对一切 } a_{ik}>0 \text{ 的 } i).$$

所以在 2° 步中要求

$$\theta_l=\min_{a_{ik}>0}\left\{\frac{x_i^M}{a_{ik}}\right\}=\frac{x_l^M}{a_{lk}}\geqslant 0.$$

至于 3° 步，是在 1° 步定出 k，称为主元列，2° 步定出 l，称为主元行，进行以 a_{lk} 为主元的主元消去步. 这是为了保证等式约束条件 $A\boldsymbol{x}=\boldsymbol{b}$ 不破坏所进行的变换. 变换后从一个基本容许解得出另一个基本容许解.

以上的讨论是在特殊的假定下进行的，即假定了基本容许解 $\boldsymbol{x}$ 刚好前 m 个变量为基本变量. 但是只要进行一步迭代就失掉了这种特殊性. 现在来叙述一般情形时的单纯形法.

对于线性规划问题:

(*SLP*)：极大化

$$s = \boldsymbol{c}^T\boldsymbol{x},$$

满足约束条件

$$A\boldsymbol{x} = x_1\boldsymbol{p}_1 + x_2\boldsymbol{p}_2 + \cdots + x_n\boldsymbol{p}_n = \boldsymbol{b},$$

$$\boldsymbol{x} \geqslant \boldsymbol{0}.$$

若设有基本容许解

$$\boldsymbol{x} = (x_1, x_2, \cdots, x_n)^T,$$

其中

$$x_{j_i} \geqslant 0 \quad (i = 1, 2, \cdots, m),$$

对应的

$$\boldsymbol{p}_{j_1}, \boldsymbol{p}_{j_2}, \cdots, \boldsymbol{p}_{j_m}$$

线性无关，则称 x_{j_i} 为基本变量．于是记

$$G = (\boldsymbol{p}_{j_1}\boldsymbol{p}_{j_2}\cdots\boldsymbol{p}_{j_m})$$

有 G^{-1} 存在。

求出

$$(x_{j_1}, x_{j_2}, \cdots, x_{j_m})^T = G^{-1}\boldsymbol{b},$$

$$(a_{1j}, a_{2j}, \cdots, a_{mj})^T = G^{-1}\boldsymbol{p}_j.$$

于是列出单纯形表标

表 1.2　一般单纯形表

			1	2	3	…	j	…	n
			c_1	c_2	c_3	…	c_j	…	c_n
j_1	c_{j_1}	x_{j_1}	a_{11}	a_{12}	a_{13}	…	a_{1j}	…	a_{1n}
j_2	c_{j_2}	x_{j_2}	a_{21}	a_{22}	a_{23}	…	a_{2j}	…	a_{2n}
⋮	⋮	⋮	⋮	⋮	⋮		⋮		⋮
j_m	c_{j_m}	x_{j_m}	a_{m1}	a_{m2}	a_{m3}	…	a_{mj}	…	a_{mn}
			σ_j						

计算步骤如下：

1° 定主元列 k.

$$z_j = \sum_{i=1}^{m} a_{ij}c_{j_i},$$

$$\sigma_j = z_j - c_j,$$

$$\sigma_k = \min_{1 \leqslant j \leqslant n} \{\sigma_j\}.$$

若

$$\sigma_k \geqslant 0,$$

则求出了最优解. 最优解为

$$x_{j_i} \geqslant 0 \qquad (i = 1, 2, \cdots, m),$$

取第三列的值;

$$x_j = 0 \quad (j \neq j_i, i = 1, 2, \cdots, m).$$

目标函数值为

$$s = \sum_{i=1}^{m} c_j x_{j_i}.$$

若

$$\sigma_k < 0,$$

则进行 2° 步.

2° 确定主元行 l.

$$\theta_l = \min_{a_{ik} > 0} \left\{ \frac{x_{j_i}}{a_{ik}} \right\} = \frac{x_{j_l}}{a_{lk}} > 0.$$

若

$$a_{ik} \leqslant 0 \qquad (i = 1, 2, \cdots, m),$$

则为无界解情形

3° 变换

$$c_{j_l} \Leftarrow c_{k_l} = c_k;$$

$$j_l \Leftarrow k_l = k;$$

$$x_{k_l} \Leftarrow \frac{x_{j_l}}{a_{l_k}},$$

$$x_{j_i} \Leftarrow x_{j_i} - a_{ik} x_{k_l} \quad (i = 1, 2, \cdots, m, i \neq l);$$

$$a_{lj} \Leftarrow \frac{a_{lj}}{a_{lk}} \qquad (j = 1, 2, \cdots, n),$$

$$a_{ij} \Leftarrow a_{ij} - a_{lj} a_{ik} \ (i = 1, \cdots, m, i \neq l \ \ j = 1, 2, \cdots, n).$$

转回 1°. 后一式中 a_{lj} 为前一式计算的结果.

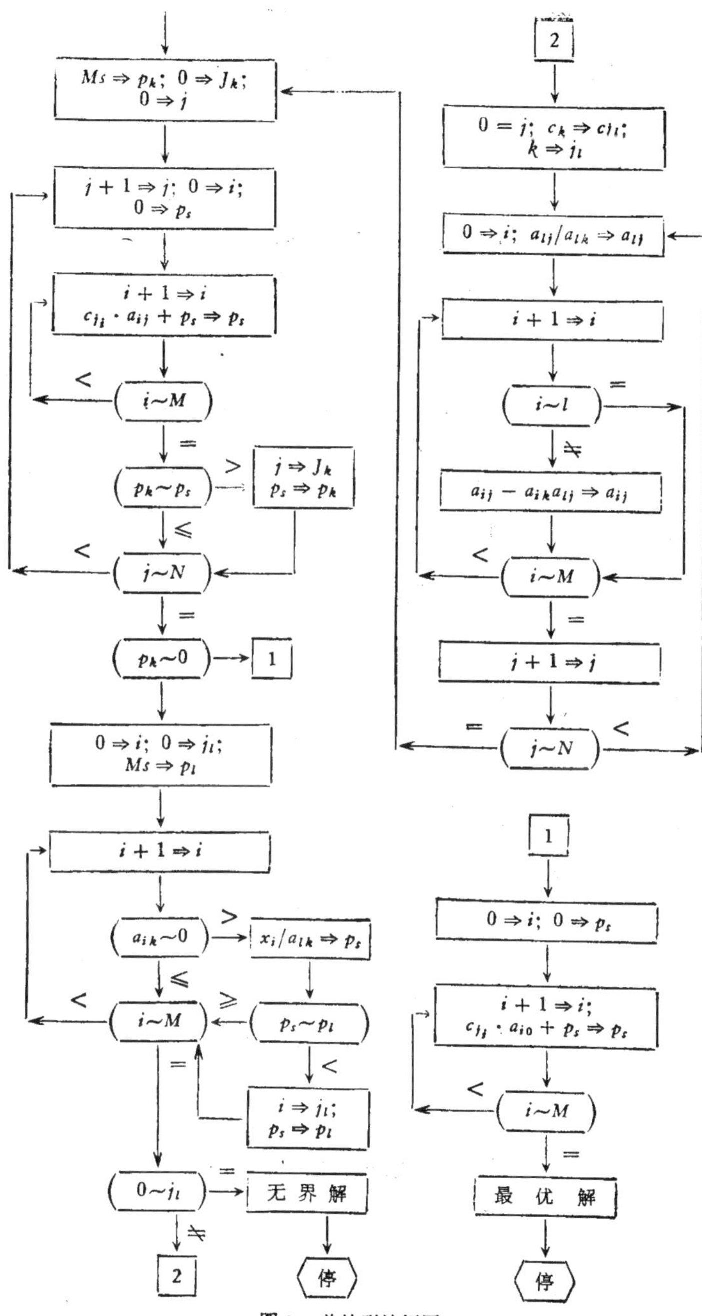

图1　单纯形法框图

注：其中 M_s 为一大的正数

前页是单纯形方法的框图,下面给出数值例子.

例 1.1 极大化

$$s = 1.1x_1 + 2.2x_2 - 3.3x_3 + 4.4x_4 - 10x_5 - 20x_6,$$

满足于约束条件

$$x_1 + x_2 + 2x_3 + x_5 = 4,$$
$$x_1 + 2x_2 + 2.5x_3 + 3x_4 + x_6 = 5,$$
$$x_1, x_2, x_3, x_4, x_5, x_6 \geqslant 0.$$

首先列出单纯形表格. 由于 $\boldsymbol{p}_5 = (1, 0)^T$, $\boldsymbol{p}_6 = (0, 1)^T$, 所以很明显, $x_5 = 4$, $x_6 = 5$, $x_1 = x_2 = x_3 = x_4 = 0$ 为一基本容许解. 此时对应的 G 为 $\begin{pmatrix} 1 & 0 \\ 0 & 1 \end{pmatrix}$, 易知 $G^{-1} = \begin{pmatrix} 1 & 0 \\ 0 & 1 \end{pmatrix}$. 于是列出单纯形表格如下:

表 1.3-1 单纯形表

			1	2	3	4	5	6
			1.1	2.2	−3.3	4.4	−10	−20
5	−10	4	1	1	2	0	1	0
6	−20	5	1	2	2.5	3	0	1
			σ_j					

首先求判别数

$$\sigma_1 = [(-10) \times 1 + (-20) \times 1] - 1.1 = -31.1,$$
$$\sigma_2 = [(-10) \times 1 + (-20) \times 2] - 2.2 = -52.2,$$
$$\sigma_3 = [(-10) \times 2 + (-20) \times 2.5] - (-3.3) = -66.7,$$
$$\sigma_4 = [(-10) \times 0 + (-20) \times 3] - 4.4 = -64.4,$$
$$\sigma_5 = \sigma_6 = 0.$$

由此确定出

$$\sigma_3 = \min\{\sigma_1, \sigma_2, \sigma_3, \sigma_4, \sigma_5, \sigma_6\} = -66.7.$$

得出主元列号 $k = 3$.

以上 1° 计算完毕,因 $\sigma_3 = -66.7 < 0$, 故应转入 2°.

求 l: 因为 $\boldsymbol{p}_3 = (2, 2.5)^T$, $a_{1,3}$, $a_{2,3}$ 均为正值,求

$$\theta_1 = 4/2 = 2,$$
$$\theta_2 = 5/2.5 = 2.$$

因为 $\theta_1 = \theta_2$，所以 $\min\{\theta_1, \theta_2\} = 2$. 取 $l = 1, l = 2$ 均可，我们取 $l = 1$.

以上 2° 计算完毕.

变换：以 $\boldsymbol{p}_3$ 代替 $\boldsymbol{p}_5$，以 -3.3 代替 -10. 下面进行以 $a_{1,3} = 2$ 为主元的主元消去步. 以 2 除同行各元素求出

$$2 \quad 0.5 \quad 0.5 \quad 1 \quad 0 \quad 0.5 \quad 0.$$

再来变换第二行. 将上面各数乘以第二行主元列上的数 2.5 得

$$5 \quad 1.25 \quad 1.25 \quad 2.5 \quad 0 \quad 1.25 \quad 0.$$

第二行各值减去这行数得出新的第二行为

$$0 \quad -0.25 \quad 0.75 \quad 0 \quad 3 \quad -1.25 \quad 1.$$

于是得出新的单纯形表格为

表 1.3-2 单纯形表

			1 1.1	2 2.2	3 −3.3	4 4.4	5 −10	6 −20
3	−3.3	2	0.5	0.5	1	0	0.5	0
6	−20	0	−0.25	0.75	0	⟨3⟩	−1.25	1
σ_j			2.25	−18.85	0	−64.4	33.25	0

因为用 $\boldsymbol{p}_3$ 代替 $\boldsymbol{p}_5$，所以左边第一列中用 3 代替了 5，第二列用 -3.3 代替了 -10. 此时对应的基本容许解为

$$\boldsymbol{x} = (0, 0, 2, 0, 0, 0)^T.$$

对应此表进行下一步迭代，求出

$$\sigma_1 = [(-3.3) \times 0.5 + (-20) \times (-0.25)] - 1.1 = 2.25,$$
$$\sigma_2 = [(-3.3) \times 0.5 + (-20) \times 0.75] - 2.2 = -18.85,$$
$$\sigma_3 = 0,$$
$$\sigma_4 = [(-3.3) \times 0 + (-20) \times 3] - 4.4 = -64.4,$$

$$\sigma_5 = [(-3.3)\times 0.5 + (-20)\times(-1.25)] - (-10)$$
$$= 33.25,$$
$$\sigma_6 = 0.$$

结果已填入上表.

求出

$$\sigma_4 = \min_{1\leqslant j\leqslant 6}\{\sigma_j\} = -64.4 < 0,$$

故 $k = 4$.

求 l：a_{i4} 中只有 $a_{2,4} = 3 > 0$，故 $l = 2$. 进行以 $a_{2,4} = 3$ 为主元的主元消去步. 在第一列,第二列中以 $\boldsymbol{p}_4$ 代 $\boldsymbol{p}_6$，以 4.4 代−2. 得出新的单纯形表格.

表 1.3-3　单纯形表

			1	2	3	4	5	6
			1.1	2.2	−3.3	4.4	−10	−20
3	−3.3	2	⟨0.5⟩	0.5	1	0	0.5	0
4	4.4	0	−0.0833	0.25	0	1	−0.4167	0.3333
σ_j			−3.12	−2.75	0	0	6.51	21.47

于是

$$\sigma_1 = \min_{1\leqslant j\leqslant 6}\{\sigma_j\} = -3.12.$$

$k = 1$.

求 l：因 a_{i1} 中只有 $a_{1,1} = 0.5 > 0$，故 $l = 1$. 进行以 $a_{1,1} = 0.5$ 为主元的主元消去步. 以 $\boldsymbol{p}_1$ 代第一列中的 $\boldsymbol{p}_3$，以 1.1 代第二列中的−3.3 得出表1.3-4.

因为

$$\sigma_1 = \sigma_4 = \min_{1\leqslant j\leqslant 6}\{\sigma_j\} = 0,$$

因而求出了最优解

$$x^* = (4, 0, 0, 0.333, 0, 0)^T,$$

表 1.3-4 单纯形表

			1	2	3	4	5	6
			1.1	2.2	−3.3	4.4	−10	−20
1 4	1.1 4.4	4 0.333	1 0	1 0.333	2 0.167	0 1	1 0.416	0 0.333
σ_j			0	0.36	6.23	0	12.83	21.46

最优值为

$$s^* = 4 \times 1.1 + 0.333 \times 4.4 = 5.86.$$

练　　习

1. 设线性规划问题:

极大化

$$s = 1.1x_1 + 2.2x_2 - 3.3x_3 + 4.4x_4 - 10x_5 - 20x_6,$$

满足约束条件

$$0.5x_1 + 0.5x_2 + x_3 + x_5 = 2,$$
$$-0.25x_1 + 0.75x_2 + 3x_4 - 1.25x_5 + x_6 = 0,$$
$$x_1, x_2, \cdots, x_6 \geqslant 0.$$

明显的有基本容许解 $x_3 = 2, x_6 = 0, x_1 = x_2 = x_4 = x_5 = 0$. 问当 $x_4 = 1$ 时代替 x_3, x_6 而又使约束条件满足时目标函数变化如何? 这个变化值是什么?

2. 用单纯形法求解线性规划问题:

极大化

$$s = 2x_1 - x_2 - x_3 - 10x_4 - 20x_5,$$

满足于约束条件

$$-x_1 + 2x_2 - x_3 + x_4 = 1,$$
$$-x_1 + x_2 + 2x_3 + x_5 = 1,$$
$$x_1, x_2, \cdots, x_5 \geqslant 0.$$

3. 解线性规划问题:

极小化

$$s = \mathbf{c}^T \mathbf{x},$$

满足于约束条件

$$Ax = b,$$
$$x \geqslant 0.$$

我们不用极大化 $-s$ 代替极小化 s，而是直接建立单纯形法，问此时单纯形法与求极大化目标函数时有什么不同．试把迭代公式给出来．

2.3. 初始解及标准线性规划问题

在前一小节中我们介绍了解线性规划的单纯形法的迭代步骤．这一迭代是建立在已经有了一个初始基本容许解的前题下进行的．在这一小节我们介绍初始基本容许解的几种求取方法．

i) M 法．我们把问题 (SLP) 改写成 $(SLP)'$，极大化

$$s = \boldsymbol{c}^T\boldsymbol{x} - \boldsymbol{m}^T\boldsymbol{y},$$

满足于约束条件

$$A\boldsymbol{x} + I\boldsymbol{y} = \boldsymbol{b},\ \boldsymbol{b} \geqslant \boldsymbol{0},$$
$$\boldsymbol{x} = (x_1, x_2, \cdots, x_n)^T \geqslant \boldsymbol{0},$$
$$\boldsymbol{y} = (y_1, y_2, \cdots, y_m)^T \geqslant \boldsymbol{0}.$$

其中 $\boldsymbol{m} = (m_1, m_2, \cdots, m_m)^T$，$m_i (i = 1, 2, \cdots, m)$ 为足够大的正数，称为人工变量价值系数．I 为单位矩阵．

$$I = (\boldsymbol{e}_1\, \boldsymbol{e}_2 \cdots \boldsymbol{e}_m) = \begin{pmatrix} 1 & 0 & 0 & \cdots & 0 \\ 0 & 1 & 0 & \cdots & 0 \\ 0 & 0 & 1 & \cdots & 0 \\ \vdots & \vdots & \vdots & & \vdots \\ 0 & 0 & 0 & \cdots & 1 \end{pmatrix}.$$

记

$$\boldsymbol{p}_{n+j} = \boldsymbol{e}_j \qquad (j = 1, 2, \cdots, m),$$

称为人工向量，而 $y_1, y_2, \cdots, y_m$ 称为人工变量．此时，明显地有基本容许解

$$\boldsymbol{x} = \boldsymbol{0},\ \boldsymbol{y} = \boldsymbol{b}.$$

自然要求原问题中 $\boldsymbol{b} \geqslant \boldsymbol{0}$，此时我们称 $\boldsymbol{p}_{n+j} (j = 1, 2, \cdots, m)$ 组成一个人工基底．

我们要求新问题 $(SLP)'$ 与原问题 (SLP) 有相同的最优解，否则这种改变是不合理的．事实上有下述性质．

定理 1.9. 当 $m_i (i=1,2,\cdots,m)$ 取成足够大的正数时，(SLP) 与 $(SLP)'$ 有相同的最优解，只要 (SLP) 有最优解.

证 若 $\boldsymbol{x}^\circ$ 是 (SLP) 的最优基本容许解，设 $\boldsymbol{x}^\circ$ 对应的基底为 $\{\boldsymbol{p}_{j_1},\boldsymbol{p}_{j_2},\cdots,\boldsymbol{p}_{j_m}\}$，记 $G=(\boldsymbol{p}_{j_1}\boldsymbol{p}_{j_2}\cdots\boldsymbol{p}_{j_m})$. 对应的目标函数系数为 $c_{j_1},c_{j_2},\cdots,c_{j_m}$，记

$$\boldsymbol{c}^M=(c_{j_1},c_{j_2},\cdots,c_{j_m})^T,$$

$$\boldsymbol{w}^T=(\boldsymbol{c}^M)^TG^{-1}=(w_1,w_2,\cdots,w_m),$$

记 $w_0=\min\{w_1,w_2,\cdots,w_m\}$. 取 $\tilde{m}_i\geqslant|w_0|\ (i=1,2,\cdots,m)$，明显地有

$$\sigma_i'=\boldsymbol{c}^MG^{-1}\boldsymbol{e}_i-\tilde{m}_i\geqslant 0\quad(i=1,2,\cdots,m).$$

因为 σ_i' 刚好是 $(SLP)'$ 后面 m 列的判别数，所以他们均非负，而 x° 为 (SLP) 的最优解，故前 n 个判别数 σ_j 均非负，所以 $((\boldsymbol{x}^\circ)^T,\boldsymbol{0})^T$ 是 $(SLP)'$ 的最优基本容许解. 而且这个结论只要 $m_i\geqslant|w_0|$ 均成立. 由此也推出了 (SLP) 的最优值与 $(SLP)'$ 的最优值相等.

反之，若设 $(SLP)'$ 的最优解为 $\begin{pmatrix}\tilde{\boldsymbol{x}}\\ \boldsymbol{y}^\circ\end{pmatrix}$，则一定有 $\boldsymbol{y}^\circ=\boldsymbol{0}$. 不然，设 y° 的第 l_0 个分量 $y_{l_0}^\circ>0$，因为 (SLP) 有最优基本容许解 $\boldsymbol{x}^\circ$，很明显，$\begin{pmatrix}\boldsymbol{x}^\circ\\ \boldsymbol{0}\end{pmatrix}$ 满足 $(SLP)'$ 的所有约束条件，所以 $((\boldsymbol{x}^\circ)^T,\boldsymbol{0})^T$ 至少是 $(SLP)'$ 的一个容许解. 记

$$s^\circ=\boldsymbol{c}^T\boldsymbol{x}^\circ.$$

因为 $y_l^\circ>0$，我们取 m_l 超于无穷大，因而有

$$\tilde{s}=\boldsymbol{c}^T\tilde{\boldsymbol{x}}-\boldsymbol{M}^T\boldsymbol{y}\leqslant\boldsymbol{c}^T\tilde{\boldsymbol{x}}-m_ly_l^\circ\to-\infty,$$

这与

$$s^\circ\leqslant\tilde{s}$$

矛盾. 说明人工变量在此条件下一定取 0 值.

ii) 两演段方法. 在 i) 中引进人工变量，并引进了人工变量的价值系数 M. 其实质是取 m_i 足够大，使人工变量在迭代中从基底中替换出去. 如果最后没有把人工变量换出去，而且人工变

量取正值，此时线性规划没有容许解.

人工变量并不是我们所要找的量，它一旦从基本变量集合中排除后就再不希望它进入基本变量集合. 把非基本变量的人工变量去掉可以减少运算量.我们能否构造一种算法，首先着眼于将人工变量从基本变量中去掉，从而得到原来给定的线性规划问题的一个基本容许解呢？如果能够这样，得到这个容许解后，我们再也不必考虑人工变量了. 单纯形法的两演段算法就是这样一种方法. 所谓两演段算法就是计算分为两个阶段进行：第一个演段先是引入人工变量，从而得到一个线性规划问题的一个人工初始基本容许解，在第一阶段求出最优解后使人工变量取值之和最小，从而得出原来给定的线性规划问题的一个基本容许解；第二演段是真正求解要解的线性规划问题.

第一演段的线性规划问题：

极大化

$$s' = -\mathbf{1}^T \boldsymbol{y},$$

满足于约束条件

$$A\boldsymbol{x} + I\boldsymbol{y} = \boldsymbol{b},$$

$$\boldsymbol{x} \geqslant \mathbf{0}, \quad \boldsymbol{y} \geqslant \mathbf{0}.$$

其中 $\mathbf{1}^T = (1, 1, \cdots, 1)$，为分量为 1 的 m 维向量. I 为单位矩阵.

对于这一问题有一个明显的初始基本容许解，$\boldsymbol{x} = \mathbf{0}, \boldsymbol{y} = \boldsymbol{b}$. 这时便可套用单纯形法求解. 设第一演段结束求出的最优解为

$$\begin{pmatrix} \boldsymbol{x}^\circ \\ \boldsymbol{y}^\circ \end{pmatrix},$$

此时有

定理 1.10. （SLP）有容许解的充要条件是 $\boldsymbol{y}^\circ = \mathbf{0}$.

证 当问题（SLP）有容许解时，设此容许解为 $\boldsymbol{x}^*$，明显的 $\begin{pmatrix} \boldsymbol{x}^* \\ \mathbf{0} \end{pmatrix}$ 满足

$$A\boldsymbol{x} + I\boldsymbol{y} = \boldsymbol{b},$$

$$\boldsymbol{x} \geqslant \boldsymbol{0},\ \boldsymbol{y} \geqslant \boldsymbol{0}.$$

所以 $\begin{pmatrix} \boldsymbol{x}^* \\ \boldsymbol{0} \end{pmatrix}$ 便是第一阶段问题的一个容许解，代入目标函数有

$$s' = 0.$$

由此可知(SLP)若有容许解则一定有 $\boldsymbol{y}^\circ = \boldsymbol{0}$. 现在来证明若 $\boldsymbol{y}^\circ \neq \boldsymbol{0}$，则($SLP$)一定没有容许解.

事实上，假定 $(SLP)'$ 的最优解为 $\begin{bmatrix} \boldsymbol{x}^\circ \\ \boldsymbol{y}^\circ \end{bmatrix}$，并设 $\boldsymbol{y}^\circ$ 的第 l 个分量 $y_l^\circ > 0$. 因而有

$$\overset{\circ}{s}{}' = -\boldsymbol{1}^T \boldsymbol{y}^\circ \leqslant -y_l^\circ < 0.$$

但若 (SLP) 有容许解 $\boldsymbol{x}^*$，则 $\begin{bmatrix} \boldsymbol{x}^* \\ \boldsymbol{0} \end{bmatrix}$ 也是 $(SLP)'$ 的容许解. 故其对应的目标函数值为

$$\overset{*}{s}{}' = -\boldsymbol{1}^T \boldsymbol{0} = 0.$$

于是

$$0 = \overset{*}{s}{}' \leqslant \overset{\circ}{s}{}' < 0,$$

引出矛盾，因而 (SLP) 一定没有容许解.

两演段算法，在第一演段结束时有两种可能：一是 s' 的最优值不等于 0，也就是小于 0，此时原问题没有容许解；二是 s' 的最优值等于 0，这时就求出了原问题的一个初始基本容许解. 后一种情况还有两种情形：一是第一演段结束后在基底中没有人工向量，此时可以把人工变量全部去掉而进入第二演段；二是第一演段结束时基底中有人工向量，但其对应的基本变量取 0 值，这自然是一种退化情形. 此时在整个第二演段要保持保留下来的其值必须是 0 的人工变量. 由基本变量的变化公式知道

$$x'_{ji} \Leftarrow x_{ji} - \frac{a_{ik}}{a_{lk}} x_{jl},$$

若 i_0 一行对应的为人工变量，即 x_{jl_0} 为人工变量，则 $x_{ji_0} = 0$，为了保证有 $x'_{ji_0} = 0$，选 k 时只能选取 $a_{i_0k} = 0$ 的 k.

iii) 由问题的实际背景，预先可以知道一个初始基本容许解；

或者可以提供一个容许解，可以把它加工成初始基本容许解.

从以上的介绍，单纯形法的计算可以完满地实现了. 但是 (SLP) 毕竟不是很一般的线性规划的表述形式. 为此，下面介绍怎样把一般线性规划问题转换成 (SLP) 的形式.

在介绍转换方法的同时，也顺便指出，如何少引进几个人工变量，以便减少运算量.

假定提出的线性规划问题的约束条件的右端项不满足 $\boldsymbol{b} \geqslant \boldsymbol{0}$，如 $\boldsymbol{b} = (b_1, b_2, \cdots, b_m)^T$ 中某 $b_i < 0$，此时可以把第 i 个约束条件改写成

$$-(a_{i1}x_1 + a_{i2}x_2 + \cdots + a_{in}x_n) = -b_i > 0.$$

假定提出的线性规划问题的约束条件不是写成等式，而是写成不等式形式. 如第 i 个约束条件为

$$a_{i1}x_1 + a_{i2}x_2 + \cdots + a_{in}x_n \geqslant b_i,$$

我们引进变量 $w_i \geqslant 0$，将约束条件改写成

$$a_{i1}x_1 + a_{i2}x_2 + \cdots + a_{in}x_n - w_i = b_i.$$

把 w_i 称为剩余变量.

如第 k 个约束条件为

$$a_{k1}x_1 + a_{k2}x_2 + \cdots + a_{kn}x_n \leqslant b_k,$$

我们引进变量 $w_k \geqslant 0$，将约束条件改写成

$$a_{k1}x_1 + a_{k2}x_2 + \cdots + a_{kn}x_n + w_k = b_k.$$

把 w_k 称为松弛变量.

更多的人喜欢把“剩余”变量，“松弛”变量一律称为“松弛”变量.

有时提出的线性规划问题没有 $x_{j_0} \geqslant 0$ 的约束，这时可以称 x_{j_0} 为自由变量. 为了用单纯形法计算，我们必须把 x_{j_0} 改成两个变量

$$x_{j_0} = x'_{j_0} - x''_{j_0}.$$

此时便可要求 $x'_{j_0}, x''_{j_0} \geqslant 0$. 把 x_{j_0} 的这一表达式代入目标函数和约束条件中，得出适合用单纯形法计算的 (SLP). 从单纯形法的原理可知 x''_{j_0} 和 x'_{j_0} 不会同时在基本变量集合中，这是由于它们的

系数向量是线性相关的．如果 x'_{i_0} 为基本变量．则 x_{i_0} 取正值，即 $x_{i_0}=x'_{i_0}$；如果 x''_{i_0} 为基本变量，则 x_{i_0} 取负值．即 $x_{i_0}=-x''_{i_0}$．

如果在线性规划的约束条件或目标函数中出现 $|x_{i_0}|$，当然不是所有各处出现 $|x_{i_0}|$，因为那样只要取 $x_{i_0}=|x_{i_0}|\geqslant 0$ 就可以了．这时自然不会有 $x_{i_0}\geqslant 0$ 的约束．此时也引进变量代换，在出现 $|x_{i_0}|$ 的地方用

$$|x_{i_0}|=x'_{i_0}+x''_{i_0},$$

在出现 x_{i_0} 的地方用

$$x_{i_0}=x'_{i_0}-x''_{i_0}.$$

当不等式变成等式，引进松弛变量时，引进的是真正松弛变量，而不是"剩余"变量，这些"松弛"变量就可以代替人工变量，因为它们的系数向量刚好是单位向量．当引进多个"剩余"变量时，可以在引进这些变量的约束条件中把各约束条件进行变化，从而使最多只引进一个人工变量就可以了．具体如

$$\sum_{j=1}^{n} a_{i_1 j}x_j-w_{i_1}=b_{i_1},$$

$$\sum_{j=1}^{n} a_{i_2 j}x_j-w_{i_2}=b_{i_2},$$

$$\cdots$$

$$\sum_{j=1}^{n} a_{i_r j}x_j-w_{i_r}=b_{i_r},$$

找一个约束条件

$$\sum_{j=1}^{n} a_{kj}x_j=b_k,$$

满足

$$b_k\geqslant b_{i_p}\qquad (p=1,2,\cdots,r).$$

实行变化

$$\sum_{j=1}^{n}(a_{kj}-a_{i_p j})x_j+w_{i_p}=b_k-b_{i_p}\geqslant 0\ (p=1,2,\cdots,r),$$

于是 w_{i_p} 的系数便是一个单位向量，所以这 r 个约束条件都不用

引进人工变量了.

这些处理道理都很简单,但在计算中却可以节省很大计算量.

练　　习

1. 设在线性规划（SLP）中已知有 m 个向量 $\boldsymbol{p}_{j_1}, \boldsymbol{p}_{j_2}, \cdots, \boldsymbol{p}_{j_m}$ 线性无关,你能否由此出发构造出一个求初始基本容许解的方法?

2. 对于线性规划目标函数求极大化和求极小化，用两演段单纯形法求解第一演段有无区别? 为什么?

3. 解线性规划用 M 法时，m_i 值该取多大,你能否给出一个估计值?

4. 求解线性规划问题

极小化

$$s = 3x_1 - 2x_2 + x_3 - x_4,$$

满足于约束条件

$$\begin{aligned} x_1 + 2x_2 + 3x_3 + 4x_4 &= 1, \\ 2x_1 - x_2 + x_3 &= 2, \\ x_1 - x_2 + x_3 - x_4 &= -1, \\ x_1, x_2, x_3 &\geqslant 0. \end{aligned}$$

5. 求解线性规划问题

极小化

$$s = 3x_1 + 2x_2 + x_3 + x_4$$

满足于约束条件

$$\begin{aligned} x_1 + 8x_2 + 3x_3 + 4x_4 &= 1, \\ x_1, x_2, x_3, x_4 &\geqslant 0. \end{aligned}$$

2.4. 退化与循环

线性规划退化的基本容许解,系指当一个基本容许解,其大于0的分量的个数不是 m,而是比 m 小的情形. 也就是说当有少于 m 个 $\boldsymbol{p}_j$, 可以用它们的正系数组合表示右端向量 $\boldsymbol{b}$ 时的情形.

退化给计算造成的困难是“循环”. 所谓循环就是在单纯形的迭代中总是那么几组基底轮番出现，循环不止. 在实际问题中还没有人碰到这种情形,有人人为地造出了这方面的例子. Hoffman, A. J. 1951 年给出第一例子，Beale, E. M. L. 1955 年又给出了另一个例子.

我们在下面给出 Beale 的例子.

极小化

$$s=-\frac{3}{4}x_1+150x_2-\frac{1}{50}x_3+6x_4,$$

满足于约束条件

$$\begin{aligned}
&\frac{1}{4}x_1-60x_2-\frac{1}{25}x_3+9x_4+x_5 &&=0,\\
&\frac{1}{2}x_1-90x_2-\frac{1}{50}x_3+3x_4 \quad +x_6 &&=0,\\
&x_3 \quad +x_7 &&=1,
\end{aligned}$$

$$x_1,x_2,\cdots,x_7\geqslant 0.$$

其计算表格如下

表 1.4-1

			p_1	p_2	p_3	p_4	p_5	p_6	p_7
			$\frac{-3}{4}$	150	$\frac{-1}{50}$	6	0	0	0
p_5	0	0	$\left\langle\frac{1}{4}\right\rangle$	−60	$\frac{-1}{25}$	9	1	0	0
p_6	0	0	$\frac{1}{2}$	−90	$\frac{-1}{50}$	3	0	1	0
p_7	0	1	0	0	1	0	0	0	1
σ_j			$\boxed{-\frac{3}{4}}$	150	$\frac{-1}{50}$	6	0	0	0

其中加"□"的为判别数最小者,即所在列为主元列. 加"〈 〉"者为主元素.

请大家注意,表1.4-7正好是此处表1.4-1, 所以出现了循环情况.

之所以会造成循环,就是因为在迭代中进行一次迭代时,迭代前后的目标函数值 s' 与 s 不变,即 $\theta_l=\frac{x_l^M}{a_{lk}}=0$. 而且选择进入基底的向量, 及从基底中排出的向量是用一种固定的选择规律所

表 1.4-2

			$\boldsymbol{p}_1$	$\boldsymbol{p}_2$	$\boldsymbol{p}_3$	$\boldsymbol{p}_4$	$\boldsymbol{p}_5$	$\boldsymbol{p}_6$	$\boldsymbol{p}_7$
			$\frac{-3}{4}$	150	$\frac{-1}{50}$	6	0	0	0
$\boldsymbol{p}_1$	$\frac{-3}{4}$	0	1	-240	$\frac{-4}{25}$	36	4	0	0
$\boldsymbol{p}_6$	0	0	0	$\langle 30\rangle$	$\frac{3}{50}$	-15	-2	1	0
$\boldsymbol{p}_7$	0	1	0	0	1	0	0	0	1
σ_j			0	$\boxed{-30}$	$\frac{-7}{50}$	33	3	0	0

表 1.4-3

			$\boldsymbol{p}_1$	$\boldsymbol{p}_2$	$\boldsymbol{p}_3$	$\boldsymbol{p}_4$	$\boldsymbol{p}_5$	$\boldsymbol{p}_6$	$\boldsymbol{p}_7$
			$\frac{-3}{4}$	150	$\frac{-1}{50}$	6	0	0	0
$\boldsymbol{p}_1$	$\frac{-3}{4}$	0	1	0	$\left\langle\frac{8}{25}\right\rangle$	-84	-12	8	0
$\boldsymbol{p}_2$	150	0	0	1	$\frac{1}{500}$	$\frac{-1}{2}$	$\frac{-1}{15}$	$\frac{1}{30}$	0
$\boldsymbol{p}_7$	0	1	0	0	1	0	0	0	1
σ_j			0	0	$\boxed{\frac{-2}{25}}$	18	1	1	0

表 1.4-4

			$\boldsymbol{p}_1$	$\boldsymbol{p}_2$	$\boldsymbol{p}_3$	$\boldsymbol{p}_4$	$\boldsymbol{p}_5$	$\boldsymbol{p}_6$	$\boldsymbol{p}_7$
			$\frac{-3}{4}$	150	$\frac{-1}{50}$	6	0	0	0
$\boldsymbol{p}_3$	$\frac{-1}{50}$	0	$\frac{25}{8}$	0	1	$\frac{-525}{2}$	$\frac{-75}{2}$	25	0
$\boldsymbol{p}_2$	150	0	$\frac{-1}{160}$	1	0	$\left\langle\frac{1}{40}\right\rangle$	$\frac{1}{120}$	$\frac{-1}{60}$	0
$\boldsymbol{p}_7$	0	1	$\frac{-25}{8}$	0	0	$\frac{-525}{2}$	$\frac{75}{2}$	-25	1
σ_j			$\frac{1}{4}$	0	0	$\boxed{-3}$	-2	3	0

表 1.4-5

			p_1	p_2	p_3	p_4	p_5	p_6	p_7
			$\frac{-3}{4}$	150	$\frac{-1}{50}$	6	0	0	0
p_3	$\frac{-1}{50}$	0	$\frac{-125}{2}$	10500	1	0	$\langle 50 \rangle$	-150	0
p_4	6	0	$\frac{-1}{4}$	40	0	1	$\frac{1}{30}$	$\frac{-2}{3}$	0
p_7	0	1	$\frac{125}{2}$	-10500	0	0	-50	150	1
σ_j			$\frac{-1}{2}$	120	0	0	$\boxed{-1}$	1	0

表 1.4-6

			p_1	p_2	p_3	p_4	p_5	p_6	p_7
			$\frac{-3}{4}$	150	$\frac{-1}{50}$	6	0	0	0
p_5	0	0	$\frac{-5}{4}$	210	$\frac{1}{50}$	0	1	-3	0
p_4	6	0	$\frac{1}{6}$	-30	$\frac{-1}{150}$	1	0	$\left\langle \frac{1}{3} \right\rangle$	0
p_7	0	1	0	0	1	0	0	0	1
σ_j			$\frac{7}{4}$	330	$\frac{1}{50}$	0	0	$\boxed{-2}$	0

表 1.4-7

			p_1	p_2	p_3	p_4	p_5	p_6	p_7
			$\frac{-3}{4}$	150	$\frac{-1}{50}$	6	0	0	0
p_5	0	0	$\left\langle \frac{1}{4} \right\rangle$	-60	$\frac{-1}{25}$	9	1	0	0
p_6	0	0	$\frac{1}{2}$	-90	$\frac{-1}{50}$	3	0	1	0
p_7	0	1	0	0	1	0	0	0	1
σ_j			$\boxed{\frac{-3}{4}}$	150	$\frac{-1}{50}$	6	0	0	0

造成的．显然，为要每次迭代保持目标函数上升，只要使 $x_i^M>0$ $(i=1, 2, \cdots, m)$ 就可以了．为了保证 $x_i^M>0$ $(i=1, 2, \cdots, m)$ 只要对约束条件的右端作微小改动，就可以保证右端向量 $\boldsymbol{b}$ 与系数向量 $\boldsymbol{p}_1, \boldsymbol{p}_2, \cdots, \boldsymbol{p}_n$ 中任何少于 m 个的向量都不线性相关．这就是通常称谓的"摄动"技巧．当然，对右端向量 $\boldsymbol{b}$ 做摄动不应该影响解的正确性，这一点我们将于后面讨论．

下面对摄动的技巧做进一步讨论．如原问题：

极小化

$$s=\boldsymbol{c}^T\boldsymbol{x},$$

满足于约束条件

$$A\boldsymbol{x}=\boldsymbol{b},$$
$$\boldsymbol{x}\geqslant \boldsymbol{0}.$$

设所考虑的基底为 $\{\boldsymbol{p}_1, \boldsymbol{p}_2, \cdots, \boldsymbol{p}_m\}$ 时，引进摄动把问题改写成：

极小化

$$s=\boldsymbol{c}^T\boldsymbol{x},$$

满足于约束条件

$$\begin{aligned} x_1\boldsymbol{p}_1+x_2\boldsymbol{p}_2+\cdots+x_n\boldsymbol{p}_n \\ =\boldsymbol{b}+\varepsilon\boldsymbol{p}_1+\varepsilon^2\boldsymbol{p}_2+\cdots+\varepsilon^n\boldsymbol{p}_n=\boldsymbol{b}(\varepsilon). \end{aligned}$$

因为基底向量为 $\boldsymbol{p}_1, \boldsymbol{p}_2, \cdots, \boldsymbol{p}_m$，记 $G=(\boldsymbol{p}_1, \boldsymbol{p}_2\cdots\boldsymbol{p}_m)$，所以此时基本变量的取值应为

$$\tilde{\boldsymbol{x}}=(\tilde{x}_1, \tilde{x}_2, \cdots, \tilde{x}_m)^T=G^{-1}\boldsymbol{b}\geqslant\boldsymbol{0}.$$

记

$$\boldsymbol{p}_j'=G^{-1}\boldsymbol{p}_j \quad (j=1, 2, \cdots, n),$$

于是

$$\begin{aligned} \tilde{\boldsymbol{x}}(\varepsilon) &= G^{-1}\boldsymbol{b}+\varepsilon G^{-1}\boldsymbol{p}_1+\varepsilon^2G^{-1}\boldsymbol{p}_2+\cdots+\varepsilon^mG^{-1}\boldsymbol{p}_m \\ &\quad +\varepsilon^{m+1}G^{-1}\boldsymbol{p}_{m+1}+\cdots+\varepsilon^nG^{-1}\boldsymbol{p}_n \\ &= \tilde{\boldsymbol{x}}+\varepsilon\boldsymbol{p}_1'+\varepsilon^2\boldsymbol{p}_2'+\cdots+\varepsilon^m\boldsymbol{p}_m' \\ &\quad +\varepsilon^{m+1}\boldsymbol{p}_{m+1}'+\cdots+\varepsilon^n\boldsymbol{p}_n'. \end{aligned}$$

其中 $\boldsymbol{p}_j'$ 为单纯形表格中各列变化的值组成的向量．由于 G^{-1} 的原因，自然有 $\boldsymbol{p}_1'=\boldsymbol{e}_1, \boldsymbol{p}_2'=\boldsymbol{e}_2, \cdots, \boldsymbol{p}_m'=\boldsymbol{e}_m$，于是有

$$\tilde{x}(\varepsilon) = \tilde{x} + \varepsilon e_1 + \varepsilon^2 e_2 + \cdots + \varepsilon^m e_m + \varepsilon^{m+1} p'_{m+1} + \cdots + \varepsilon^n p'_n.$$

用分量表示出来就是

$$(\tilde{x}(\varepsilon))_j = \tilde{x}_j + \varepsilon^j + \sum_{i=m+1}^{n} \varepsilon^i a_{ji} \quad (j = 1, 2, \cdots, m).$$

因为 $\tilde{x}_j \geqslant 0$，故只须选择足够小的 $\varepsilon > 0$ 总可以使

$$\varepsilon^j + \sum_{i=m+1}^{n} \varepsilon^i a_{ji} > 0 \quad (j = 1, 2, \cdots, m),$$

于是有

$$(\tilde{x}(\varepsilon))_j > 0 \quad (j = 1, 2, \cdots, m),$$

因而克服了退化．但这样做 ε 的多项式无疑是麻烦的，为此我们可以通过两个途径进行改进．一种就是只取 ε 本身，而不取 ε 的多项式进行摄动，只要对 ε 做适当调整就可以妨止退化；另一种是对上面的摄动稍作分析，确定原则，从而使用这种原则来代替引进多项式，下面就来进行这种分析．

上面引进多项式进行摄动，事实上等于给出了一种选择主元的规则，因为要选择

$$\frac{(\tilde{x}(\varepsilon))_l}{a_{lk}} = \min_{a_{ik}>0} \left\{ \frac{(\tilde{x}(\varepsilon))_i}{a_{ik}} \right\}$$

$$= \min_{a_{ik}>0} \left\{ \frac{\tilde{x}_i + \varepsilon^i + \sum_{j=m+1}^{n} \varepsilon^j a_{ij}}{a_{ik}} \right\},$$

因为 ε 是可以取成足够小的数，所以首先选择

$$\vartheta_1 = \left\{ i \mid \min_{a_{ik}>0} \left\{ \frac{\tilde{x}_i}{a_{ik}} \right\} \right\}.$$

若集合 ϑ_1 中只有一个元素时便得到了主元行．若集合 ϑ_1 中的元素多于一个时，我们应在这一集合中再进一步选择适合的主元行．由于 $\tilde{x}(\varepsilon)$ 的展开式可知，ε 的方次越小其绝对值越大，因而选

$$\vartheta_{2j} = \left\{ i \mid \min_{i\in\vartheta_{2j-1}} \left\{ \frac{(G^{-1}p_j)_i}{a_{ik}} \right\} \right\} = \left\{ i \mid \min_{i\in\vartheta_{2j-1}} \left\{ \frac{a_{ij}}{a_{ik}} \right\} \right\}$$

$$(j=1,2,\cdots,n).$$

其中 $\vartheta_{2,0}=\vartheta_1$. 上面得出的公式建立了下面的选择过程，若 $\vartheta_{2,0}=\vartheta_1$ 中元素唯一，则定出主元行；否则求 $\vartheta_{2,1}$，若 $\vartheta_{2,1}$ 中元素唯一则定出主元行；否则求 $\vartheta_{2,2}$，一直下去，直到定出主元行为止.

以上这个规则称为按"字典顺序"找主元行的方法.

一般在实际问题中发生循环的可能性并不大，所以在这方面花费太多的计算量是否值得，还应该分析. 我们认为为了对付万一可能发生的循环情形，可在电子计算机上安排有打印目标函数值的程序. 当发现目标函数长久不变化时，再打印基底描述，若发现是循环，则采取一些简单的措施就可以了. 这样安排程序是简单的，而且整个工作量也是小的.

练　　习

1. 使用"字典顺序"法求解 Beale 的例子.

2. 如果有 n 个 m 维向量，$n\geqslant m$，而且从这 n 个向量中任取 m 个向量都是线性无关的，则称这 n 个向量满足 Haar 条件. 试证明线性规划的约束条件系数向量及右端，这 $n+1$ 个向量满足 Haar 条件时，线性规划没有退化基本容许解.

2.5. 变量有界情形

在实际问题中还常常在线性规划约束条件中出现与 $\boldsymbol{x}\geqslant\mathbf{0}$ 不同的另一类较为简单的约束，在后面有些章节还要用到这种情形.

下面讨论这种特殊类型. 问题

极大化

$$s=\boldsymbol{c}^T\boldsymbol{x},$$

满足于约束条件

$$A\boldsymbol{x}=\boldsymbol{b},$$

$$\underline{\boldsymbol{x}}\leqslant\boldsymbol{x}\leqslant\bar{\boldsymbol{x}},$$

其中特殊的地方是代替 $\boldsymbol{x}\geqslant\mathbf{0}$ 采用了 $\underline{\boldsymbol{x}}\leqslant\boldsymbol{x}\leqslant\bar{\boldsymbol{x}}$，即对自变量不是一般地限制在非负的情形下，而是限制在上界为 $\bar{\boldsymbol{x}}$ 及下界为

$\underline{x}$ 的情形下．对一般非负限制，单纯形法是不作特殊考虑的，单纯形法本身就是针对它建立起来的．但对这种 $\underline{x} \leqslant x \leqslant \bar{x}$ 的约束，单纯形法就必须特殊予以处理．

因为这种约束比较简单，所以也有人把它们称为简单约束，也有人结合问题的实际背景加上别的名字，如在结构最优设计中就称之为几何约束．

现在讨论增加了这种约束条件后线性规划解的最优性判别条件是什么样子．

为了便于分析，我们把上述线性规划问题写成标准形式：

极大化

$$s = c_1x_1 + c_2x_2 + \cdots + c_nx_n,$$

满足于约束条件

$$\begin{aligned}
a_{1,1}x_1 + a_{1,2}x_2 + \cdots + a_{1n}x_n &= b_1,\\
a_{2,1}x_1 + a_{2,2}x_2 + \cdots + a_{2n}x_n &= b_2,\\
\cdots\cdots&\\
a_{m1}x_1 + a_{m2}x_2 + \cdots + a_{mn}x_n &= b_m,\\
x_1 \qquad\qquad\qquad + \alpha_1 &= \bar{x}_1,\\
x_1 \qquad\qquad\qquad - \beta_1 &= \underline{x}_1,\\
x_2 \qquad\qquad + \alpha_2 &= \bar{x}_2,\\
x_2 \qquad\qquad - \beta_2 &= \underline{x}_2,\\
\cdots\cdots&\\
x_n + \alpha_n &= \bar{x}_n,\\
x_n - \beta_n &= \underline{x}_n.
\end{aligned}$$

于是形成有 $3n$ 个变量 $x_1, x_2, \cdots, x_n, \alpha_1, \alpha_2, \cdots, \alpha_n, \beta_1, \beta_2, \cdots, \beta_n$，有 $2n+m$ 个约束条件的线性规划问题．于是写出其对偶线性规划问题：

极小化

$$\omega = \sum_{i=1}^{m} b_iy_i + \sum_{j=1}^{n} \bar{x}_jz_j + \sum_{k=1}^{n} \underline{x}_k\omega_k,$$

满足于约束条件

$$\sum_{i=1}^{m} a_{ij}y_i + z_j + w_j \geqslant c_j \quad (j=1,2,\cdots,n),$$

$$z_j \geqslant 0 \qquad (j=1,2,\cdots,n),$$

$$-w_j \geqslant 0 \qquad (j=1,2,\cdots,n).$$

按三种情形给出原有问题最优解与判别数之间的关系.

i）当在最优解 $x^* = (x_1^*, x_2^*, \cdots, x_n^*)^T$ 中第 j 个分量为 $x_j^* = \bar{x}_j$ 时. 此时应有 $\alpha_j = 0$，对非退化的情形应有 α_j 不是基本变量. 因而根据对偶关系应有 $z_j \geqslant 0$. 因为 $x_j^* = \bar{x}_j$，故 $x_j^* \neq \underline{x}_j$，对非退化的情形应有 $\beta_j > 0$，即 β_j 在基底中. 根据对偶关系应有 $w_j = 0$. 又由于 $x_j^* = \bar{x}_j > 0$，所以变量 x_j 为基本变量，又根据对偶原理一定有

$$\sum_{i=1}^{m} a_{ij}y_i + z_j + w_j = c_j.$$

将 $z_j \geqslant 0$，$w_j = 0$ 代入，求出

$$\sum_{i=1}^{m} a_{ij}y_i \leqslant c_j.$$

ii）可以类似地推出当 $x_j^* = \underline{x}_j$ 时有 $z_j = 0$，$w_j \leqslant 0$，

$$\sum_{i=1}^{m} a_{ij}y_i + z_j + w_j = c_j,$$

于是有

$$\sum_{i=1}^{m} a_{ij}y_i \geqslant c_j.$$

iii）与上面作类似的推导，当 $\underline{x}_j < x_j^* < \bar{x}_j$ 时有 $z_j = 0$，$w_j = 0$，$\sum_{i=1}^{m} a_{ij}y_i + z_j + w_j = c_j$，于是有

$$\sum_{i=1}^{m} a_{ij}y_i = c_j.$$

总结上述三种情形，得到下面的性质

定理 1.11. 若 $x^* = (x_1^*, x_2^*, \cdots, x_n^*)^T$ 为变量带上、下界约束的线性规划问题的最优解，则有 $y_1^*, y_2^*, \cdots, y_m^*$ 存在并满足

$$
x_j^* = \begin{cases} \bar{x}_j, & \text{则} \sum_{i=1}^{m} a_{ij} y_i^* \leqslant c_j, \text{即} \ \sigma_j \leqslant 0, \\ \underline{x}_j, & \text{则} \sum_{i=1}^{m} a_{ij} y_i^* \geqslant c_j, \text{即} \ \sigma_j \geqslant 0, \\ \underline{x}_j < x_j^* < \bar{x}_j, & \text{则} \sum_{i=1}^{m} a_{ij} y_i^* = c_j, \text{即} \ \sigma_j = 0. \end{cases}
$$

为了进一步理解这组关系式，我们对判别数的物理背景作如下解释.

假定有某一工厂，要生产5种产品，第一种产品单价为 c_1，第二种产品单价为 c_2，……，第五种产品单价为 c_5. 若第一种产品生产 x_1 个单位，第二种产品产 x_2 个单位，……，第五种产品生产 x_5 个单位，则总产值为

$$
s = c_1 x_1 + c_2 x_2 + \cdots + c_5 x_5.
$$

该厂的生产在人力、物力上有一定的限制，我们可以把这种限制用数学描述出来.

生产第一种产品每一单位要用人力为 $a_{1,1}$，生产第二种产品每一个单位要用人力为 $a_{1,2}$，…，生产第五种产品每一个单位要用人力为 $a_{1,5}$，于是生产各类产品依次为 $x_1, x_2, \cdots, x_5$ 个单位所用人力总和为

$$
a_{1,1}x_1 + a_{1,2}x_2 + a_{1,3}x_3 + a_{1,4}x_4 + a_{1,5}x_5,
$$

设该厂人力资源为 b_1，故应有

$$
a_{1,1}x_1 + a_{1,2}x_2 + \cdots + a_{1,5}x_5 \leqslant b_1.
$$

类似的，假设生产第 i 种产品每一个单位耗费物力为 $a_{2,i}$ 时，而该厂的物力资源为 b_2，应有约束条件

$$
a_{2,1}x_1 + a_{2,2}x_2 + \cdots + a_{2,5}x_5 \leqslant b_2.
$$

引进松弛变量后约束条件可以写成

$$
a_{1,1}x_1 + a_{1,2}x_2 + \cdots + a_{1,5}x_5 + w_1 = b_1,
$$

$$
a_{2,1}x_1 + a_{2,2}x_2 + \cdots + a_{2,5}x_5 + w_2 = b_2.
$$

我们要问当该厂各类产品应生产多少时，即当 x_1, x_2, x_3, x_4, x_5 应取值多少时该厂产值最高.

假定有一种生产方案为 $x_1 = x_1^\circ$, $x_2 = x_2^\circ$, 刚好有

$$a_{1,1}x_1^\circ + a_{1,2}x_2^\circ = b_1,$$
$$a_{2,1}x_1^\circ + a_{2,2}x_2^\circ = b_2,$$

产值为

$$s^\circ = c_1x_1^\circ + c_2x_2^\circ.$$

如果生产第三种产品一个单位时,使人力,物力消耗不变,那么产值会发生什么变化?第三种产品生产一个单位时人力、物力的消耗为 $a_{1,3}$, $a_{2,3}$, 于是相当于 x_1, x_2 的生产量 α_1, α_2, 应有

$$\alpha_1\begin{pmatrix}a_{1,1}\\a_{2,1}\end{pmatrix} + \alpha_2\begin{pmatrix}a_{1,2}\\a_{2,2}\end{pmatrix} = \begin{pmatrix}a_{1,3}\\a_{2,3}\end{pmatrix}.$$

于是产值变化为

$$-\alpha_1c_1 - \alpha_2c_2 + c_3 = -\sigma_3.$$

实际上 σ_3 就是前面讨论的判别数. 明显地,若 $\sigma_3 > 0$, 生产第三种产品产值将下降,所以第三种产品应尽量少生产,但受 $x_j > \underline{x}_3$ 的限制,因而有 $x_j^* = \underline{x}_j$. 若 $\sigma_3 < 0$, 则生产第三种产品产值将上升,所以应尽可能多地生产第三种产品,但受 $x_j \leqslant \bar{x}_j$ 的限制,所以有 $x_j^* = \bar{x}_j$. 而另一种情形在原来单纯形方法中是有的,也就是用 x_3 代替与不代替 x_1, x_2, 其目标函数值不会变化,所以只要满足约束条件就可以了.

练　　习

线性规划问题:

极小化

$$s = c_1x_1 + c_2x_2 + \cdots + c_nx_n,$$

满足于约束条件

$$Ax = b,$$
$$x \geqslant \underline{x}.$$

我们能否既不用变量有界的方法,也不用把不等式引进约束条件的方法来求解?

2.6. 全部最优解的得出

对于一个给定的线性规划问题，我们用前面介绍的单纯形法可以给出一个最优解．但是，有时对所求出的最优解还不一定满意，那么还有没有另外的最优解存在呢？事实上，一个给定的线性规划问题往往最优解不只一个，于是就产生了怎样求多个最优解的问题．

因为当最优解不只一个时，很容易证明它有无穷多个，所以就不好说把它们全部求出来．但是，如在 § 2.1 中指出的，一个给定的线性规划问题的基本容许解的个数是有限的，所以最优基本容许解的个数也是有限的．自然，提出求取全部最优基本容许解，这是办得到的了．有了全部最优基本容许解，则全部最优解的表示式就可以写出来．就此意义，也可以说是得出了全部最优解．

从单纯形法中知道，当所有判别数 $\sigma_j \geqslant 0$ 时便求出了最优基本容许解．如果对应于非基本变量的 σ_j 都有 $\sigma_j > 0$ 时，此时最优解是唯一的．若有对应于非基本变量的 σ_k 使 $\sigma_k = 0$ 时，我们把 $\boldsymbol{p}_k$ 引入基底．从前面推导可知，目标函数变化为

$$s' = s - \sigma_k \theta_l.$$

由于 $\sigma_k = 0$，故有 $s' = s$．因而当 s 为最优值时，s' 也为最优值，所以变化前后两个基本容许解都是最优解．

计算全部最优基本容许解，就是把所有可能的 $\sigma_j = 0$ 的变量变成基本变量，对应地，逐个求出所有的基本容许解．而这些基本容许解对应的目标函数值都是相等的，所以都是最优基本容许解．

我们再来分析与非基本变量对应的判别数当满足于 $\sigma_j = 0$ 时是一种什么情况．

由前面的对偶定理知道，对原来的问题求出最优解后，设 x_{j_1}，x_{j_2}，$\cdots$，x_{j_m} 为基本变量，则对其对偶线性规划问题来说

$$\sum_{i=1}^{m} a_{ij} y_i - c_j = 0 \quad (j = j_1, j_2, \cdots, j_m),$$

有另外的判别数 $\sigma_k = 0$，就是说有

$$\sum_{i=1}^{m} a_{ik}y_i - c_k = 0.$$

此时

$$\sum_{i=1}^{m} a_{ij}y_i - c_j = 0 \quad (j = j_1, j_2, \cdots, j_m, k)$$

有解．这说明向量 $(a_{1k}, a_{2k}, \cdots, a_{mk}, c_k)^T$ 与 m 个向量 $(a_{1j}, a_{2j}, \cdots, a_{mj}, c_j)^T$ $(j = j_1, j_2, \cdots, j_m)$ 线性相关．

当 $\boldsymbol{b}$ 是 $\boldsymbol{p}_{j_1}, \boldsymbol{p}_{j_2}, \cdots, \boldsymbol{p}_{j_s}$ $(s < m)$ 的正线性组合时，线性规划便出现退化的基本容许解．此时，$\boldsymbol{p}_{j_1}, \boldsymbol{p}_{j_2}, \cdots, \boldsymbol{p}_{j_s}, \boldsymbol{b}$ 线性相关，$(a_{1j}, a_{2j}, \cdots, a_{mj}, c_j)^T$ 为 $m+1$ 维向量，所以出现多个最优基本容许解的情形刚好是 $m+1$ 个向量

$$(a_{1j}, a_{2j}, \cdots, a_{mj}, c_j)^T \quad (j = j_1, j_2, \cdots, j_m, k)$$

一定是线性相关的．由此可以得出结论，若 $m+1$ 维向量 $(a_{1j}, a_{2j}, \cdots, a_{mj}, c_j)^T$ $(j = 1, 2, \cdots, n)$ 中任何 $m+1$ 个向量都线性无关时，此时的最优解一定是唯一的．

定理 1.12. 若向量

$$(a_{1j}, a_{2j}, \cdots, a_{mj}, c_j)^T \quad (j = 1, 2, \cdots, n)$$

满足 Haar 条件，则以其为常量组成的线性规划问题 (SLP) 的最优解是唯一的．

Haar 条件参看 § 2.4 练习 2．

设求出了 (SLP) 的所有最优基本容许解为

$$\boldsymbol{x}^{(1)}, \boldsymbol{x}^{(2)}, \cdots, \boldsymbol{x}^{(r)},$$

则有下述性质．

定理 1.13. $\boldsymbol{x}$ 为 (SLP) 的最优解的充要条件是它可以表示成

$$\boldsymbol{x} = \sum_{k=1}^{r} \lambda_k \boldsymbol{x}^{(k)}, \tag{1.15}$$

其中

$$\sum_{k=1}^{r} \lambda_k = 1,$$

$$\lambda_k \geqslant 0 \qquad (k = 1, 2, \cdots, r). \tag{1.16}$$

$\boldsymbol{x}$ 的这种表示,我们称之为以 $\lambda_k(k = 1, 2, \cdots, r)$ 为权 $\boldsymbol{x}^{(1)}$, $\boldsymbol{x}^{(2)}, \cdots, \boldsymbol{x}^{(r)}$ 的凸组合.

现在来证明定理 1.13.

证 首先证明由(1.15), (1.16)给出的 $\boldsymbol{x}$ 一定是 (SLP) 的最优解.

因为 $\boldsymbol{x}^{(1)}, \boldsymbol{x}^{(2)}, \cdots, \boldsymbol{x}^{(r)}$ 为 (SLP) 的最优基本容许解, 所以一定有

$$A\boldsymbol{x}^{(k)} = \boldsymbol{b} \qquad (k = 1, 2, \cdots, r),$$
$$s^* = \boldsymbol{c}^T\boldsymbol{x}^{(k)} \qquad (k = 1, 2, \cdots, r).$$

s^* 是 (SLP) 的最优值. 于是有

$$A\boldsymbol{x} = A\sum_{k=1}^{r}\lambda_k\boldsymbol{x}^{(k)} = \sum_{k=1}^{r}\lambda_k A\boldsymbol{x}^{(k)} = \sum_{k=1}^{r}\lambda_k\boldsymbol{b} = \boldsymbol{b},$$

$$\boldsymbol{c}^T\boldsymbol{x} = \boldsymbol{c}^T\sum_{k=1}^{r}\lambda_k\boldsymbol{x}^{(k)} = \sum_{k=1}^{r}\lambda_k\boldsymbol{c}^T\boldsymbol{x}^{(k)} = \sum_{k=1}^{r}\lambda_k s^* = s^*,$$

$$\boldsymbol{x} = \sum_{k=1}^{r}\lambda_k\boldsymbol{x}^{(k)} \geqslant 0.$$

所以(1.15),(1.16)给出的 $\boldsymbol{x}$ 确实是 (SLP) 的最优解.

现在再来证明 (SLP) 的任一最优解都可以表述成 (1.15), (1.16)的形式. 也就是说 (SLP)的任一最优解都可以表述成(SLP)最优基本容许解的凸组合.

任取一个最优容许解

$$\tilde{\boldsymbol{x}} = (\tilde{x}_1, \tilde{x}_2, \cdots, \tilde{x}_n)^T$$

设其中有 p 个分量大于 0, 自然应有 $p > m$, 否则利用 § 2.2 定理 1.7 中的证明, 从 $\boldsymbol{x}$ 很容易得到最优基本容许解. 利用 § 2.2 中定理 1.7 的证明方法构造一个基本容许解记为

$$\boldsymbol{x}^{(1)} = (x_1^{(1)}, x_2^{(1)}, \cdots, x_n^{(1)})^T,$$

可以看出,一定有这样的容许解,若

$$x_i^{(1)} > 0$$

则对此 i 必成立

$$\tilde{x}_j > 0.$$

于是我们选择 α 使

$$\tilde{x}_j^{(1)} = x_j^{(1)} + \alpha(\tilde{x}_j - x_j^{(1)}) \geqslant 0 \quad (j = 1, 2, \cdots, n).$$

而且使至少有一个 j_0 满足 $\tilde{x}_{j_0} > 0$，$\tilde{x}_{j_0}^{(1)} = 0$. 也就是说 $\tilde{x}_j^{(1)}$ 大于 0 的分量至少比 $\tilde{x}_j$ 大于 0 的分量减少了一个. 这只要选 α 为

$$\alpha = \min_{x_j^{(1)} - \tilde{x}_j > 0} \left\{ \frac{x_j^{(1)}}{x_j^{(1)} - \tilde{x}_j} \right\},$$

则以

$$\tilde{x}_j^{(1)} = x_j^{(1)} + \alpha(\tilde{x}_j - x_j^{(1)}) \ (j = 1, 2, \cdots, n) \tag{1.17}$$

为分量组成的向量

$$\tilde{\boldsymbol{x}}^{(1)} = (\tilde{x}_1^{(1)}, \tilde{x}_2^{(1)}, \cdots, \tilde{x}_n^{(1)})^T$$

也是 (SLP) 的一个容许解.

事实上有

$$A\tilde{\boldsymbol{x}}^{(1)} = A\boldsymbol{x}^{(1)} + A\alpha(\tilde{\boldsymbol{x}} - \boldsymbol{x}^{(1)}) = \boldsymbol{b} + \alpha(\boldsymbol{b} - \boldsymbol{b}) = \boldsymbol{b}.$$

由(1.17)得到

$$\tilde{\boldsymbol{x}} = \frac{\alpha - 1}{\alpha}\boldsymbol{x}^{(1)} + \frac{1}{\alpha}\tilde{\boldsymbol{x}}^{(1)} = \lambda_1^{(1)}\boldsymbol{x}^{(1)} + \lambda_2^{(1)}\tilde{\boldsymbol{x}}^{(1)}.$$

明显地有

$$\lambda_1^{(1)} + \lambda_2^{(1)} = 1,$$

$$\lambda_1^{(1)} \geqslant 0, \ \lambda_2^{(1)} \geqslant 0.$$

对 $\tilde{\boldsymbol{x}}^{(1)}$ 作类似的处理有

$$\tilde{\boldsymbol{x}}^{(1)} = \lambda_1^{(2)}\boldsymbol{x}^{(2)} + \lambda_2^{(2)}\tilde{\boldsymbol{x}}^{(2)},$$

$$\lambda_1^{(2)} + \lambda_2^{(2)} = 1,$$

$$\lambda_1^{(2)} \geqslant 0, \ \lambda_2^{(2)} \geqslant 0.$$

其中 $\boldsymbol{x}^{(2)}$ 为一基本容许解. 如此继续下去有

$$\tilde{\boldsymbol{x}} = \lambda_1^{(1)}\boldsymbol{x}^{(1)} + \lambda_2^{(1)}\tilde{\boldsymbol{x}}^{(1)},$$

$$\tilde{\boldsymbol{x}}^{(1)} = \lambda_1^{(2)}\boldsymbol{x}^{(2)} + \lambda_2^{(2)}\tilde{\boldsymbol{x}}^{(2)},$$

$$\cdots\cdots$$

$$\tilde{\boldsymbol{x}}^{k-1} = \lambda_1^{(k)}\boldsymbol{x}^{(k)} + \lambda_2^{(k)}\tilde{\boldsymbol{x}}^{(k)}.$$

其中 $\boldsymbol{x}^{(1)}, \boldsymbol{x}^{(2)}, \cdots, \boldsymbol{x}^{(k)}, \tilde{\boldsymbol{x}}^{(k)}$ 均为基本容许解. 于是有

$$\tilde{x} = \lambda_1 x^{(1)} + \lambda_2 x^{(2)} + \cdots + \lambda_k x^{(k)} + \lambda_{k+1} \tilde{x}^{(k)}.$$

此处

$$\lambda_1 = \lambda_1^{(1)},$$
$$\lambda_2 = \lambda_2^{(1)} \lambda_1^{(2)},$$
$$\lambda_3 = \lambda_2^{(1)} \lambda_2^{(2)} \lambda_1^{(3)},$$
$$\cdots\cdots$$
$$\lambda_k = \lambda_2^{(1)} \lambda_2^{(2)} \lambda_2^{(3)} \cdots \lambda_2^{(k-1)} \lambda_1^{(k)},$$
$$\lambda_{k+1} = \lambda_2^{(1)} \lambda_2^{(2)} \lambda_2^{(3)} \cdots \lambda_2^{(k-1)} \lambda_2^{(k)}.$$

我们先来证明 $\lambda_j (j = 1, 2, \cdots, k+1)$ 是一组权. 首先，明显地有

$$\lambda_j \geqslant 0 \qquad (j = 1, 2, \cdots, k+1),$$

因为

$$\begin{aligned} & \lambda_2^{(1)} \lambda_2^{(2)} \cdots \lambda_2^{(p-1)} \lambda_1^{(p)} + \lambda_2^{(1)} \lambda_2^{(2)} \cdots \lambda_2^{(p-1)} \lambda_2^{(p)} \\ & = \lambda_2^{(1)} \lambda_2^{(2)} \cdots \lambda_2^{(p-1)} (\lambda_1^{(p)} + \lambda_2^{(p)}) \\ & = \lambda_2^{(1)} \lambda_2^{(2)} \cdots \lambda_2^{(p-1)} \qquad (p = 2, \cdots, k), \end{aligned}$$

因此有

$$\begin{aligned} & \lambda_1 + \lambda_2 + \lambda_3 + \cdots + \lambda_k + \lambda_{k+1} \\ = & \lambda_1^{(1)} + \lambda_2^{(1)} \lambda_1^{(2)} + \lambda_2^{(1)} \lambda_2^{(2)} \lambda_1^{(3)} + \cdots \\ & + \lambda_2^{(1)} \lambda_2^{(2)} \cdots \lambda_2^{(k-1)} \lambda_1^{(k)} + \lambda_2^{(1)} \lambda_2^{(2)} \cdots \lambda_2^{(k-1)} \lambda_2^{(k)} \\ = & \lambda_1^{(1)} + \lambda_2^{(1)} \lambda_1^{(2)} + \lambda_2^{(1)} \lambda_2^{(2)} \lambda_1^{(3)} + \cdots \\ & + \lambda_2^{(1)} \lambda_2^{(2)} \cdots \lambda_1^{(k-1)} + \lambda_2^{(1)} \lambda_2^{(2)} \cdots \lambda_2^{(k-1)} \\ = & \cdots\cdots \\ = & \lambda_1^{(1)} + \lambda_2^{(1)} \\ = & 1. \end{aligned}$$

再来证明 $x^{(1)}, x^{(2)}, \cdots, x^{(k)}, \tilde{x}^{(k)}$ 均为最优解.

明显地,因为 (SLP) 的最优值为 s^*, 因而一定有

$$c^T x^{(p)} \leqslant s^* \qquad (p = 1, 2, \cdots, k),$$
$$c^T \tilde{x}^{(k)} \leqslant s^*.$$

而且不会有任何一个 p 使

$$c^T x^{(p)} < s^*$$

或

$$\mathbf{c}^T\tilde{\mathbf{x}}^{(k)} < s^*.$$

假定不然，设有 p_0 存在，使得

$$\mathbf{c}^T\tilde{\mathbf{x}}^{(p_0)} < s^*,$$

记 $\tilde{\mathbf{x}}^{(p_0)} = \tilde{\mathbf{x}}^{(k+1)}$. 因为 $\tilde{\mathbf{x}}$ 是最优解，又 $\mathbf{c}^T\tilde{\mathbf{x}}^{(p_0)} < s^*$，所以

$$\begin{aligned} s^* = \mathbf{c}^T\tilde{\mathbf{x}} = \mathbf{c}^T\sum_{p=1}^{k+1}\lambda_p\tilde{\mathbf{x}}^{(p)} = \sum_{p=1}^{k+1}\lambda_p\mathbf{c}^T\tilde{\mathbf{x}}^{(p)} \\ = \sum_{\substack{p=1 \\ p\neq p_0}}^{k+1}\lambda_p s^* + \lambda_{p_0}\mathbf{c}^T\mathbf{x}^{(p_0)} < \sum_{p=1}^{k+1}\lambda_p s^* = s^*. \end{aligned}$$

也就是

$$s^* < s^*,$$

引起了矛盾. 因此一定有

$$s^* = \mathbf{c}^T\mathbf{x}^{(p)} \qquad (p = 1, 2, \cdots, k+1).$$

也就是将 $\tilde{\mathbf{x}}$ 表述成了最优基本容许解的凸组合.

§3. 修正单纯形法

为了求解线性规划问题，一般总希望在电子计算机上实现单纯形法. 若在电子计算机上实现前面所介绍的单纯形法还要做技巧上的处理. 我们这一节介绍便于在电子计算机上实现的修正单纯形法.

3.1. 修正单纯形法

设要求解的问题：

极大化

$$s = c_1x_1 + c_2x_2 + \cdots + c_nx_n,$$

满足于约束条件

$$\begin{aligned} a_{1,1}x_1 + a_{1,2}x_2 + \cdots + a_{1n}x_n = b_1, \\ a_{2,1}x_1 + a_{2,2}x_2 + \cdots + a_{2n}x_n = b_2, \\ \cdots\cdots \\ a_{m1}x_1 + a_{m2}x_2 + \cdots + a_{mn}x_n = b_m, \\ x_j \geqslant 0 \quad (j = 1, 2, \cdots, n). \end{aligned}$$

把这个问题改写成:
极小化

$$x_0$$

满足于约束条件

$$\begin{aligned} x_0 + a_{0,1}x_1 + a_{0,2}x_2 + \cdots + a_{0n}x_n &= 0, \\ a_{1,1}x_1 + a_{1,2}x_2 + \cdots + a_{1n}x_n &= b_1, \\ a_{2,1}x_1 + a_{2,2}x_2 + \cdots + a_{2n}x_n &= b_2, \\ &\cdots\cdots \\ a_{m1}x_1 + a_{m2}x_2 + \cdots + a_{mn}x_n &= b_m, \\ x_1, x_2, \cdots, x_n &\geqslant 0, \end{aligned}$$

其中

$$a_{0j} = c_j \qquad (j = 1, 2, \cdots, n).$$

为了得到第一个基本容许解,我们引入人工变量

$$x_{n+1}, x_{n+2}, \cdots, x_{n+m},$$

并记

$$x_{n+m+1} = -(x_{n+1} + x_{n+2} + \cdots + x_{n+m}).$$

于是可进一步改写成

$$\begin{aligned} x_0 + \quad a_{0,1}x_1 + a_{0,2}x_2 + \cdots + a_{0n}x_n \qquad\qquad\qquad\qquad &= 0, \\ x_{n+m+1} \qquad\qquad + x_{n+1} + x_{n+2} + \cdots + x_{n+m} &= 0, \\ a_{1,1}x_1 + a_{1,2}x_2 + \cdots + a_{1n}x_n + x_{n+1} \qquad\qquad &= b_1, \\ a_{2,1}x_1 + a_{2,2}x_2 + \cdots + a_{2n}x_n \qquad + x_{n+2} \qquad &= b_2, \\ \cdots\cdots \qquad\qquad\qquad & \\ a_{m1}x_1 + a_{m2}x_2 + \cdots + a_{mn}x_n \qquad\qquad + x_{n+m} &= b_m, \\ x_1, x_2, \cdots, x_n, x_{n+1}, \cdots, x_{n+m} &\geqslant 0. \end{aligned}$$

而对于 x_0, x_{n+m+1} 没有非负的限制. 因为

$$x_0 = -(c_1x_1 + c_2x_2 + \cdots + c_nx_n),$$

所以不可能限制 x_0 非负. 又

$$x_{n+m+1} + x_{n+1} + x_{n+2} + \cdots + x_{n+m} = 0,$$

而 $x_{n+i} \geqslant 0$ $(i = 1, 2, \cdots, m)$, 故知 $x_{n+m+1} \leqslant 0$, 而且求出原问题容许解后,也就是第一演段结束后才有 $x_{n+m+1} = 0$. 一般总

有 $x_{n+m+1} \leqslant 0$.

在第一演段时,目标函数是要求极大化 x_{n+m+1}. 在第二演段时,所讨论的目标函数是极小化 x_0.

在前面单纯形方法的迭代过程中，我们看到每次迭代就是把约束条件中系数向量作为基底的 $\boldsymbol{m}$ 个向量变成单位向量，从而这 $\boldsymbol{m}$ 个单位向量构成一个单位矩阵. 其他各系数向量及右端向量也相应地进行变化. 如以 $\boldsymbol{p}_{j_1}, \boldsymbol{p}_{j_2}, \cdots, \boldsymbol{p}_{j_m}$ 组成一组基底，记矩阵

$$G = (\boldsymbol{p}_{j_1}\boldsymbol{p}_{j_2}\boldsymbol{p}_{j_3}\cdots\boldsymbol{p}_{j_m}),$$

于是很容易求出单纯形表格上的各个值. 因为 $\boldsymbol{p}_{j_1}, \boldsymbol{p}_{j_2}, \cdots, \boldsymbol{p}_{j_m}$ 线性无关,因而可求出 G^{-1},

$$G^{-1}G = I.$$

单纯形表格第一列为基底描述列,依次为

$$\boldsymbol{p}_{j_1}, \boldsymbol{p}_{j_2}, \cdots, \boldsymbol{p}_{j_m},$$

可以不写 $\boldsymbol{p}$, 只写 $j_1, j_2, \cdots, j_m$. 第二列为基本变量价值系数列,依次为

$$c_{j_1}, c_{j_2}, \cdots, c_{j_m}.$$

第三列为基本变量的取值,为

$$(x_{j_1}, x_{j_2}, \cdots, x_{j_m})^T = G^{-1}\boldsymbol{b}.$$

$\boldsymbol{b}$ 为原来约束条件右端向量. 第四列后面各列是变化的系数列,即

$$(a_{1j}, a_{2j}, \cdots, a_{mj})^T = G^{-1}\boldsymbol{p}_j.$$

$\boldsymbol{p}_j$ 为原来给定的约束条件第 j 个变量的系数向量. 由此可以看出 G 的变化就决定了单纯形表格的变化. 以上便是修正单纯形法的实质. 下面具体介绍修正单纯形法的迭代公式.

修改过的线性规划问题给出了初始人工基本容许解为

$$x_0 = x_1 = x_2 = \cdots = x_n = 0.$$

$$x_{n+i} = b_i \ (i = 1, 2, \cdots, m),$$

$$x_{n+m+1} = -(b_1 + b_2 + \cdots + b_m).$$

对应地有

$$G=\begin{pmatrix}1 & 0 & 0 & \cdots & 0\\ 0 & 1 & 1 & \cdots & 1\\ 0 & 0 & 1 & \cdots & 0\\ & & \cdots & & \\ 0 & 0 & 0 & \cdots & 1\end{pmatrix},$$

其中第一列对应 x_0，第二列对应 x_{n+m+1}. 此时容易求出

$$G^{-1}=\left(\begin{array}{cc|c}1 & 0 & \mathbf{0}\\ \hline 0 & 1 & (-\mathbf{1}_m)^T\\ \hline \multicolumn{2}{c|}{0} & I_m\end{array}\right).$$

左上角是 4 个数. 右上角第一行是行向量 $\mathbf{0}$，第二行是以 -1 为元素的行向量. 左下角为 $m\times 2$ 零矩阵. 右下角为 m 阶单位矩阵. 这个易于写出的 $m+2$ 阶的矩阵即为 G^{-1} 的初始矩阵.

在迭代过程中一般有

$$G=\left(\begin{array}{cc|c}1 & 0 & \mathbf{c}_M^T\\ \hline 0 & 1 & (\mathbf{c}_M^{\wedge})^T\\ \hline \multicolumn{2}{c|}{0} & G_m\end{array}\right).$$

其中 $\mathbf{c}_M$ 为与原来问题基本变量对应的目标函数的系数组成的向量，即 a_{0j} 中对应基本变量的各个值组成的向量. $\mathbf{c}_M^{\wedge}$ 为基本变量系数向量，是求人工变量之和极小时的目标函数系数组成的向量，即相应于 $x_{n+m+1}+x_{n+1}+x_{n+2}+\cdots+x_{n+m}=0$ 这一行的系数. G_m 是后 m 个约束条件系数向量中选为基底的向量组成的，它是非奇异的 m 阶方阵.

注意，第一列是第一个分量为 1 的，对应于 x_0 的单位向量，在整个单纯形法的迭代中总保持它不变. 第二列为第二个分量为 1 的单位向量，它对应于 x_{n+m+1}，在单纯形方法的第一演段它也永远保持不变，为了节省运算，一般在第二演段时完全可以把它去掉. 如不被去掉也一定要保持 x_{n+m+1} 取 0 值.

对于 G，我们注意到

$$G^{-1}=\left(\begin{array}{cc|c} 1 & 0 & -\boldsymbol{c}_M^T G_m^{-1} \\ \hline 0 & 1 & -(\boldsymbol{c}_M^{\triangle})^T G_m^{-1} \\ \hline \multicolumn{2}{c|}{0} & G_m^{-1} \end{array}\right)$$

记扩大的线性规划问题的第 i 个系数列向量为 $\boldsymbol{a}_i$，原来约束条件的第 i 个系数列向量为 $\boldsymbol{p}_i$，即

$$\boldsymbol{a}_i=\begin{pmatrix} c_j \\ c_j^{\triangle} \\ \boldsymbol{p}_j \end{pmatrix}.$$

用 $\boldsymbol{a}_i$ 与 G^{-1} 的第二行相乘得到

$$(0,\ 1,\ -(\boldsymbol{c}_M^{\triangle})^T G_m^{-1})\boldsymbol{a}_i = c_j^{\triangle}-(\boldsymbol{c}_j^{\triangle})^T G_m^{-1}\boldsymbol{p}_j.$$

由定义 1.15 可知这就是求人工变量之和极小的、第一个演段时的判别数．用 $\boldsymbol{a}_i$ 与 G^{-1} 的第一行相乘得到

$$(1,\ 0-\boldsymbol{c}_M^T G_m^{-1})\boldsymbol{a}_j = c_j-\boldsymbol{c}_M^T G_m^{-1}\boldsymbol{p}_j,$$

对照定义 1.15 可以看出，这就是求解原来线性规划问题目标函数值极大的第二演段时判别数的反号．

所以利用向量和矩阵的乘法，无论在第一演段还是在第二演段都很方便地实现了单纯形法计算步骤 1° 中的运算． 因而有了这个运算，主元列 k 是很容易确定的．

我们记扩大的线性规划问题的右端为 $\boldsymbol{b}^{(m+2)}$，
即

$$(\boldsymbol{b}^{(m+2)})^T=(0,\ 0,\ b_1,\ b_2,\ \cdots,\ b_m),$$

可知

$$G^{-1}\boldsymbol{b}^{(m+2)}=\begin{pmatrix} -\boldsymbol{c}_M^T G_m^{-1}\boldsymbol{b} \\ -(\boldsymbol{c}_M^{\triangle})^T G_m^{-1}\boldsymbol{b} \\ G_m^{-1}\boldsymbol{b} \end{pmatrix},$$

其中第一个分量刚好是原提出的线性规划目标函数的值的反号．第二个分量刚好是人工变量之和的反号．后 m 个分量刚好是基本变量的取值．

现在来看扩大问题的系数向量 $\boldsymbol{a}_i$ 与 G^{-1} 相乘所得的结果如

何．$\boldsymbol{a}_j$ 与 G^{-1} 的第一行，第二行相乘已分析过了．写出完全的形式为

$$G^{-1}\boldsymbol{a}_j=\begin{pmatrix} c_j-\boldsymbol{c}_M^{T}G_m^{-1}\boldsymbol{p}_j \\ c_j^{\triangle}-(\boldsymbol{c}_M^{\triangle})^{T}G_m^{-1}\boldsymbol{p}_j \\ G_m^{-1}\boldsymbol{p}_j \end{pmatrix}.$$

与前面的公式相比较，可知其后 m 个分量刚好就是单纯形表格中第 j 列的系数值．于是当在 1° 定出 k 后，保存 $G^{-1}\boldsymbol{a}_k$，用其后 m 个分量中大于 0 的分量去除 $G^{-1}\boldsymbol{b}^{m+2}$ 的后 m 个分量相对应的分量，从中找出最小者便定出了 l 值．所以主元列 k，主元行 l 都定出来了．

在单纯形法的迭代过程中我们知道，有了主元列、主元行，接着就进行变化，也就是 G^{-1} 的变化．而 G^{-1} 的变化关键是 G_m^{-1} 的变化．为了讨论方便，记新的逆为 $\widetilde{G}_m^{-1}$．变化的目的是使 $\boldsymbol{p}_k$ 变成第 l 个分量为 1 的单位向量．也就是应有

$$\widetilde{G}_m^{-1}\boldsymbol{p}_k=\boldsymbol{e}_l.$$

如前所述，$\boldsymbol{e}_l$ 为第 l 个分量为 1 的单位向量，也可以说是单位矩阵中第 l 个单位向量．记

$$G_m^{-1}\boldsymbol{p}_k=(a_{1k},a_{2k},\cdots,a_{mk})^T,$$

由主元消去法知

$$E_{lk}(a_{1k},a_{2k},\cdots,a_{mk})^T=\boldsymbol{e}_l=E_{lk}G_m^{-1}\boldsymbol{p}_k=\widetilde{G}_m^{-1}\boldsymbol{p}_k,$$

于是有

$$\widetilde{G}_m^{-1}=E_{lk}G_m^{-1}.$$

而主元消去的变换矩阵是大家所熟知的，即

$$E_{lk}=\begin{pmatrix} 1 & 0 & \cdots & -a_{1k}/a_{lk} & \cdots & 0 \\ 0 & 1 & \cdots & -a_{2k}/a_{lk} & \cdots & 0 \\ & & & \cdots\cdots & & \\ 0 & 0 & \cdots & 1/a_{lk} & \cdots & 0 \\ 0 & 0 & \cdots & -a_{l+1,k}/a_{lk} & \cdots & 0 \\ & & & \cdots\cdots & & \\ 0 & 0 & \cdots & -a_{mk}/a_{lk} & \cdots & 1 \end{pmatrix}.$$

也就是一个单位矩阵，将第 l 列换成

$$(-a_{1k}/a_{lk}, -a_{2k}/a_{lk}, \cdots, 1/a_{lk}, -a_{l+1,k}/a_{lk}, \cdots, -a_{mk}/a_{lk})^T.$$

其中 $1/a_{lk}$ 出现在第 l 个分量上.

注意，以上各式中的 a_{ij} 均为变化后的值，而不是 $\boldsymbol{p}_j$ 中的各分量.

G^{-1} 的第一行，第二行的变化就容易实现了. 只要以 c_k, $c_k^{\hat{}}$ 代替原来 c_M, $c_{\hat{M}}$ 中的第 l 个分量就有了新的 c_M 及 $c_{\hat{M}}$，再乘以 G_m^{-1} 便求出了前两行的各个数就行了.

这便实现了单纯形迭代计算的 3° 步. 于是整个单纯形法便完整地实现了.

从上面的计算过程中可以看出，在电子计算机上实现修正单纯形法有下述三个主要优点. 第一，主要计算都是矩阵计算，所以程序实现方便，有效运算占较大比例；其次我们可以只许 G^{-1} 发生迭代变化，变化若干次后用 $G^{-1}G = I$ 进行校正，矩阵的其他元素，亦即 $\boldsymbol{p}_j(j = 1, 2, \cdots, n)$ 不变，这样可以避免误差积累；第三是当 $n \gg m$，矩阵 A 的非零元素稀疏分布时，可以大大节约存储.

为了节省计算量，还可以进一步采取一些措施.

以下给出修正单纯形法的迭代步骤.

1° 送初始逆矩阵

$$G^{-1} = \begin{pmatrix} 1 & 0 & 0 \\ 0 & 1 & -1 \\ & 0 & I_m \end{pmatrix}$$

送演段信息 $A_\gamma \Leftarrow 1$.

2° 求

$$G^{-1}\boldsymbol{a}_j \qquad (j = 1, 2, \cdots, n),$$

当 $A_\gamma = 1$ 时求

$$\sigma_k = \min_{1 \leqslant j \leqslant n} \{(G^{-1}\boldsymbol{a}_j)_2\}.$$

其中 $(G^{-1}\boldsymbol{a}_j)_2$ 表示向量 $G^{-1}\boldsymbol{a}_j$ 的第 2 个分量.

当 $A_\gamma=2$ 时求

$$\sigma_k=\min_{1\leqslant j\leqslant n}\{(-G^{-1}\boldsymbol{a}_j)_1\}.$$

当 $p_e=1$ 时,必须有 $a_{ik}^{(e)}=0$.

3° 求

$$G^{-1}\boldsymbol{b}^{(m+2)},$$

若 $\sigma_k\geqslant 0$, $A_\gamma=1$ 时,我们比较

$$(G^{-1}\boldsymbol{b}^{(m+2)})_2\sim 0$$

若 $(G^{-1}\boldsymbol{b}^{(m+2)})_2<0$, 打印无容许解标志. 若 $(G\boldsymbol{b}^{(m+2)})_2=0$, 再看基底中是否有人工向量, 如有, 送 $p_e\Leftarrow 1$; 如无, 送 $p_e\Leftarrow 0$, $A_\gamma\Leftarrow 2$, 转到 2° 步. $p_e=1$ 时, 记单纯形表中人工基本变量行的元素为 $a_{ij}^{(e)}$.

若 $\sigma_k\geqslant 0$, $A_\gamma=2$, 求目标函数值,即 $-(G^{-1}\boldsymbol{b}^{(m+2)})_1=s^*$.

若 $\sigma_k<0$, 转到 4°.

4° 求 l.

$$\theta_l=\min_{\substack{1\leqslant i\leqslant m\\(G^{-1}\boldsymbol{a}_k)_{2+i}>0}}\left\{\frac{(G^{-1}\boldsymbol{b}^{(m+2)})_{2+i}}{(G^{-1}\boldsymbol{a}_k)_{2+i}}\right\}$$

5° 改变基底描述.

$$j_l\Leftarrow k.$$

6° 求新的逆矩阵. 记 $a_{ik}=(G^{-1}\boldsymbol{a}_k)_{2+i}$ $(i=1,2,\cdots,m)$, 求

$$E_{lk}=\begin{pmatrix}1&0&0&\cdots&-a_{1k}/a_{lk}&0&\cdots&0\\0&1&0&\cdots&-a_{2k}/a_{lk}&0&\cdots&0\\&&&&\cdots\cdots&&&\\0&0&0&\cdots&1/a_{lk}&0&\cdots&0\\0&0&0&\cdots&-a_{l+1,k}/a_{lk}&1&\cdots&0\\&&&&\cdots\cdots&&&\\0&0&0&\cdots&-a_{mk}/a_{lk}&0&\cdots&1\end{pmatrix}.$$

于是

$$\widetilde{G}_m^{-1} \Leftarrow E_{lk} G_m^{-1}.$$

将 c_M 中的 c_{j_l} 换成 c_k，$c_{\hat{M}}$ 中的 $c_{\hat{j_l}}$ 换成 $c_{\hat{k}}$. 在演段 2° 中把 G^{-1} 的第二行去掉时，$c_{\hat{M}}$ 就不必换了. 求

$$-\mathbf{c}_M^T \widetilde{G}_m^{-1}, \quad -(\mathbf{c}_{\hat{M}})^T \widetilde{G}_m^{-1},$$

从而求出了新的 $\widetilde{G}^{-1}$，转到 2° 步.

下页是修正单纯形法的框图.

例 1.2 求解线性规划问题:

极小化

$$s = -1.1x_1 - 2.2x_2 + 3.3x_3 - 4.4x_4,$$

满足于约束条件

$$\begin{aligned} x_1 + x_2 + 2x_3 \qquad &= 4, \\ x_1 + 2x_2 + 2.5x_3 + 3x_4 &= 5, \\ x_1, x_2, x_3, x_4 &\geqslant 0. \end{aligned}$$

将此线性规划问题按照前面的要求写成扩大的线性规划问题为

$$\begin{aligned} x_0 - 1.1x_1 - 2.2x_2 + 3.3x_3 - 4.4x_4 \qquad\qquad\qquad &= 0, \\ + x_5 + x_6 + x_7 &= 0, \\ x_1 + x_2 + 2x_3 \qquad\qquad + x_5 \qquad\qquad &= 4, \\ x_1 + 2x_2 + 2.5x_3 + 3x_4 \qquad + x_6 \qquad &= 5, \\ x_1, x_2, \cdots, x_7 &\geqslant 0 \end{aligned}$$

其中 x_5, x_6 为人工变量，第一演段为极大化 x_7，第二演段为极大化 x_0.

下面利用修正单纯形方法求解这一线性规划问题.

首先给出初始矩阵 G

$$G = \begin{pmatrix} 1 & 0 & 0 & 0 \\ 0 & 1 & 1 & 1 \\ 0 & 0 & 1 & 0 \\ 0 & 0 & 0 & 1 \end{pmatrix}.$$

于是初始逆矩阵为

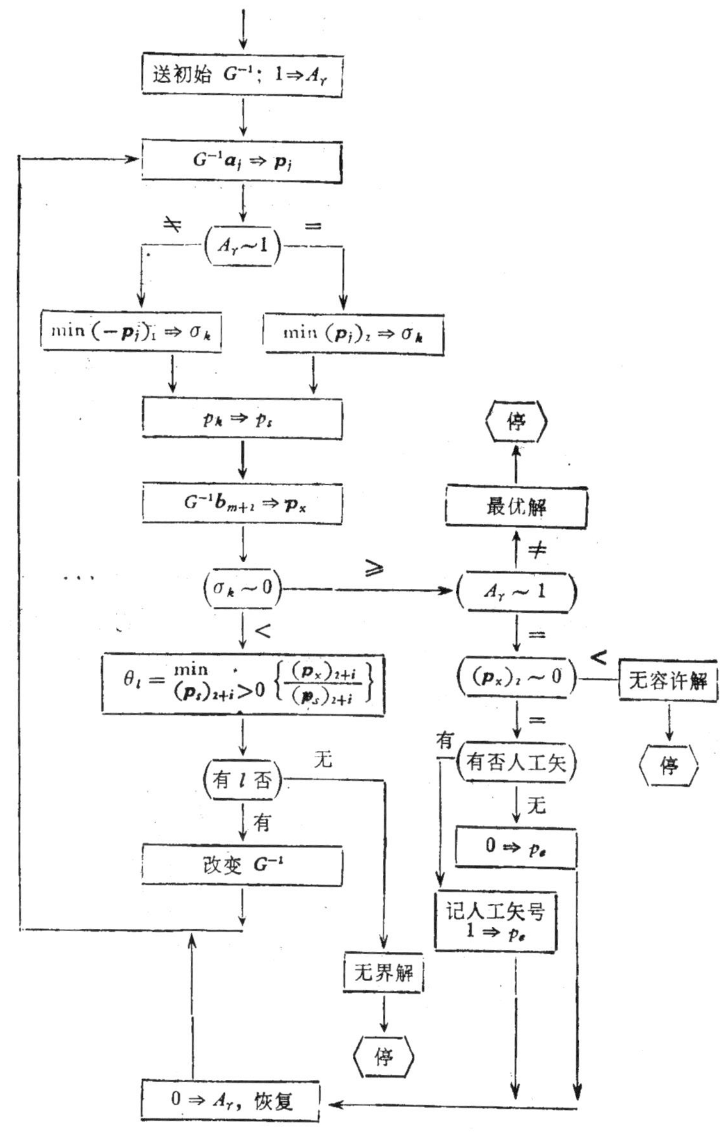

图 2　修正单纯形法粗框图

注：i) 当 $p_e = 1$ 时：对引进基底之 k，在人工基本变量的行有 $a_{ik} = 0$

ii) 恢复指第二演段开始的准备。

$$G^{-1}=\begin{pmatrix}1&0&0&0\\0&1&-1&-1\\0&0&1&0\\0&0&0&1\end{pmatrix}.$$

现在进行第一演段．在求主元列时只须考虑 $G^{-1}\boldsymbol{a}_i$ 的第二个元素．具体为

$$(G^{-1}\boldsymbol{a}_1)_2=(0,1,-1,-1)(-1.1,0,1,1)^T=-2,$$

$$(G^{-1}\boldsymbol{a}_2)_2=(0,1,-1,-1)(-2.2,0,1,2)^T=-3,$$

$$(G^{-1}\boldsymbol{a}_3)_2=(0,1,-1,-1)(3.3,0,2,2.5)^T=-4.5,$$

$$(G^{-1}\boldsymbol{a}_4)_2=(0,1,-1,-1)(-4.4,0,0,3)^T=-3.$$

从 -2，-3，-4.5，-3 中找其最小者为

$$(G^{-1}\boldsymbol{a}_3)_2=-4.5.$$

于是定出主元列 k 为 3.

为了求得主元行 l，必须求出基本变量 $x_{j_i}(i=1,2,\cdots,m)$ 的取值，以及第 k 个系数列向量 $\boldsymbol{p}_k$ 的变化值．由前面的公式知道基本变量的取值为 $(G^{-1}\boldsymbol{b}^{m+2})_{2+i}\quad(i=1,2)$．其中

$$\boldsymbol{b}^{(m+2)}=(0,0,4,5)^T.$$

于是

$$G^{-1}\boldsymbol{b}^{(m+2)}=\begin{pmatrix}1&0&0&0\\0&1&-1&-1\\0&0&1&0\\0&0&0&1\end{pmatrix}\begin{pmatrix}0\\0\\4\\5\end{pmatrix}=\begin{pmatrix}0\\-9\\4\\5\end{pmatrix}.$$

故知 $x_{j_1}=x_5=4$，$x_{j_2}=x_6=5$，而且知道此时人工变量的取值之和为 9，原问题的目标函数值为 0．为了求取主元列 $\boldsymbol{p}_3$ 的变化值，要计算

$$G^{-1}\boldsymbol{a}_3=\begin{pmatrix}1&0&0&0\\0&1&-1&-1\\0&0&1&0\\0&0&0&1\end{pmatrix}\begin{pmatrix}3.3\\0\\2\\2.5\end{pmatrix}=\begin{pmatrix}3.3\\-4.5\\2\\2.5\end{pmatrix}.$$

于是求出

$$\theta_1 = 4/2 = 2,$$
$$\theta_2 = 5/2.5 = 2.$$

取主元行 $l=1$，于是写出

$$E_{1,3} = \begin{pmatrix} \frac{1}{2} & 0 \\ -\frac{2.5}{2} & 1 \end{pmatrix},$$

由

$$\widetilde{G}_m^{-1} = E_{1,3} G_m^{-1},$$

求出

$$\widetilde{G}_m^{-1} = \begin{pmatrix} \frac{1}{2} & 0 \\ -\frac{2.5}{2} & 1 \end{pmatrix} \begin{pmatrix} 1 & 0 \\ 0 & 1 \end{pmatrix} = \begin{pmatrix} \frac{1}{2} & 0 \\ -\frac{2.5}{2} & 1 \end{pmatrix}.$$

此时基本变量为 x_3, x_6, 即 $j_1 = 3$, $j_2 = 6$. 于是

$$\mathbf{c}_M = (3.3,\ 0)^T,$$
$$\mathbf{c}_{\hat{M}} = (0,\ 1)^T,$$

$$-\mathbf{c}_M^T \widetilde{G}_m^{-1} = -(3.3,\ 0) \begin{pmatrix} \frac{1}{2} & 0 \\ -\frac{2.5}{2} & 1 \end{pmatrix} = \left(\frac{-3.3}{2},\ 0\right),$$

$$-(\mathbf{c}_{\hat{M}})^T \widetilde{G}_m^{-1} = -(0,\ 1) \begin{pmatrix} \frac{1}{2} & 0 \\ -\frac{2.5}{2} & 1 \end{pmatrix} = \left(\frac{2.5}{2},\ -1\right).$$

于是由

$$G^{-1} = \begin{pmatrix} 1 & 0 & -\mathbf{c}_M^T G_m^{-1} \\ 0 & 1 & -(\mathbf{c}_{\hat{M}})^T G_m^{-1} \\ \multicolumn{2}{c}{0} & G_m^{-1} \end{pmatrix}$$

得出

$$G^{-1}=\begin{pmatrix} 1 & 0 & \frac{-3.3}{2} & 0 \\ 0 & 1 & \frac{2.5}{2} & -1 \\ 0 & 0 & \frac{1}{2} & 0 \\ 0 & 0 & \frac{-2.5}{2} & 1 \end{pmatrix}.$$

这便结束了一次迭代.

开始下一次迭代,有

$$(G^{-1}\boldsymbol{a}_1)_2=\left(0,\ 1,\ \frac{2.5}{2},\ -1\right)(-1.1,\ 0,\ 1,\ 1)^T=\frac{0.5}{2},$$

$$(G^{-1}\boldsymbol{a}_2)_2=\left(0,\ 1,\ \frac{2.5}{2},\ -1\right)(-2.2,\ 0,\ 1,\ 2)^T=-\frac{1.5}{2},$$

$$(G^{-1}\boldsymbol{a}_3)_2=\left(0,\ 1,\ \frac{2.5}{2},\ -1\right)(3.3,\ 0,\ 2,\ 2.5)^T=0,$$

$$(G^{-1}\boldsymbol{a}_4)_2=\left(0,\ 1,\ \frac{2.5}{2},\ -1\right)(-4.4,\ 0,\ 0,\ 3)^T=-3,$$

$$\begin{aligned}\min_{1\leqslant j\leqslant 4}\{(G^{-1}\boldsymbol{a}_j)_2\}&=\min\left\{\frac{0.5}{2},\ \frac{-1.5}{2},\ 0,\ -3\right\}=-3\\&=(G^{-1}\boldsymbol{a}_4)_2.\end{aligned}$$

即 $k=4$.

又

$$G^{-1}\boldsymbol{b}^{m+2}=\begin{pmatrix} 1 & 0 & \frac{-3.3}{2} & 0 \\ 0 & 1 & \frac{2.5}{2} & -1 \\ 0 & 0 & \frac{1}{2} & 0 \\ 0 & 0 & \frac{-2.5}{2} & 1 \end{pmatrix}\begin{pmatrix}0\\0\\4\\5\end{pmatrix}=\begin{pmatrix}-6.6\\0\\2\\0\end{pmatrix},$$

$$G^{-1}a_4=\begin{pmatrix}1&0&\frac{-3.3}{2}&0\\0&1&\frac{2.5}{2}&-1\\0&0&\frac{1}{2}&0\\0&0&\frac{-2.5}{2}&1\end{pmatrix}\begin{pmatrix}-4.4\\0\\0\\3\end{pmatrix}=\begin{pmatrix}-4.4\\-3\\0\\3\end{pmatrix}.$$

因为 a_{i4} 中 $a_{1,4}=0$，$a_{2,4}=3>0$，故知 $l=2$. 于是有

$$E_{2,4}=\begin{pmatrix}1&0\\0&\frac{1}{3}\end{pmatrix},$$

再求 G_m 的逆.

$$\widetilde{G}_m^{-1}=E_{2,4}G_m^{-1}=\begin{pmatrix}1&0\\0&\frac{1}{3}\end{pmatrix}\begin{pmatrix}\frac{1}{2}&0\\\frac{-2.5}{2}&1\end{pmatrix}=\begin{pmatrix}\frac{1}{2}&0\\\frac{-2.5}{6}&\frac{1}{3}\end{pmatrix}.$$

于是有 $j_1=3$，$j_2=4$. 故 $\mathbf{c}_M=(3.3,-4.4)^T$，$\mathbf{c}_{\hat{M}}=(0,0)^T$.

$$-\mathbf{c}_M^T\widetilde{G}_m^{-1}=-(3.3,-4.4)\begin{pmatrix}\frac{1}{2}&0\\-\frac{2.5}{6}&\frac{1}{3}\end{pmatrix}=\left(\frac{-20.9}{6},\ \frac{8.8}{6}\right),$$

$$-(c_{\hat{M}})^T\widetilde{G}_m^{-1}=-(0,0)\begin{pmatrix}\frac{1}{2}&0\\-\frac{2.5}{6}&\frac{1}{3}\end{pmatrix}=(0,0).$$

所以新的 G^{-1} 为

$$G^{-1}=\begin{pmatrix}1&0&\frac{-20.9}{6}&\frac{8.8}{6}\\0&1&0&0\\0&0&\frac{1}{2}&0\\0&0&\frac{-2.5}{6}&\frac{1}{3}\end{pmatrix}.$$

因为人工变量已从基本变量中全部排除了，所以第一演段已经结束．下面进入第二演段，也就是极小原来目标函数的线性规划问题．这时找主元列不再考虑 $\min\{(G^{-1}\boldsymbol{\alpha}_j)_2\}$，而代之以考虑 $\min\{(G^{-1}\boldsymbol{\alpha}_j)_1\}$．现在开始新的迭代．于是有

$$(G^{-1}\boldsymbol{\alpha}_1)_1=\left(1,\ 0,\ \frac{-20.9}{6},\ \frac{8.8}{6}\right)(-1.1,\ 0,\ 1,\ 1)^T=\frac{-18.7}{6},$$

$$(G^{-1}\boldsymbol{\alpha}_2)_1=\left(1,\ 0,\ \frac{-20.9}{6},\ \frac{8.8}{6}\right)(-2.2,\ 0,\ 1,\ 2)^T=-\frac{16.5}{6},$$

$$(G^{-1}\boldsymbol{\alpha}_3)_1=\left(1,\ 0,\ \frac{-20.9}{6},\ \frac{8.8}{6}\right)(3.3,\ 0,\ 2,\ 2.5)^T=0,$$

$$(G^{-1}\boldsymbol{\alpha}_4)_1=\left(1,\ 0,\ \frac{-20.9}{6},\ \frac{8.8}{6}\right)(-4.4,\ 0,\ 0,\ 3)^T=0.$$

$$(G^{-1}\boldsymbol{\alpha}_1)_1=\min\left\{\frac{-18.7}{6},\frac{-16.5}{6},\ 0,\ 0,\right\}=\frac{-18.7}{6}.$$ 定出 $k=1$.

再由

$$G^{-1}\boldsymbol{b}^{m+2}=\begin{pmatrix}1 & 0 & \frac{-20.9}{6} & \frac{8.8}{6}\\ 0 & 1 & 0 & 0\\ 0 & 0 & \frac{1}{2} & 0\\ 0 & 0 & \frac{-2.5}{6} & \frac{1}{3}\end{pmatrix}\begin{pmatrix}0\\0\\4\\5\end{pmatrix}=\begin{pmatrix}\frac{-39.6}{6}\\0\\2\\0\end{pmatrix},$$

$$G^{-1}\boldsymbol{\alpha}_1=\begin{pmatrix}1 & 0 & \frac{-20.9}{6} & \frac{8.8}{6}\\ 0 & 1 & 0 & 0\\ 0 & 0 & \frac{1}{2} & 0\\ 0 & 0 & \frac{-2.5}{6} & \frac{1}{3}\end{pmatrix}\begin{pmatrix}-1.1\\0\\1\\1\end{pmatrix}=\begin{pmatrix}\frac{-18.7}{6}\\0\\\frac{1}{2}\\\frac{-0.5}{6}\end{pmatrix},$$

确定出 $l=1$．于是

$$E_{1,1}=\begin{pmatrix}2 & 0\\ \frac{0.5}{3} & 1\end{pmatrix}.$$

$$\widetilde{G}_m^{-1}=E_{1,1}G_m^{-1}=\begin{pmatrix}2 & 0\\ \frac{0.5}{3} & 1\end{pmatrix}\begin{pmatrix}\frac{1}{2} & 0\\ \frac{-2.5}{6} & \frac{1}{3}\end{pmatrix}=\begin{pmatrix}1 & 0\\ \frac{-1}{3} & \frac{1}{3}\end{pmatrix}.$$

$j_1=1$，$j_2=4$，$\boldsymbol{c}_M=(-1.1\quad -4.4)^T$，$\boldsymbol{c}_{\hat{M}}=(0\quad 0)^T$.

$$-\boldsymbol{c}_M^T\widetilde{G}_m^{-1}=-(-1.1\quad -4.4)\begin{pmatrix}1 & 0\\ \frac{-1}{3} & \frac{1}{3}\end{pmatrix}=\begin{pmatrix}\frac{-1.1}{3} & \frac{4.4}{3}\end{pmatrix},$$

$$-(\boldsymbol{c}_{\hat{M}})^TG_m^{-1}=-(0\quad 0)\begin{pmatrix}1 & 0\\ \frac{-1}{3} & \frac{1}{3}\end{pmatrix}=(0\quad 0).$$

这时，

$$G^{-1}=\begin{pmatrix}1 & 0 & \frac{-1.1}{3} & \frac{4.4}{3}\\ 0 & 1 & 0 & 0\\ 0 & 0 & 1 & 0\\ 0 & 0 & \frac{-1}{3} & \frac{1}{3}\end{pmatrix}.$$

开始新的迭代

$$(G^{-1}\boldsymbol{a}_1)_1=\left(1,\ 0,\ \frac{-1.1}{3},\ \frac{4.4}{3}\right)(-1.1,\ 0,\ 1,\ 1)^T=0,$$

$$(G^{-1}\boldsymbol{a}_2)_1=\left(1,\ 0,\ \frac{-1.1}{3},\ \frac{4.4}{3}\right)(-2.2,\ 0,\ 1,\ 2)^T=\frac{1.1}{3},$$

$$(G^{-1}\boldsymbol{a}_3)_1=\left(1,\ 0,\ \frac{-1.1}{3},\ \frac{4.4}{3}\right)(3.3,\ 0,\ 2,\ 2.5)^T=\frac{18.7}{3},$$

$$(G^{-1}\boldsymbol{a}_4)_1=\left(1,\ 0,\ \frac{-1.1}{3},\ \frac{4.4}{3}\right)(-4.4,\ 0,\ 0,\ 3)^T=0.$$

于是有

$$\min_{1\leqslant j\leqslant 4}\{(G^{-1}\boldsymbol{a}_j)_1\}=0,$$

得到了最优解. 基底描述为 $j_1=1$, $j_2=4$,

$$G^{-1}\boldsymbol{b}^{(m+2)}=\begin{pmatrix}1 & 0 & \frac{-1.1}{3} & \frac{4.4}{3}\\ 0 & 1 & 0 & 0\\ 0 & 0 & 1 & 0\\ 0 & 0 & -\frac{1}{3} & \frac{1}{3}\end{pmatrix}\begin{pmatrix}0\\0\\4\\5\end{pmatrix}=\begin{pmatrix}\frac{17.6}{3}\\0\\4\\\frac{1}{3}\end{pmatrix}.$$

故

$$s^*=\frac{17.6}{3},$$

最优解为

$$\boldsymbol{x}^*=\left(4,\ 0,\ 0,\ \frac{1}{3}\right)^T,$$

而且是唯一的.

练　　习

1. 用修正单纯形法求解线性规划问题.

极小化

$$s=2x_1+x_2,$$

满足于约束条件

$$3x_1+x_2-x_3=3,$$
$$4x_1+3x_2-x_4=5,$$
$$x_1+2x_2-x_5=2.$$
$$x_1,x_2,x_3,x_4,x_5\geqslant 0.$$

2. 请画出修正单纯形法的细框图.

3.2. 乘 积 形 式

前一节介绍了修正单纯形法，并指出了它的主要优点，但是 G^{-1} 的存储量还是很大的. 有人提出了逆阵的乘积形式，这在有些情况下可以节省存储,而且也可以减少一些运算.

为了叙述上的方便，这里仍考虑原来给定的线性规划问题：
极大化

$$s = \boldsymbol{c}^{\mathrm{T}}\boldsymbol{x},$$

满足于约束条件

$$A\boldsymbol{x} = \boldsymbol{b},$$

$$\boldsymbol{x} \geqslant \boldsymbol{0}.$$

所谓乘积形式，实质上没有新内容，只是安排上的技巧，所以是容易理解的．在前面我们已经指出了，若没有基本变量 x_{i_1}，$x_{i_2}, \cdots, x_{i_m}$，则

$$G = (\boldsymbol{p}_{i_1}, \boldsymbol{p}_{i_2}, \cdots, \boldsymbol{p}_{i_m}),$$

便唯一地确定了单纯形表格上的各个值．有了 G^{-1} 和基底描述，则我们便可把单纯形表格各处的数都写出来．当迭代从人工基本容许解开始时，初始的 G^{-1} 也是好求的．事实上初始逆为

$$G^{-1} = I.$$

在迭代过程中我们选定主元列号 k，主元行号 l 后 $\tilde{G}^{-1}$ 与 G^{-1} 之间的关系为

$$\tilde{G}^{-1} = E_{lk}G^{-1}.$$

其中 E_{lk} 为一矩阵，记主元列为 $\boldsymbol{p}_k$，

$$(a_{1k}, a_{2k}, \cdots, a_{mk})^T = G^{-1}\boldsymbol{p}_k.$$

于是

$$E_{lk} = \begin{pmatrix} 1 & 0 & \cdots & 0 & -a_{1k}/a_{lk} & 0 & \cdots & 0 \\ 0 & 1 & \cdots & 0 & -a_{2k}/a_{lk} & 0 & \cdots & 0 \\ & & & & \cdots\cdots\cdots & & & \\ 0 & 0 & \cdots & 0 & 1/a_{lk} & 0 & \cdots & 0 \\ 0 & 0 & \cdots & 0 & -a_{l+1,k}/a_{lk} & 1 & \cdots & 0 \\ & & & & \cdots\cdots\cdots & & & \\ 0 & 0 & & 0 & -a_{mk}/a_{lk} & 0 & \cdots & 1 \end{pmatrix}.$$

若记

$$\boldsymbol{\eta}_{lk} = (-a_{1k}/a_{lk}, -a_{2k}/a_{lk}, \cdots, 1/a_{lk}, \cdots, -a_{mk}/a_{lk})^T,$$

则 E_{lk} 可以记成

$$E_{lk}=(\boldsymbol{e}_1, \boldsymbol{e}_2, \cdots, \boldsymbol{e}_{l-1}, \boldsymbol{\eta}_{lk}, \boldsymbol{e}_{l+1}, \cdots, \boldsymbol{e}_m).$$

其中 $\boldsymbol{e}_i$ 为第 i 个单位向量，即1出现在第 i 个分量上的单位向量.

我们将迭代的序号记于上标处并加上( )号，在 l, k 上也加上表示迭代顺序的足标，于是有

$$(G^{(1)})^{-1}=E_{l_1k_1}^{(1)}(G^{(0)})^{-1}=E_{l_1k_1}^{(1)}I=E_{l_1k_1}^{(1)},$$

$$(G^{(2)})^{-1}=E_{l_2k_2}^{(2)}(G^{(1)})^{-1}=E_{l_2k_2}^{(2)}E_{l_1k_1}^{(1)},$$

$$\cdots\cdots$$

$$(G^{(r)})^{-1}=E_{l_rk_r}^{(r)}(G^{(r-1)})^{-1}=E_{l_rk_r}^{(r)}E_{l_{r-1}k_{r-1}}^{(r-1)}\cdots E_{l_1k_1}^{(1)}.$$

此时，要求 $\boldsymbol{p}_j$ 列变化的值，有

$$\tilde{\boldsymbol{p}}_j=(G^{(r)})^{-1}\boldsymbol{p}_j=E_{l_rk_r}^{(r)}E_{l_{r-1}k_{r-1}}^{(r-1)}\cdots E_{l_1k_1}^{(1)}\boldsymbol{p}_j.$$

由此时的基底描述，很容易知道 $\boldsymbol{c}_M$ 的各个分量. 判别数为

$$\sigma_j=\boldsymbol{c}_M\tilde{\boldsymbol{p}}_j-c_j=\boldsymbol{c}_ME_{l_rk_r}^{(r)}\cdots E_{l_1k_1}^{(1)}\boldsymbol{p}_j-c_j.$$

基本变量的数值为

$$\boldsymbol{x}_M=(G^{(r)})^{-1}\boldsymbol{b}=E_{l_rk_r}^{(r)}E_{l_{r-1}k_{r-1}}^{(r-1)}\cdots E_{l_1k_1}^{(1)}\boldsymbol{b}.$$

有了 σ_j, $\boldsymbol{x}_M$ 就很容易地定出主元列号 k_{r+1} 和主元行号 l_{r+1}. 还可以产生新的 $E_{l_{r+1}k_{r+1}}^{(r+1)}$.

存储 E_{lk} 时，只要记住 $m+1$ 个数就够了. 第一个数是 l, 它指出 $\boldsymbol{\eta}_{lk}$ 在 E_{lk} 中出现的位置及 $\boldsymbol{\eta}_{lk}$ 中什么地方是 $1/a_{lk}$, 也就是要保存下面这 $m+1$ 个数:

$$l;\ -a_{1k}/a_{lk}, \cdots, 1/a_{lk}, \cdots, -a_{mk}/a_{lk}.$$

在修正单纯形法中利用

$$(G^{(r)})^{-1}=E_{l_rk_r}^{(r)}E_{l_{r-1}k_{r-1}}^{(r-1)}\cdots E_{l_1k}^{(1)},$$

这就是逆矩阵乘积形式，其计算公式如下:

$$(G_m^{(r)})^{-1}=E_{l_rk_r}^{(r)}E_{l_{r-1}k_{r-1}}^{(r-1)}\cdots E_{l_1k_1}^{(1)},$$

$$-\boldsymbol{c}_M^T(G_m^{(r)})^{-1}=-\boldsymbol{c}_M^TE_{l_rk_r}^{(r)}\cdots E_{l_1k_1}^{(1)},$$

$$-(\boldsymbol{c}_M^{\hat{}})^T(G_m^{(r)})^{-1}=-(\boldsymbol{c}_M^{\hat{}})^TE_{l_rk_r}^{(r)}\cdots E_{l_1k_1}^{(1)}.$$

于是便可构成 G^{-1}, (注意此处 G^{-1} 是扩大线性规划问题的 G^{-1}, 与§ 2.2 中的 G^{-1} 不一样，§ 2.2 中的 G^{-1} 是我们这里的 G_m^{-1})

$$G^{-1}=\begin{pmatrix}1 & 0 & -\mathbf{c}_M^T(G_m^{(r)})^{-1}\\ 0 & 1 & -(\mathbf{c}_M^{\wedge})^T(G_m^{(r)})^{-1}\\ \multicolumn{2}{c}{0} & (G_m^{(r)})^{-1}\end{pmatrix}.$$

这时整个修正单纯形法就完全实现了.

对应前面的例子,有

$$E_{1,3}^{(1)}=\begin{pmatrix}\frac{1}{2} & 0\\ \frac{-2.5}{2} & 1\end{pmatrix},$$

$$E_{2,4}^{(2)}=\begin{pmatrix}1 & 0\\ 0 & \frac{1}{3}\end{pmatrix},$$

$$E_{1,1}^{(3)}=\begin{pmatrix}2 & 0\\ \frac{0.5}{3} & 1\end{pmatrix}.$$

注意,相乘的顺序一定是

$$E_{1,1}^{(3)}\ E_{2,4}^{(2)}\ E_{1,3}^{(1)}$$

对于高速存储器较小,一般存储器较大的电子计算机往往使用原型单纯形法与乘积形式结合更有效. 其计算思想是,先取出一块,若干列约束条件系数列向量,也就是

$$A=(A_1A_2\cdots A_k).$$

取出一块 A_i 求其中判别数为负的列,得出一串

$$E_{l_rk_r}^{(r)}\cdots E_{l_1k_1}^{(1)}.$$

然后把所有 $A_1, A_2, \cdots, A_k$ 都改变,如此一块块做下去,直到所有各列判别数均非负为止.

§4. 对偶单纯形法

在§1.2 线性规划的对偶理论中,我们已经指出,对问题 (SLP): 极大化

$$s = \boldsymbol{c}^T \boldsymbol{x}, \tag{1.18}$$

满足于约束条件

$$A\boldsymbol{x} = \boldsymbol{b}, \tag{1.19}$$

$$\boldsymbol{x} \geqslant \boldsymbol{0}. \tag{1.20}$$

有对偶线性规划问题

(SLD)：极小化

$$w = \boldsymbol{b}^T \boldsymbol{y}, \tag{1.21}$$

满足于约束条件

$$A^T \boldsymbol{y} \geqslant \boldsymbol{c}. \tag{1.22}$$

如果存在 $\boldsymbol{x}^*$ 为 (SLP) 的容许解，$\boldsymbol{y}^*$ 为对偶线性规划问题 (SLD) 的容许解，$\boldsymbol{c}^T\boldsymbol{x}^* = \boldsymbol{b}^T\boldsymbol{y}^*$，则 $\boldsymbol{x}^*$，$\boldsymbol{y}^*$ 分别为 (SLP) 与 (SLD) 的最优解．而且当 $\boldsymbol{x}^*$ 为 (SLP) 的容许解时，$\boldsymbol{y}^*$ 为对偶问题 (SLD) 的容许解，而当

$$(\boldsymbol{x}^*)^T(A^T\boldsymbol{y}^* - \boldsymbol{c}) = 0 \tag{1.23}$$

时，也可以推出 $\boldsymbol{c}^T\boldsymbol{x}^* = \boldsymbol{b}^T\boldsymbol{y}^*$，因而 $\boldsymbol{x}^*$，$\boldsymbol{y}^*$ 也是 (SLP) 和 (SLD) 的最优解．在前面介绍的单纯形方法中，是从 (SLP) 的容许解出发，每求出一个基本容许解后再求出判别数

$$\sigma_j = \sum_{i=1}^{m} c_i^{(M)} a_{ij} - c_j = \boldsymbol{c}_M^T G^{-1} \boldsymbol{p}_j - c_j = \boldsymbol{y}^T \boldsymbol{p}_j - c_j. \tag{1.24}$$

而当 $\boldsymbol{p}_j$ 为基底向量时，$\sigma_j = 0$，同时，对应的基本容许解只在基本变量各分量上取正值，在非基本变量上取 0 值．所以一定满足

$$\boldsymbol{x}^T(A^T\boldsymbol{y} - \boldsymbol{c}) = 0.$$

由此我们可在迭代中保持

$$\sigma_j \geqslant 0 \qquad (j = 1, 2, \cdots, n).$$

总结上述，若 $\boldsymbol{x}$ 和 $\boldsymbol{y}$ 满足

$$A\boldsymbol{x} = \boldsymbol{b}, \tag{1.25}$$

$$A^T\boldsymbol{y} \geqslant \boldsymbol{c}, \tag{1.26}$$

$$\boldsymbol{x}^T(A^T\boldsymbol{y} - \boldsymbol{c}) = 0, \tag{1.27}$$

$$\boldsymbol{x} \geqslant 0, \tag{1.28}$$

则 $\boldsymbol{x}$，$\boldsymbol{y}$ 分别为 (SLP) 及 (SLD) 的最优解．因而原来单纯形方

法是从原有问题的容许解出发，在满足互补松弛条件的限制下求出对偶问题的容许解的方法．对偶问题的容许条件，正是原有问题的最优性条件．

我们从另一角度提出问题，能否在解线性规划问题时不是在(SLP)的容许解的基础上，在保证互补松弛条件下追求对偶线性规划问题(SLD)的容许解；而是在(SLD)的容许解的基础上，在保证互补松弛条件下寻求(SLP)的容许解．回答是肯定的．也就是说我们可以在保证线性规划(SLP)的最优性的基础上出发，而逐步去寻求(SLP)的容许性．正因为我们从线性规划问题(SLP)的最优性出发，也就是从对偶线性规划(SLD)的容许性出发，所以习惯上我们把从这种求最优解的方法称为**对偶单纯形法**．

对偶单纯形法并不是解对偶问题的单纯形法，而是用问题的对偶原理求解原有的线性规划问题的最优解．

4.1. 对偶单纯形法的原理与公式

假定有了对偶线性规划问题的一个容许解 $\boldsymbol{y}$，在 A 中有 m 列 $\boldsymbol{p}_{j_1}, \boldsymbol{p}_{j_2}, \cdots, \boldsymbol{p}_{j_m}$ 使

$$\left.\begin{array}{l}\boldsymbol{y}^T\boldsymbol{p}_{j_1} = c_{j_1},\\ \boldsymbol{y}^T\boldsymbol{p}_{j_2} = c_{j_2},\\ \cdots\\ \boldsymbol{y}^T\boldsymbol{p}_{j_m} = c_{j_m}.\end{array}\right\} \tag{1.29}$$

而且 $\boldsymbol{p}_{j_1}, \boldsymbol{p}_{j_2}, \cdots, \boldsymbol{p}_{j_m}$ 线性无关．也就是说，若记

$$G = (\boldsymbol{p}_{j_1}, \boldsymbol{p}_{j_2}, \cdots, \boldsymbol{p}_{j_m}) \tag{1.30}$$

则有 G^{-1} 存在，若记

$$\boldsymbol{c}_M = (c_{j_1}, c_{j_2}, \cdots, c_{j_m})^T, \tag{1.31}$$

则

$$\boldsymbol{y}^T = \boldsymbol{c}_M^T G^{-1}. \tag{1.32}$$

除 $\boldsymbol{p}_{j_1}, \boldsymbol{p}_{j_2}, \cdots, \boldsymbol{p}_{j_m}$ 之外的 $\boldsymbol{p}_j$ 有

$$\boldsymbol{y}^T\boldsymbol{p}_j \geqslant c_j. \tag{1.33}$$

如令

$$\boldsymbol{x}_M = G^{-1}\boldsymbol{b} = (x_{j_1}^{(M)}, x_{j_2}^{(M)}\cdots, x_{j_m}^{(M)})^T, \tag{1.34}$$

取

$$x_j^{(M)} = 0 \qquad (i \neq j_r, r = 1, 2, \cdots, m), \tag{1.35}$$

则明显地有

$$\boldsymbol{x} = (x_1^{(M)}, x_2^{(M)}, \cdots, x_n^{(M)})^T,$$

满足

$$A\boldsymbol{x} = \boldsymbol{b}.$$

所以对此 $\boldsymbol{x}_M$，若有

$$\boldsymbol{x}_M \geqslant 0,$$

则如以上所构造的那样，

$$\boldsymbol{x} = (x_1^{(M)}, x_2^{(M)}, \cdots, x_n^{(M)})^T$$

为原来线性规划问题 (SLP) 的最优解．具体地说

$$\boldsymbol{x}_M = G^{-1}\boldsymbol{b}$$

为最优基本容许解基本变量的取值．于是 (SLP) 的求解完成．

假定由 $\boldsymbol{x}_M = G^{-1}\boldsymbol{b}$ 求出的 $\boldsymbol{x}_M$ 不满足 $\boldsymbol{x}_M \geqslant \boldsymbol{0}$，也就是说 $\boldsymbol{x}_M$ 的分量中至少有一个 x_{j_i} 不满足非负的要求．于是我们可以取

$$x_l^{(M)} = \min_{1 \leqslant i \leqslant m} \{x_{j_i}\} < 0.$$

那么，在这种情况下怎样进行迭代运算，才能使对偶问题的目标函数有所下降．就是若以 $x_l^{(M)} < 0$ 的 l 作为主元行，怎样选择出主元列来．有了主元行，主元列便可以进行一次主元消去，从而实现一次基底迭代．这一迭代后使新基底对应的对偶问题的容许解之目标函数值有所下降．记 G^{-1} 的第 l 行组成的行向量为

$$(G^{-1})_l^T,$$

于是有

$$x_l^{(M)} = (G^{-1})_l^T \boldsymbol{b}. \tag{1.36}$$

记 $\tilde{\boldsymbol{y}}$ 为对偶线性规划问题 (SLD) 的新的容许解，$\boldsymbol{y}$ 为对偶线性规划问题 (SLD) 的原来的容许解．设迭代前后的容许解之间满足关系式

$$\tilde{\boldsymbol{y}} = \boldsymbol{y} + \theta(G^{-1})_l, \tag{1.37}$$

θ 应取什么值才能满足上面所陈述的条件．

下面分析迭代前后对偶线性规划问题目标函数的变化．记变换后的目标函数值为 $\tilde{w}$，变化前的目标函数值为 w．则有

$$\tilde{w} = \tilde{\boldsymbol{y}}^T\boldsymbol{b} = (\boldsymbol{y}^T + \theta(G^{-1})_l^T)\boldsymbol{b} = \boldsymbol{y}^T\boldsymbol{b} + \theta(G^{-1})_l^T\boldsymbol{b}$$

$$= w + \theta x_l^{(M)} \tag{1.38}$$

因为 $x_l^M < 0$，所以要使 $\tilde{w} \leqslant w$ 就应有 $\theta \geqslant 0$．特别若 $\theta > 0$ 时，对偶线性规划问题的新的容许解 $\tilde{\boldsymbol{y}}$ 所对应的目标函数值 $\tilde{w}$ 较之原来的容许解 $\boldsymbol{y}$ 对应的目标函数值 w 有所下降．

现在就来讨论如何具体确定 θ 的值，使 $\theta \geqslant 0$．要确定 θ 值还应有两个条件必须满足．第一，迭代之后得出的新 $\tilde{\boldsymbol{y}}$ 应该仍然是对偶线性规划问题 (SLD) 的容许解，即满足

$$\tilde{\boldsymbol{y}}^T A \geqslant \boldsymbol{c}^T;$$

第二．迭代之后得出的新容许解 $\tilde{\boldsymbol{y}}$ 使 $\tilde{\boldsymbol{y}}^T A \geqslant \boldsymbol{c}^T$ 这 n 个不等式中应至少有 m 个成立为等式．

记

$$(G^{-1})_l^T \boldsymbol{p}_j = a_{l_j} \quad (j = 1, 2, \cdots, n), \tag{1.39}$$

若对所有 j 均有 $a_{lj} \geqslant 0$，则从

$$\tilde{\boldsymbol{y}}^T \boldsymbol{p}_j = \boldsymbol{y}^T \boldsymbol{p}_j + \theta(G^{-1})_l^T \boldsymbol{p}_j = \boldsymbol{y}^T \boldsymbol{p}_j + \theta a_{lj} \tag{1.40}$$

对 $\theta > 0$ 得

$$\tilde{\boldsymbol{y}}^T \boldsymbol{p}_j - \boldsymbol{y}^T \boldsymbol{p}_j = \theta a_{lj} \geqslant 0 \qquad (j = 1, 2, \cdots, n). \tag{1.41}$$

于是有

$$\tilde{\boldsymbol{y}}^T p_j \geqslant \boldsymbol{y}^T p_j \geqslant c_j \qquad (j = 1, 2, \cdots, n) \tag{1.42}$$

而且此式对一切 $\theta > 0$ 均成立．由

$$\tilde{\boldsymbol{y}} = \boldsymbol{y} + \theta(G^{-1})_l$$

可知当 $\theta \to +\infty$ 时得出 $\tilde{\boldsymbol{y}}$ 为无界解情形．根据线性规划的对偶理论，可知原有线性规划问题 (SLP) 无容许解．

假定不然，则有

$$a_{lj_0} < 0. \tag{1.43}$$

由

$$\tilde{\boldsymbol{y}} = \boldsymbol{y} + \theta(G^{-1})_l,$$

有

$$\tilde{\boldsymbol{y}}^T\boldsymbol{p}_j - c_j = \boldsymbol{y}^T\boldsymbol{p}_j - c_j + \theta(G^{-1})_l^T\boldsymbol{p}_j. \tag{1.44}$$

为了达到第一个条件，即为了

$$\tilde{\boldsymbol{y}}^T\boldsymbol{p}_j \geqslant c_j,$$

只须

$$\boldsymbol{y}^T\boldsymbol{p}_j - c_j + \theta(G^{-1})_l^T\boldsymbol{p}_j \geqslant 0,$$

即

$$\boldsymbol{y}^T\boldsymbol{p}_j - c_j \geqslant -\theta a_{lj}.$$

因而选择

$$\theta_k = \min_{a_{l_j}<0}\left\{\frac{c_j - \boldsymbol{y}^T\boldsymbol{p}_j}{a_{lj}}\right\} = \frac{c_k - \boldsymbol{y}^T\boldsymbol{p}_k}{a_{lk}} \geqslant 0. \tag{1.45}$$

这样便定出了主元行 l 行及主元列 k 列. 将系数列向量 $\boldsymbol{p}_k$ 引进基底，而将原基底中向量 $\boldsymbol{p}_{j_l}$ 换出基底. 也就是进行以 a_{lk} 为主元的主元消去.

但是，在进行主元消去时

$$\tilde{\boldsymbol{y}} = \boldsymbol{y} + \theta(G^{-1})_l$$

是否为 $\boldsymbol{y}$ 的变化呢？从具体推导中可以看出，其回答是肯定的.

由前面知道 $\boldsymbol{y}^T = \boldsymbol{c}_M^T G^{-1}$，将 $\tilde{\boldsymbol{y}}^T$ 代入应有

$$\tilde{\boldsymbol{y}}^T = \tilde{\boldsymbol{c}}_M^T \tilde{G}^{-1}.$$

其中

$$\begin{aligned}
\boldsymbol{c}_M^T &= (c_{j_1}, c_{j_2}, \cdots, c_{j_{l-1}}, c_{j_l}, c_{j_{l+1}}, \cdots, c_{j_m}),\\
\tilde{\boldsymbol{c}}_M^T &= (c_{j_1}, c_{j_2}, \cdots, c_{j_{l-1}}, c_k, c_{j_{l+1}}, \cdots, c_{j_m}),\\
\tilde{G}^{-1} &= E_{l_k}G^{-1}.
\end{aligned}$$

于是

$$\begin{aligned}
\tilde{\boldsymbol{y}}^T &= \tilde{\boldsymbol{c}}_M^T\tilde{G}^{-1} = \tilde{\boldsymbol{c}}_M^T E_{l_k} G^{-1}\\
&= \left(c_{j_1}, c_{j_2}, \cdots, c_{j_{l-1}}, \frac{c_k - \sum\limits_{\substack{i=1\\ i\neq l}}^{m} a_{i_k}c_{j_i}}{a_{l_k}}, c_{j_{l+1}}, \cdots, c_{j_m}\right) G^{-1}\\
&= \boldsymbol{c}_M^T G^{-1} + \frac{c_k - \sum\limits_{i=1}^{m} a_{i_k}c_{j_i}}{a_{l_k}}(G^{-1})_l^T
\end{aligned}$$

$$= \boldsymbol{c}_M^T G^{-1} + \frac{c_k - \boldsymbol{y}^T \boldsymbol{p}_k}{a_{l_k}} = \boldsymbol{y}^T + \theta_k (G^{-1})_l^T.$$

即

$$\tilde{\boldsymbol{y}} = \boldsymbol{y} + \theta_k (G^{-1})_l.$$

因为迭代中只是变换了一个基本变量变成非基本变量，非基本变量变成基本变量．所以新的 $\tilde{\boldsymbol{y}}$ 仍保证对偶线性规划 (SLD) 至少有 m 个约束条件使得等式成立．

因为 $\boldsymbol{y}$ 的值也被 $\boldsymbol{c}_M$ 及 G^{-1} 所确定，所以只要知道新的 $\tilde{\boldsymbol{c}}_M$ 及 $\tilde{G}^{-1}$ 就可以了．从前面的叙述中可以看到这种变化是很容易求得的．有了 $\tilde{\boldsymbol{c}}_M$ 及 $\tilde{G}^{-1} = E_{l_k} G^{-1}$，便可以求出新的

$$\tilde{\boldsymbol{y}} = \tilde{\boldsymbol{c}}_M^T \tilde{G}^{-1}.$$

有了新的 G^{-1}，又可求新的

$$\boldsymbol{x}_M = G^{-1} \boldsymbol{b},$$

再检查新的 $\boldsymbol{x}_M$ 的分量，或得到最优解，或继续迭代下去．

我们把对偶单纯形法的迭代步骤总结如下：设有对偶线性规划 (SLD) 的一个容许解 $\boldsymbol{y}$，且有

$$\boldsymbol{y}^T \boldsymbol{p}_j = c_j \ (j = j_1, j_2, \cdots, j_m).$$

其中 $\boldsymbol{p}_{j_1}, \boldsymbol{p}_{j_2}, \cdots, \boldsymbol{p}_{j_m}$ 线性无关．记

$$G = (\boldsymbol{p}_{j_1}, \boldsymbol{p}_{j_2}, \cdots, \boldsymbol{p}_{j_m}),$$

求出 G^{-1}．$\{j_1, j_2, \cdots, j_m\}$ 为基底描述．

1° 求

$$\boldsymbol{x}_M = G^{-1} \boldsymbol{b} = (x_{j_1}^{(M)}, x_{j_2}^{(M)}, \cdots, x_{j_m}^{(M)})^T,$$

$$x_{j_l} = \min_{1 \leqslant i \leqslant m} \{x_{j_i}^{(M)}\}.$$

若

$$x_{j_l} \geqslant 0,$$

则求出了最优解

$$\boldsymbol{x}^* = (x_1^*, x_2^*, \cdots, x_n^*)^T,$$

其中

$$x_j^* = \begin{cases} x_j^{(M)}, & 当\ j = j_1, j_2, \cdots, j_m, \\ 0, & 当\ j \neq j_1, j_2, \cdots, j_m. \end{cases}$$

若
$$x_{j_l} < 0,$$
定 l 为主元行号，转到 2° 步.

2° 求
$$\theta_k = \min_{\substack{a_{l_j}<0 \\ 1\leqslant j\leqslant n}} \left\{\frac{c_j - \boldsymbol{y}^T\boldsymbol{p}_j}{a_{l_j}}\right\} = \frac{c_k - \boldsymbol{y}^T\boldsymbol{p}_k}{a_{l_k}},$$
若无 k，即 $a_{lj} \geqslant 0$ $(j=1, 2, \cdots, n)$，则原有线性规划问题 (SLP) 无容许解. 否则，$a_{l_j} < 0$，定出 k 称为主元列号，转到 3°.

3° 于基底描述中用 k 代替 j_l，$\boldsymbol{c}_M$ 中用 c_k 代替 c_{j_l}. 求
$$(a_{1k}, a_{2k}, \cdots, a_{mk})^T = G^{-1}\boldsymbol{p}_k.$$
形成初等矩阵
$$E_{lk} = \begin{pmatrix} 1 & 0 & \cdots & -a_{1k}/a_{lk} & \cdots & 0 \\ 0 & 1 & \cdots & -a_{2k}/a_{lk} & \cdots & 0 \\ & & & \cdots\cdots & & \\ 0 & 0 & \cdots & 1/a_{lk} & \cdots & 0 \\ & & & \cdots\cdots & & \\ 0 & 0 & \cdots & -a_{mk}/a_{lk} & \cdots & 1 \end{pmatrix},$$
求新的逆矩阵
$$\tilde{G}^{-1} = E_{lk}G^{-1}.$$
完成一次迭代. 求出
$$\boldsymbol{y} = \boldsymbol{c}_M^T G^{-1},$$
转回 1° 进行下一次迭代.

下页给出对偶单纯形法的框图.

例 1.3 用对偶单纯形法求解线性规划问题.

极小化
$$s = -1.1x_1 - 2.2x_2 + 3.3x_3 - 4.4x_4,$$
满足于约束条件
$$\begin{aligned} x_1 + x_2 + 2x_3 \qquad &= 5, \\ x_1 + 2x_2 + x_3 + 3x_4 &= 4, \\ x_1, x_2, x_3, x_4 &\geqslant 0. \end{aligned}$$

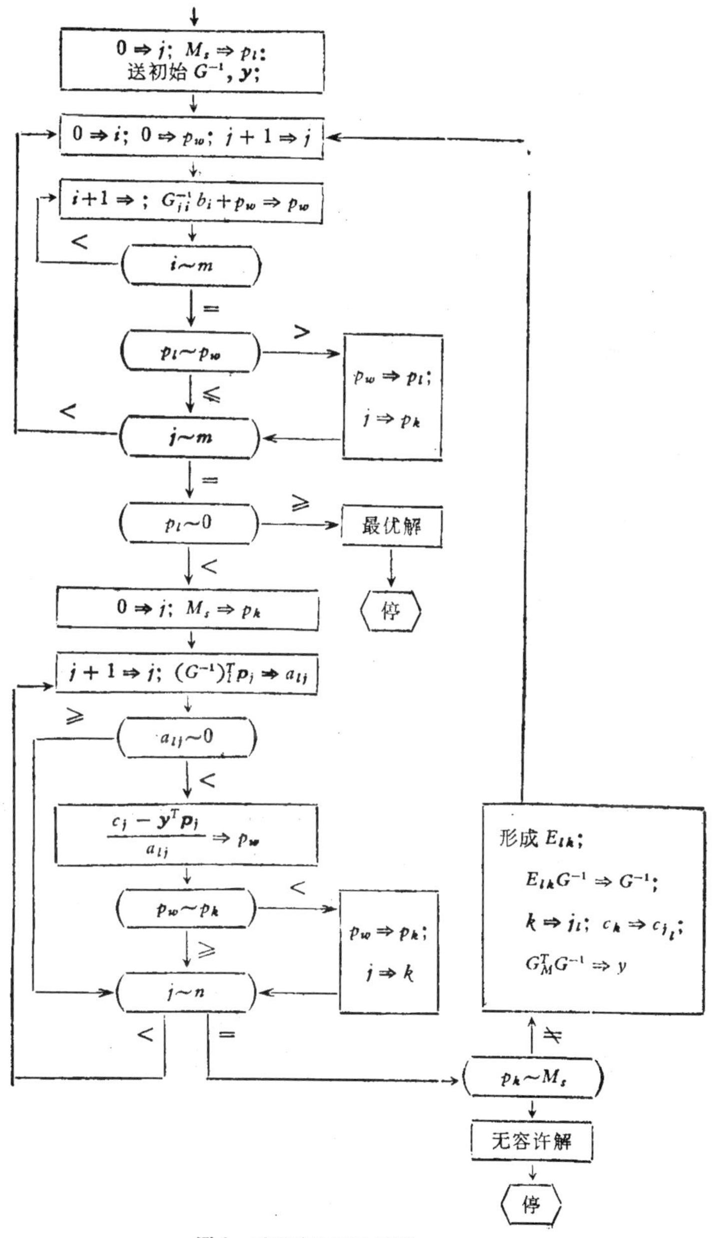

图 3 对偶单纯形法框图

注：M_s 为大的正数.

其对偶线性规划：

极大化

$$w = 5y_1 + 4y_2,$$

满足于约束条件

$$g_1(y) = y_1 + y_2 \leqslant -1.1,$$
$$g_2(y) = y_1 + 2y_2 \leqslant -2.2,$$
$$g_3(y) = 2y_1 + y_2 \leqslant 3.3,$$
$$g_4(y) = 3y_2 \leqslant -4.4.$$

现在开始对偶单纯形法的计算.

对偶线性规划问题有一个容许解

$$y_1 = \frac{1.1}{3},\ y_2 = -\frac{4.4}{3},$$

将其代入对偶线性规划问题的约束条件得

$$g_1 = y_1 + y_2 = \frac{1.1}{3} + \frac{-4.4}{3} = -1.1,$$

$$g_2 = y_1 + 2y_2 = \frac{1.1}{3} + 2 \times \frac{-4.4}{3} = -\frac{7.7}{3} < -2.2,$$

$$g_3 = 2y_1 + y_2 = 2 \times \frac{1.1}{3} + \frac{-4.4}{3} = -\frac{2.2}{3} < 3.3,$$

$$g_4 = 3 \times y_2 = 3 \times \frac{-4.4}{3} = -4.4.$$

由此可知第一，第四两个约束条件成立为等式，又 $\boldsymbol{p}_1 = (1,\ 1)^T$，$\boldsymbol{p}_4 = (0,\ 3)^T$ 线性无关．故

$$j_1 = 1,\ j_2 = 4.$$

$$c_{j_1} = -1.1,\ c_{j_2} = -4.4$$

$$G = (\boldsymbol{p}_1, \boldsymbol{p}_4) = \begin{pmatrix} 1 & 0 \\ 1 & 3 \end{pmatrix}.$$

$\boldsymbol{p}_1$ 是原有线性规划问题的约束条件中第 1 列系数向量，$\boldsymbol{p}_4$ 是原有线性规划问题的约束条件中第四列系数向量．求出

$$G^{-1} = \begin{pmatrix} 1 & 0 \\ -\frac{1}{3} & \frac{1}{3} \end{pmatrix},$$

为初始逆矩阵.

利用公式 $\boldsymbol{x}_M = G^{-1}\boldsymbol{b}$ 求出

$$\begin{pmatrix} x_{j_1} \\ x_{j_2} \end{pmatrix} = \begin{pmatrix} x_1 \\ x_4 \end{pmatrix} = G^{-1}\boldsymbol{b} = \begin{pmatrix} 1 & 0 \\ -\frac{1}{3} & \frac{1}{3} \end{pmatrix}\begin{pmatrix} 5 \\ 4 \end{pmatrix} = \begin{pmatrix} 5 \\ -\frac{1}{3} \end{pmatrix}.$$

因为

$$x_{j_2} = x_4 = -\frac{1}{3} < 0,$$

所以此 $\boldsymbol{x}_M$ 对应的基本容许解不是最优基本容许解,主元行号 $l=2$. 以上完成了算法中的 1°. 下面进行 2° 的计算. 首先看 a_{lt}, 即 $a_{2,1}$,

$$G^{-1}\boldsymbol{p}_1 = \begin{pmatrix} 1 & 0 \\ -\frac{1}{3} & \frac{1}{3} \end{pmatrix}\begin{pmatrix} 1 \\ 1 \end{pmatrix} = \begin{pmatrix} 1 \\ 0 \end{pmatrix},$$

故 $a_{2,1}=0$, 第一列不是主元列.

$$G^{-1}\boldsymbol{p}_2 = \begin{pmatrix} 1 & 0 \\ -\frac{1}{3} & \frac{1}{3} \end{pmatrix}\begin{pmatrix} 1 \\ 2 \end{pmatrix} = \begin{pmatrix} 1 \\ \frac{1}{3} \end{pmatrix},$$

$a_{2,2} = \frac{1}{3} > 0$, 故第二列不是主元列.

$$G^{-1}\boldsymbol{p}_3 = \begin{pmatrix} 1 & 0 \\ -\frac{1}{3} & \frac{1}{3} \end{pmatrix}\begin{pmatrix} 2 \\ 1 \end{pmatrix} = \begin{pmatrix} 2 \\ -\frac{1}{3} \end{pmatrix},$$

$a_{2,3} = -\frac{1}{3} < 0$, 第三列有条件选为主元列.

$$G^{-1}\boldsymbol{p}_4 = \begin{pmatrix} 1 & 0 \\ -\frac{1}{3} & \frac{1}{3} \end{pmatrix}\begin{pmatrix} 0 \\ 3 \end{pmatrix} = \begin{pmatrix} 0 \\ 1 \end{pmatrix},$$

$a_{2,4} = 1 > 0$, 故第四列不是主元列. 因为只有一个 $a_{2,3} < 0$, 所以不必做其他运算便可定出主元列号 $k=3$.

于是 j_2 改成 3, c_{j_2} 改成 3.3, 即

$$j_1 = 1,\ j_2 = 3,$$
$$c_{j_1} = c_1 = -1.1,\ c_{j_2} = c_3 = 3.3.$$

形成

$$E_{2,3} = \begin{pmatrix} 1 & 6 \\ 0 & 3 \end{pmatrix}.$$

这是由

$$G^{-1}\boldsymbol{p}_3 = \begin{pmatrix} 2 \\ -\frac{1}{3} \end{pmatrix}$$

求得的. 求出新的 G^{-1} 为

$$G^{-1} \Leftarrow E_{2,3}G^{-1} = \begin{pmatrix} 1 & 6 \\ 0 & -3 \end{pmatrix}\begin{pmatrix} 1 & 0 \\ -\frac{1}{3} & \frac{1}{3} \end{pmatrix} = \begin{pmatrix} -1 & 2 \\ 1 & -1 \end{pmatrix}.$$

求与此对应的 $\boldsymbol{y}$ 为

$$\boldsymbol{y}^T = \boldsymbol{c}_M^T G^{-1} = (-1.1,\ 3.3)\begin{pmatrix} -1 & 2 \\ 1 & -1 \end{pmatrix} = (4.4,\ -5.5).$$

即 $y_1 = 4.4,\ y_2 = -5.5.$

把它们代入约束条件验证

$$g_1 = y_1 + y_2 = 4.4 - 5.5 = -1.1,$$
$$g_2 = y_1 + 2y_2 = 4.4 - 11 = -6.6 < -2.2,$$
$$g_3 = 2y_1 + y_2 = 8.8 - 5.5 = 3.3,$$
$$g_4 = 3 \times y_2 = 3 \times (-5.5) = -16.5 < -4.4.$$

确实满足,而且使第一,第三个约束条件的等式成立.

求原有线性规划问题的新解 $\boldsymbol{x}_M$,

$$\boldsymbol{x}_M = \begin{pmatrix} x_{j_1} \\ x_{j_2} \end{pmatrix} = \begin{pmatrix} x_1 \\ x_3 \end{pmatrix} = \begin{pmatrix} -1 & 2 \\ 1 & -1 \end{pmatrix}\begin{pmatrix} 5 \\ 4 \end{pmatrix} = \begin{pmatrix} 3 \\ 1 \end{pmatrix},$$

其满足 $\boldsymbol{x}_M \geqslant \boldsymbol{0}$ 求得其最优解

$$x_1 = 3,\ x_2 = 0,\ x_3 = 1,\ x_4 = 0,$$

目标函数值为

$$-1.1 \times 3 + 1 \times 3.3 = 0.$$

练　　习

1. 用对偶单纯形法求解：

极大化

$$s = 1.1x_1 + 2.2x_2 - 3.3x_3 + 4.4x_4,$$

满足于约束条件

$$\begin{aligned} x_1 + x_2 + 2x_3 \qquad\qquad &= 5, \\ x_1 + 2x_2 + 2.5x_3 + 3x_4 &= 4, \\ x_1, x_2, x_3, x_4 &\geq 0. \end{aligned}$$

(已知对偶线性规划问题的一个容许解为

$$y_1 = -\frac{1.1}{3}, \quad y_2 = \frac{4.4}{3}.)$$

4.2. 对偶单纯形法的初始基本解

前一节所介绍的计算都是在有一个初始基本解的前题下进行的. 这里的基本解是指原有线性规划的基本解；对于对偶线性规划来说，是指它对应的一个容许解. 所以就有求对偶线性规划的容许解以及对应的原有线性规划问题的基本解的问题. 也就是 $\boldsymbol{x}$ 的 n 个分量中有 m 个分量可以不等于 0，称为基本变量；而其余 $n-m$ 个分量为 0，称为非基本变量. 基本变量对应的系数向量 $\boldsymbol{p}_{j_1}, \boldsymbol{p}_{j_2}, \cdots, \boldsymbol{p}_{j_m}$ 线性无关，其与基本容许解的区别是这里不要求 $x_{j_i} \geq 0$. 要求出这样一个容许解理论上没有什么困难，但工作量很大. 正因为如此，所以对偶单纯形法一般并不作为经常使用的工具.

这里为了方法完整起见，还介绍几种求基本解的方法.

A. 人工约束方法.

假定原有线性规划问题 (SLP) 有一组线性无关的系数向量

$$\boldsymbol{p}_{j_1}, \boldsymbol{p}_{j_2}, \cdots, \boldsymbol{p}_{j_m},$$

于是可以求出

$$G^{-1} = (\boldsymbol{p}_{j_1}\boldsymbol{p}_{j_2}\cdots\boldsymbol{p}_{j_m})^{-1}.$$

此时我们可以求出线性规划问题 (SLP) 的一个基本解为

$$\boldsymbol{x}_M = G^{-1}\boldsymbol{b}.$$

也可以求出满足对偶线性规划中对应的 m 个约束条件的 $\boldsymbol{y}$，此 $\boldsymbol{y}$ 为

$$\boldsymbol{y}^T = \boldsymbol{c}_M^T G^{-1},$$

其中

$$\boldsymbol{c}_M = (c_{j_1}, c_{j_2}, \cdots, c_{j_m})^T.$$

若 $\boldsymbol{y}$ 满足

$$\boldsymbol{p}_j^T \boldsymbol{y} \geqslant c_j \qquad (j = 1, 2, \cdots, n),$$

则就求出了所要求的一个解.

不然，我们求

$$\mathscr{J}^- = \{j \mid \boldsymbol{p}_j^T \boldsymbol{y} - c_j = \sigma_j < 0\},$$

$$\min_{j \in \mathscr{J}^{-1}} \{\sigma_j\} = \sigma_k.$$

在原来线性规划问题 (SLP) 中加进一个人工约束条件

$$x_{j_1} + x_{j_2} + \cdots + x_{j_s} + x_0 = M \quad (j_i \in \mathscr{J}^{-1},\ i = 1, 2, \cdots, s).$$

当 M 足够大时，增加这个约束条件对容许集没有影响. 于是将

$$x_k = M - x_0 - \sum_{\substack{i=1 \\ j_i \neq k}}^{m} x_{j_i} \quad (k \in \mathscr{J}^{-1}),$$

代入目标函数，原来约束条件及新的约束条件中. 记新增加的约束条件为第 $m+1$ 个约束条件，于是约束条件系数向量的变化为

$$\tilde{\boldsymbol{p}}_i = \begin{pmatrix} \tilde{\boldsymbol{p}}_j \\ 0 \end{pmatrix} \quad (j \notin \mathscr{J}^{-1}).$$

$$\tilde{\boldsymbol{p}}_j = \begin{pmatrix} \boldsymbol{p}_j' \\ 1 \end{pmatrix} \quad (j \in \mathscr{J}^{-1}).$$

其中

$$\boldsymbol{p}_j' = \boldsymbol{p}_j - \boldsymbol{p}_k.$$

目标函数的系数变化为

$$\tilde{c}_j = c_j \quad (j \notin \mathscr{J}^{-1}),$$

$$\tilde{c}_j = c_j - c_k \quad (j \in \mathscr{J}^{-1}).$$

于是将 $\boldsymbol{y}$ 改变成

$$\tilde{\boldsymbol{y}} = \begin{pmatrix} \boldsymbol{y} \\ 0 \end{pmatrix}.$$

$\tilde{\boldsymbol{y}}$ 就是新问题的容许解. 事实上

$$\tilde{\boldsymbol{p}}_j^T \tilde{\boldsymbol{y}} - \tilde{c}_j = \boldsymbol{p}_j^T \boldsymbol{y} - c_j \geqslant 0, \text{ 当 } j \notin \mathscr{J}^{-1}.$$

$$\begin{aligned} \boldsymbol{p}_j^T \boldsymbol{y} - \tilde{c}_j &= (\boldsymbol{p}_j - \boldsymbol{p}_k)^T \boldsymbol{y} - (c_j - c_k) \\ &= \boldsymbol{p}_j^T \boldsymbol{y} - c_j - (\boldsymbol{p}_k^T \boldsymbol{y} - c_k) \\ &\geqslant 0. \text{ 当 } j \in \mathscr{J}^{-1}. \end{aligned}$$

对新增加的变量 x_0, 其系数列向量为

$$\tilde{\boldsymbol{p}}_{n+1} = \begin{pmatrix} -\boldsymbol{p}_k \\ 1 \end{pmatrix},$$

目标函数系数为

$$\tilde{c}_{n+1} = -c_k,$$

于是

$$\tilde{\boldsymbol{p}}_{n+1}^T \tilde{\boldsymbol{y}} - \tilde{c}_{n+1} = -\boldsymbol{p}_k^T \boldsymbol{y} + c_k > 0,$$

所以找到了我们要求的 $\boldsymbol{y}$. $\boldsymbol{x}_M$ 中要加上一个分量

$$x_{n+1} = M,$$

自然其他分量也要相应变化. 于是我们就得到了一组基向量 $\boldsymbol{p}_{j_1}$, $\boldsymbol{p}_{j_2}, \cdots, \boldsymbol{p}_{jm}, \boldsymbol{p}_{n+1}$.

B. 在目标函数系数为负数时的多余变量法.

这是求一种特殊类型线性规划问题的对偶线性规划问题初始解的方法. 问题为

极大化

$$s = c_1 x_1 + c_2 x_2 + \cdots + c_n x_n,$$

满足于约束条件

$$A\boldsymbol{x} \geqslant \boldsymbol{b},$$
$$\boldsymbol{x} \geqslant \boldsymbol{0},$$

的线性规划问题,其中 $\boldsymbol{b}$ 的分量可正可负. 而且要求有

$$c_j \leqslant 0 \ (j = 1, 2, \cdots, n).$$

事实上,只要目标函数系数非正,约束条件是不等式就可以化

成这种形式.

对此问题我们引进剩余变量，有:

极大化

$$s = c_1x_1 + c_2x_2 + \cdots + c_nx_n,$$

满足于约束条件

$$\boldsymbol{Ax} + Iw = \boldsymbol{b}$$

$$\boldsymbol{x} \geqslant 0 \quad w \geqslant 0.$$

于是

$$\boldsymbol{y} = (0, 0, \cdots, 0)^T$$

就是我们所要求的初始解.

C. 问题的实际经验给出的初始解.

有时根据问题的物理意义也可以给出一个初始的解 $\boldsymbol{y}$ 来.

比如所考虑的线性规划问题:

极大化

$$s = \boldsymbol{c}^T\boldsymbol{x},$$

满足于约束条件

$$\boldsymbol{Ax} = \boldsymbol{b},$$

$$\boldsymbol{x} \geqslant 0.$$

假定这是一个工厂的生产模型，于是这个厂在不同的生产周期内其价值系数一般不变，技术条件也不变，只有右端向量在变．因为 $\boldsymbol{c}^T$ 不变，A 不变，上一生产周期求出的最优解 $\boldsymbol{y}$，不管 $\boldsymbol{b}$ 如何变化，它仍满足对偶线性规划问题的约束条件，所以是一个初始解.

练　　习

1. 用对偶单纯形法求解线性规划问题:

极大化

$$s = 1.1x_1 + 2.2x_2 - 3.3x_3 + 4.4x_4,$$

满足于约束条件

$$x_1 + x_2 + 2x_3 \qquad = 2,$$

$$x_1 + 2x_2 + 2.5x_3 + 3x_4 = 3,$$

$$x_1, x_2, x_3, x_4 \geqslant 0,$$

用方法C给出初始解 $\mathbf{y}$.

2. 同一题,用人工约束法给出初始 $\mathbf{y}$, 并用对偶单纯形法求解.

3. 证明对偶单纯形方法的收敛性,和在一般情况下迭代步骤的有限性.

§5. 原来-对偶单纯形法

用单纯形法解线性规划问题,整个计算过程分成两个演段:第一演段为从人工基底出发,利用单纯形法逐步消除人工变量.第二演段是求原来我们要求解的线性规划问题的最优解的计算过程.两个演段各自选取自己的目标函数,只有约束条件建立起彼此之间的联系.在第一演段中根本没有考虑要求解的线性规划问题的原目标函数.也就是说,从减少人工变量之和出发,选择从非基本变量变成基本变量时的某一变量,根本没有考虑我们应该求解的目标函数是否朝我们所希望的方向变化.没有考虑求极大时这一变化是否导致目标函数上升;求极小时,是否导致目标函数下降.因而人工变量被消除之后所得到的原来线性规划问题的初始基本容许解,一般并不是最优基本容许解.第二演段还要付出大量的运算.

人们提出了下面的问题,即能否把两个演段的目标有效地结合起来,就是说,能否在消除人工变量时就考虑到我们应该求解的线性规划问题的最优性.如果是这样,当人工变量被消除之后,无须进行第二演段便立即得到了所要求取的最优解.当然,这时的第一演段也不是原来意义下的第一演段了.

按照这种思想所构造出来的算法仍是基于单纯形法的基本原理,算法中有原来单纯形法和对偶单纯形法两者的思想,所以称为"原来-对偶"单纯形法.

下面我们仅介绍一种易于理解的方法.

假定要求解的线性规划问题:

(SLP)：极大化

$$s = \boldsymbol{c}^T\boldsymbol{x}, \tag{1.46}$$

满足于约束条件

$$A\boldsymbol{x} = \boldsymbol{b}, \tag{1.47}$$

$$\boldsymbol{x} \geqslant \boldsymbol{0}. \tag{1.48}$$

在后面我们还要引进几个线性规划问题，为了区别，我们把这个问题称为给定的原有线性规划问题，或简称为给定的原有问题.

问题 (SLP) 的对偶线性规划问题：

(SLD)：极小化

$$w = \boldsymbol{b}^T\boldsymbol{y}, \tag{1.49}$$

满足于约束条件

$$A^T\boldsymbol{y} \geqslant \boldsymbol{c}. \tag{1.50}$$

为了后面叙述方便，把这个问题叫做给定的对偶线性规划问题，或简称为给定的对偶问题.

从前面讨论的线性规划理论中知道，对 $\boldsymbol{x}^*$，$\boldsymbol{y}^*$ 可给出下述条件：

1) $$A\boldsymbol{x}^* = \boldsymbol{b}, \tag{1.51}$$

2) $$\boldsymbol{x}^* \geqslant \boldsymbol{0}, \tag{1.52}$$

3) $$A^T\boldsymbol{y}^* \geqslant \boldsymbol{c}, \tag{1.53}$$

4) 记 $s_j = A_j^T\boldsymbol{y}^* - c_j$

$$s_j x_j = 0 \qquad (j = 1, 2, \cdots, n). \tag{1.54}$$

由于有 $\boldsymbol{x}^* \geqslant \boldsymbol{0}$，$A^T\boldsymbol{y}^* - \boldsymbol{c} \geqslant \boldsymbol{0}$，所以

$$(A^T\boldsymbol{y}^* - \boldsymbol{c})^T\boldsymbol{x}^* = 0$$

与条件 4) 等价.

若 $\boldsymbol{x}^*$，$\boldsymbol{y}^*$ 满足条件 1)—4)，则 $\boldsymbol{x}^*$，$\boldsymbol{y}^*$ 分别是线性规划问题 (SLP)，(SLD) 的最优解.

如前所述，1)—2) 为给定线性规划问题 (SLP) 的约束条件，3) 为给定对偶问题 (SLD) 的约束条件，4) 为两个问题的互补松弛条件.

单纯形法是在保持满足 1)、2)、4) 的条件下，在迭代中逐渐

使3)得到满足,从而求出最优解的算法;对偶单纯形法是在保持满足1)、3)、4)的条件下,在迭代中逐渐使2)得到满足,从而求出最优解的方法.而我们将介绍的"原来-对偶"单纯形法是在满足2)、3)、4)在迭代中逐渐使1)得到满足,从而得到最优解的方法.

原来-对偶单纯形法也是开始于给定的对偶线性规划问题的容许解.设为 $\boldsymbol{y}^{(0)}$.

因为有了解 $\boldsymbol{y}^{(0)}$,所以可以说对给定的对偶线性规划问题有了解 $\boldsymbol{y}^{(k)}$,记

$$\boldsymbol{s}^{(k)} = A^T\boldsymbol{y}^{(k)} - \boldsymbol{c}. \tag{1.55}$$

因为 $\boldsymbol{y}^{(k)}$ 是给定的对偶问题的容许解,故有

$$\boldsymbol{s}^{(k)} = (s_1^{(k)}, s_2^{(k)}, \cdots, s_n^{(k)})^T \geqslant 0.$$

我们把足标集合

$$J^{(k)} = \{1, 2, \cdots, n\}$$

进行下述划分:

$$\bar{J}^{(k)} = \{j \mid s_j^{(k)} = 0\}, \tag{1.56}$$

$$\mathring{J}^{(k)} = \{j \mid s_j^{(k)} > 0\}. \tag{1.57}$$

相应于 $\boldsymbol{y}^{(k)}$,可以形式地给出已知原有线性规划的容许解 $\boldsymbol{x}^{(k)}$,使 $\boldsymbol{y}^{(k)}$ 与 $\boldsymbol{x}^{(k)}$ 之间满足互补松弛条件.若记

$$\boldsymbol{x}^{(k)} = (x_1^{(k)}, x_2^{(k)}, \cdots, x_n^{(k)})^T$$

互补松弛条件要求

$$x_j^{(k)} = 0, \text{ 当 } j \in \mathring{J}^{(k)}.$$

于是我们形成线性规划问题 $(SLP_{J^{(k)}})$.

$(SLP_{J^{(k)}})$:极小化

$$z^{(k)} = \sum_{i=1}^{m} \varepsilon_i, \tag{1.58}$$

满足于约束条件

$$A^{(k)}\boldsymbol{x}_{\bar{J}^{(k)}} + \boldsymbol{\varepsilon} = \boldsymbol{b} \tag{1.59}$$

$$\boldsymbol{x}_{\bar{J}^{(k)}} \geqslant \boldsymbol{0}, \ \boldsymbol{\varepsilon} \geqslant \boldsymbol{0}. \tag{1.60}$$

这个问题就是将足标属于 $j \in \mathring{J}^{(k)}$ 的各 $\boldsymbol{p}_j$ 列去掉后而形成的

线性规划问题,再引入人工向量 $\boldsymbol{\varepsilon}$ 便形成了问题 $(SLP_{J(k)})$. 也就是说

$$A^{(k)}=(\boldsymbol{p}_{j_1},\boldsymbol{p}_{j_2},\cdots,\boldsymbol{p}_{j_s})\quad(j_r\in\bar{J}^{(k)}r=1,2,\cdots,s).$$

这个问题说明只有当 $s_j^{(k)}=0$ 时,其对应的 x_j 才有资格引进基本变量.

如在原来线性规划单纯形法中的讨论那样，我们总可以假设 $\boldsymbol{b}\geqslant 0$.

为了把 $(SLP_{J(k)})$ 写得更一般化，首先将目标函数的系数向量记为 $\boldsymbol{d}^{(k)}$，再将 A 中 $j\in\mathring{J}^{(k)}$ 的各列去掉,得

$$\boldsymbol{d}^{(k)}=(d_1^{(k)},d_2^{(k)},\cdots,d_s^{(k)})^T,$$

其中

$$d_j^{(k)}=\begin{cases}0, & j=1,2,\cdots,s,\\ 1, & j=s+1,\cdots,s+m.\end{cases}$$

于是问题 $(SLP_{J(k)})$ 可以写成:

极小化

$$z^{(k)}=(\boldsymbol{d}^{(k)})^T\begin{pmatrix}\boldsymbol{x}_{\bar{J}(k)}\\ \boldsymbol{\varepsilon}\end{pmatrix},\tag{1.61}$$

满足于约束条件

$$(A^{(k)}I)\begin{pmatrix}\boldsymbol{x}_{\bar{J}(k)}\\ \boldsymbol{\varepsilon}\end{pmatrix}=\boldsymbol{b},\tag{1.62}$$

$$\begin{pmatrix}x_{\bar{J}(k)}\\ \boldsymbol{\varepsilon}\end{pmatrix}\geqslant\mathbf{0}.\tag{1.63}$$

对于线性规划问题 $(SLP_{J(k)})$，其对偶线性规划:

$(SLD_{J(k)})$: 极大化

$$w^{(k)}=\boldsymbol{b}^T\boldsymbol{v},\tag{1.64}$$

满足于约束条件

$$\begin{pmatrix}(A^{(k)})^T\\ \boldsymbol{I}\end{pmatrix}\boldsymbol{v}\leqslant\boldsymbol{d}^{(k)}.\tag{1.65}$$

其中

$$\boldsymbol{v}=(v_1,v_2,\cdots,v_m)^T.$$

求解这一对相对偶的线性规划问题，设得出的最优解为 $(\boldsymbol{x}^{(k)})^*$, $\boldsymbol{v}^*$，则它们应满足：

$$(A^{(k)})^T\boldsymbol{v}^* \leqslant \boldsymbol{0}, \tag{1.66}$$

$$\boldsymbol{v}_j^* \leqslant 1 \quad (j = s+1, \cdots, s+m). \tag{1.67}$$

$$(z^{(k)})^* = \sum_{i=1}^{m} \varepsilon_i^* = \boldsymbol{b}^T\boldsymbol{v}^*. \tag{1.68}$$

若

$$(z^{(k)})^* = \sum_{i=1}^{m} \varepsilon_i^* = 0$$

时，即人工变量的总和为 0，有

$$\boldsymbol{x}^* = (x_1^*, x_2^*, \cdots, x_n^*)^T,$$

其中

$$x_j^* = \begin{cases} (\boldsymbol{x}^{(k)})_j^*, & j \in \bar{J}^{(k)} \\ 0, & j \in \mathring{J}^{(k)}. \end{cases} \tag{1.69}$$

$$\boldsymbol{y}^* = \boldsymbol{y}^{(k)},$$

满足条件 (1.51)—(1.54)，因此这一对 $\boldsymbol{x}^*$, $\boldsymbol{y}^*$ 就分别是给定的线性规划问题 (SLP) 及其对偶线性规划问题 (SLD) 的最优解.

这个方法形式上不进行第二演段，但是，在这里求最优解 $(\boldsymbol{x}^{(k)})^*$ 及 $\boldsymbol{v}^*$ 时要花费大量的计算，而且问题 $(SLP_{J(k)})$ 与问题 $(SLD_{J(k)})$ 是随 $\bar{J}^{(k)}$ 的划分而变化的，所以它的计算量也就不一定很小，这就是前面提到的不经常使用它的一个原因.

但是，因为问题 $(SLP_{J(k)})$ 中的 $A^{(k)}$ 不同于问题 (SLP) 中的 A，所以一般不一定有 $\sum_{i=1}^{m} \varepsilon_i^* = 0$. 一般应有 $\sum_{i=1}^{m} \varepsilon_i^* > 0$，故现在讨论

若

$$(z^{(k)})^* = \sum_{i=1}^{m} \varepsilon_i^* > 0,$$

则令

$$\boldsymbol{y}(\theta) = \boldsymbol{y}^{(k)} + \theta\boldsymbol{v}^*,$$

于是

$$\boldsymbol{s}(\theta)=A^T\boldsymbol{y}(\theta)-\boldsymbol{c}=A^T\boldsymbol{y}^{(k)}-\boldsymbol{c}+\theta A^T\boldsymbol{v}^*$$
$$=\boldsymbol{s}^{(k)}+\theta A^T\boldsymbol{v}^*. \tag{1.70}$$

其中 $s_j^{(k)}=0\ (j\in \bar{J}^{(k)})$，所以有

$$(\boldsymbol{s}(\theta))_j=(\theta A^T\boldsymbol{v}^*)_j \quad (j\in \bar{J}^{(k)}). \tag{1.71}$$

为保证

$$(\boldsymbol{s}(\theta))_j\geqslant 0, \tag{1.72}$$

由(1.65)知 $(A^{(k)})^T\boldsymbol{v}^*<0$，故必须有 $\theta\leqslant 0$.

以上是 $j\in\bar{J}^{(k)}$ 的情形．对 $j\in\mathring{J}^{(k)}$ 分两种情形进行讨论．

i) 记 A^T 的第 i 行，也就是 A 的第 i 列为 $\boldsymbol{p}_i$，若

$$\boldsymbol{p}_j^T\boldsymbol{v}^*\leqslant 0\ (\text{对所有 } j\in\mathring{J}^{(k)}) \tag{1.73}$$

则因 $\boldsymbol{s}_j^{(k)}>\boldsymbol{0}\ (j\in\mathring{J}^{(k)})$ 有

$$(\boldsymbol{s}(\theta))_j=s_j^{(k)}+\theta\boldsymbol{p}_j^T\boldsymbol{v}^*>0\ (j\in\mathring{J}^{(k)},\text{对任意 }\theta\leqslant 0). \tag{1.74}$$

这说明不论取 $\theta\leqslant 0$ 为任何值，由

$$\boldsymbol{y}(\theta)=\boldsymbol{y}^{(k)}+\theta\boldsymbol{v}^* \tag{1.75}$$

所得到的 $\boldsymbol{y}(\theta)$ 都满足

$$A^T\boldsymbol{y}(\theta)\geqslant\boldsymbol{c}. \tag{1.76}$$

也就是给定的对偶线性规划 (SLD) 为无界解情形．又因

$$\sum_{i=1}^m \varepsilon_i^*>0,$$

$$\sum_{i=1}^m \varepsilon_i^*=\boldsymbol{b}^T\boldsymbol{v}^*.$$

$$\lim_{\theta\to\infty}\boldsymbol{b}^T\boldsymbol{y}(\theta)=\boldsymbol{b}^T\boldsymbol{y}^{(k)}+\lim_{\theta\to-\infty}\theta\boldsymbol{b}^T\boldsymbol{v}^*=-\infty, \tag{1.77}$$

这就是说给定的对偶线性规划 (SLD) 的最优值也是无界的．由线性规划的对偶理论可知，此时给定的原有线性规划问题 (SLP) 无容许解．

ii) 由于有

$$\boldsymbol{p}_j^T\boldsymbol{v}^*>0 \quad (j\in\mathring{J}^{(k)}), \tag{1.78}$$

所以取

$$\theta_0 = \max\left\{\frac{-s_j^{(k)}}{\boldsymbol{p}_j^T\boldsymbol{v}^*}\,\middle|\, j\in \mathring{J}^{(k)},\ \boldsymbol{p}_j^T\boldsymbol{v}^*>0\right\} = \frac{-s_{k_0}^{(k)}}{\boldsymbol{p}_{k_0}^T\boldsymbol{v}^*}. \tag{1.79}$$

令

$$\boldsymbol{y}^{(k+1)} = \boldsymbol{y}^{(k)} + \theta_0\boldsymbol{v}^*. \tag{1.80}$$

现在证明 $\boldsymbol{y}^{(k+1)}$ 就是对偶线性规划问题 (SLD) 的一个新的容许解.

首先有

$$A^T\boldsymbol{y}^{(k+1)} = A^T\boldsymbol{y}^{(k)} + \theta_0 A^T\boldsymbol{v}^*. \tag{1.81}$$

依照前面 $J^{(k)}$ 的分法，将 A^T 分成两部分.

$$A^T = \begin{pmatrix} A^T_{\mathring{J}(k)} \\ A^T_{\bar{J}(k)} \end{pmatrix} = \begin{pmatrix} \tilde{A}^{(k)} \\ A^{(k)} \end{pmatrix}. \tag{1.82}$$

于是(1.81)也相应地分成两组式子

$$(\tilde{A}^{(k)})^T\boldsymbol{y}^{(k+1)} = (\tilde{A}^{(k)})^T\boldsymbol{y}^{(k)} + \theta_0(\tilde{A}^{(k)})^T\boldsymbol{v}^*, \tag{1.83}$$

$$(A^{(k)})^T\boldsymbol{y}^{(k+1)} = (A^{(k)})^T\boldsymbol{y}^{(k)} + \theta_0(A^{(k)})^T\boldsymbol{v}^*. \tag{1.84}$$

首先看(1.84)所定义的 $(A^{(k)})^T\boldsymbol{y}^{(k+1)}$ 是否大于或等于 $\boldsymbol{c}^{(k)}$，其中 $\boldsymbol{c}^{(k)} = (c_{j_1}, c_{j_2}, \cdots, c_{j_s})$ $(j_r\in \bar{J}^{(k)},\ r=1,\cdots,s)$.

由 $\bar{J}^{(k)}$ 的定义(1.56)可知有

$$s_j^{(k)} = 0\ \ (j\in \bar{J}^{(k)}),$$

即

$$s_j^{(k)} = \boldsymbol{p}_j^T\boldsymbol{y}^{(k)} - c_j = 0\ \ (j\in \bar{J}^{(k)}).$$

再由 $\boldsymbol{v}^*$ 的求得可知有

$$\boldsymbol{p}_j^T\boldsymbol{v}^* \leqslant 0,$$

由 θ_0 的定义可知 $\theta_0<0$，于是有

$$\boldsymbol{p}_j^T\boldsymbol{y}^{(k+1)} = p_j^{(k)}\boldsymbol{y}^{(k)} + \theta_0\boldsymbol{p}_j^T\boldsymbol{v}^*,$$

$$\begin{aligned}\boldsymbol{p}_j^T\boldsymbol{y}^{(k+1)} - c_j &= \boldsymbol{p}_j^{(k)}\boldsymbol{y}^{(k)} - c_j + \theta_0\boldsymbol{p}_j^T\boldsymbol{v}^* \\ &= \theta_0 p_j^T\boldsymbol{v}^* \geqslant 0.\end{aligned}$$

因此对于(1.84)所定义的 $(A^{(k)})^T\boldsymbol{y}^{(k+1)}$，有 $(A^{(k)})^T\boldsymbol{y}^{(k+1)} \geqslant c^{(k)}$.

再来看 (1.83) 所定义的 $(\tilde{A}^{(k)})^T\boldsymbol{y}^{(k+1)}$ 是否大于或等于 $\tilde{\boldsymbol{c}}^{(k)}$，其中，$\boldsymbol{c}^{(k)} = (c_{j_1}, c_{j_2}, \cdots, c_{j_{n-s}})$ $(j_r\in \mathring{J}^{(k)},\ r=1, 2, \cdots, n-s)$，

对于 $j \in \tilde{J}^{(k)}$ 有

$$\boldsymbol{p}_j^T \boldsymbol{y}^{(k)} - c_j > 0.$$

此时分两种情形讨论，当

$$\boldsymbol{p}_j^T \boldsymbol{v}^* \leqslant 0$$

时，因 $\theta_0 < 0$，故

$$\begin{aligned} \boldsymbol{p}_j^T \boldsymbol{y}^{(k+1)} - c_j &= \boldsymbol{p}_j^T \boldsymbol{y}^{(k)} - c_j + \theta_0 \boldsymbol{p}_j^T \boldsymbol{v}^* \\ &\geqslant \boldsymbol{p}_j^T \boldsymbol{y}^{(k)} - c_j > 0. \end{aligned}$$

当

$$\boldsymbol{p}_j^T \boldsymbol{v}^* > 0$$

时由 θ_0 的定义有

$$\begin{aligned} \boldsymbol{p}_j^T \boldsymbol{y}^{(k+1)} - c_j &= \boldsymbol{p}_j^T \boldsymbol{y}^{(k)} - c_j + \theta_0 \boldsymbol{p}_j^T \boldsymbol{v}^* \\ &= \boldsymbol{p}_j^T \boldsymbol{y}^{(k)} - c_j + \frac{-s_{k_0}^{(k)}}{\boldsymbol{p}_{k_0}^T \boldsymbol{v}^*} \boldsymbol{p}_j^T \boldsymbol{v}^* \\ &= s_j^{(k)} + \frac{-s_{k_0}^{(k)}}{\boldsymbol{p}_{k_0}^T \boldsymbol{v}^*} \boldsymbol{p}_j^T \boldsymbol{v}^* \geqslant 0. \end{aligned}$$

这是由于

$$\frac{-s_{k_0}^{(k)}}{\boldsymbol{p}_{k_0}^T \boldsymbol{v}^*} \geqslant \frac{-s_j^{(k)}}{\boldsymbol{p}_j^T \boldsymbol{v}^*},$$

故有

$$\frac{s_j^{(k)}}{\boldsymbol{p}_j^T \boldsymbol{v}^*} + \frac{-s_{k_0}^{(k)}}{\boldsymbol{p}_{k_0}^T \boldsymbol{v}^*} \geqslant 0,$$

$$s_j^{(k)} + \frac{-s_{k_0}^{(k)}}{\boldsymbol{p}_{k_0}^T \boldsymbol{v}^*} \boldsymbol{p}_j^T \boldsymbol{v}^* \geqslant 0.$$

因此对于(1.83)所定义的 $(\tilde{A}^{(k)})^T \boldsymbol{y}^{(k+1)}$，也有 $(\tilde{A}^{(k)})^T \boldsymbol{y}^{(k+1)} \geqslant c^{(k)}$.

总之，我们有

$$A^T \boldsymbol{y}^{(k+1)} \geqslant \boldsymbol{c}.$$

也就是说 $\boldsymbol{y}^{(k+1)}$ 为给定的对偶线性规划问题 (SLD) 的一个容许解.

而且还有

$$\boldsymbol{b}^T \boldsymbol{y}^{(k+1)} = \boldsymbol{b}^T \boldsymbol{y}^{(k)} + \theta_0 \boldsymbol{b}^T \boldsymbol{v}^* = \boldsymbol{b}^T \boldsymbol{y}^{(k)} + \theta_0 \sum_{i=1}^{m} \varepsilon_i^* < \boldsymbol{b}^T \boldsymbol{y}^{(k)},$$

说明对偶问题的目标函数是下降的.

由于对偶问题目标函数的下降性质,可以推出方法是收敛的.

有了新的 $\boldsymbol{y}^{(k+1)}$, 我们又可以重复上面的讨论,求出

$$\boldsymbol{s}^{(k+1)} = A^T\boldsymbol{y}^{(k+1)} - \boldsymbol{c},$$

开始新的迭代.

我们总结"原来-对偶"单纯形法的计算过程如下:

设对偶线性规划问题有容许解 $\boldsymbol{y}^{(k)}$, 注意这里并没有要求对应的线性规划问题 (SLP) 有基本解.

1° 将 $\boldsymbol{y}^{(k)}$ 代入 $A^T\boldsymbol{y}^{(k)} - \boldsymbol{c} = \boldsymbol{s}^{(k)}$. 于是分 $J = \{1, 2, \cdots, n\}$ 为两部分

$$\mathring{J}^{(k)} = \{j \mid \boldsymbol{p}_j^T\boldsymbol{y}^{(k)} - c_j = s_j^{(k)} > 0\},$$

$$\bar{J}^{(k)} = \{j \mid \boldsymbol{p}_j^T\boldsymbol{y}^{(k)} - c_j = s_j^{(k)} = 0\}.$$

2° 形成线性规划问题

$(SLP_{\bar{J}(k)})$: 极小化

$$z^{(k)} = (\boldsymbol{d}^{(k)})^T\begin{pmatrix}\boldsymbol{x}_{\bar{J}(k)}\\ \boldsymbol{\varepsilon}\end{pmatrix},$$

满足于约束条件

$$(A^{(k)}I)\begin{pmatrix}\boldsymbol{x}_{\bar{J}(k)}\\ \boldsymbol{\varepsilon}\end{pmatrix} = \boldsymbol{b},$$

$$\begin{pmatrix}\boldsymbol{x}_{\bar{J}(k)}\\ \boldsymbol{\varepsilon}\end{pmatrix} \geqslant \boldsymbol{0}.$$

其对偶问题

$(SLD_{\bar{J}(k)})$: 极大化

$$w^{(k)} = \boldsymbol{b}^T\boldsymbol{v},$$

满足于约束条件

$$\begin{pmatrix}(A^{(k)})^T\\ \boldsymbol{I}\end{pmatrix}\boldsymbol{v} \leqslant \boldsymbol{d}^{(k)}.$$

其中

$$d_i^{(k)} = \begin{cases}1, & \text{当 } j = 1, 2, \cdots, s,\\ 0, & \text{当 } j = s+1, \cdots, s+m.\end{cases}$$

s 为 $A^{(k)}$ 中的列数，即 $\bar{J}^{(k)}$ 中的元素数.

记这一对偶问题的最优解分别为 $(\boldsymbol{x}^{(k)})^*$，$\boldsymbol{v}^*$，若对应的最优目标函数值

$$(z^{(k)})^* = 0,$$

则求出了最优解，

$$\boldsymbol{x}^* = (x_1^*, x_2^*, \cdots, x_n^*)^T.$$

其中

$$x_j = \begin{cases} (\boldsymbol{x}^{(k)})_j^* & j \in \bar{J}^{(k)}, \\ 0 & j \in \mathring{J}^{(k)}. \end{cases}$$

若

$$(z^{(k)})^* > 0,$$

则转到 3°.

3°　若

$$\boldsymbol{p}_j^T \boldsymbol{v}^* \leqslant 0 \ (\text{对所有} \ j \in \mathring{J}^{(k)}),$$

则原问题无容许解，否则求

$$\theta_0 = \max\left\{ \frac{-s_j^{(k)}}{\boldsymbol{p}_j^T \boldsymbol{v}^*} \middle| j \in \mathring{J}^{(k)}, \ \boldsymbol{p}_j^T \boldsymbol{v}^* > 0 \right\}.$$

令

$$\boldsymbol{y}^{(k+1)} = \boldsymbol{y}^{(k)} + \theta \boldsymbol{v}^*.$$

转回 1°.

下页给出原来-对偶单纯形法的框图.

例 1.4　用原来-对偶单纯形法求解线性规划问题：

极大化

$$s = 1.1x_1 + 2.2x_2 - 3.3x_3 + 4.4x_4,$$

满足于约束条件

$$\begin{aligned} x_1 + x_2 + 2x_3 \qquad\quad &= 5, \\ x_1 + 2x_2 + x_3 + 3x_4 &= 4, \\ x_1, x_2, x_3, x_4 &\geqslant 0. \end{aligned}$$

其对偶问题：

极小化

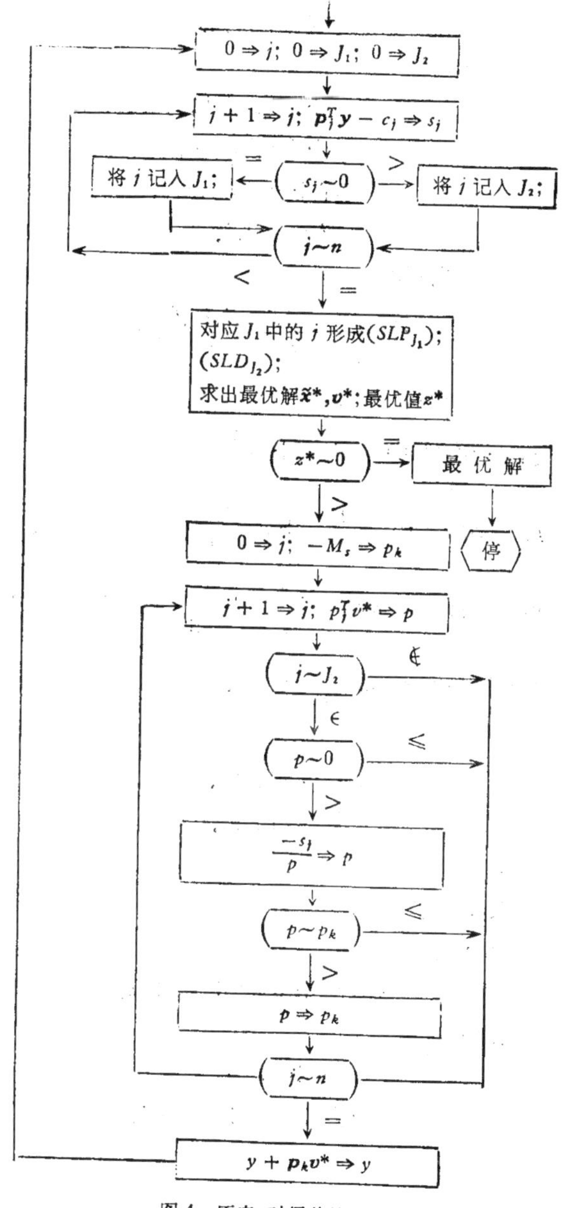

图 4. 原来-对偶单纯形法

注：M_s 为一大正数。

$$w = 5y_1 + 4y_2,$$

满足于约束条件

$$y_1 + y_2 \geqslant 1.1,$$
$$y_1 + 2y_2 \geqslant 2.2,$$
$$2y_1 + y_2 \geqslant -3.3,$$
$$3y_2 \geqslant 4.4.$$

对偶问题有容许解

$$\boldsymbol{y}^{(0)} = \left(\frac{-1.1}{3}, \frac{4.4}{3}\right)^T,$$

代入对偶问题的约束条件有

$$g_1 = \boldsymbol{p}_1^T\boldsymbol{y}^{(0)} = -\frac{1.1}{3} + \frac{4.4}{3} = 1.1,$$

$$g_2 = \boldsymbol{p}_2^T\boldsymbol{y}^{(0)} = -\frac{1.1}{3} + 2x\frac{4.4}{3} = \frac{7.7}{3} > 2.2,$$

$$g_3 = \boldsymbol{p}_3^T\boldsymbol{y}^{(0)} = 2x\left(-\frac{1.1}{3}\right) + \frac{4.4}{3} = \frac{2.2}{3} > -3.3,$$

$$g_4 = \boldsymbol{p}_4^T\boldsymbol{y}^{(0)} = 3x\frac{4.4}{3} = 4.4.$$

故

$$\mathring{J}^{(0)} = \{2, 3\},$$
$$\bar{J}^{(0)} = \{1, 4\}.$$

迭代过程中 1° 完成.

接着进入 2°, 形成问题

$(SLP_{\{1,4\}})$: 极小化

$$z^{(0)} = 0x_1^{(0)} + 0x_2^{(0)} + \varepsilon_1 + \varepsilon_2,$$

满足于约束条件

$$x_1^{(0)} + \varepsilon_1 = 5,$$
$$x_1^{(0)} + x_2^{(0)} + \varepsilon_2 = 4.$$

其对偶问题为

$(SLD_{\{1,4\}})$: 极大化

$$w = 5v_1 + 4v_2,$$

满足于约束条件

$$v_1 + v_2 \leqslant 0,$$
$$3v_2 \leqslant 0,$$
$$v_1 \leqslant 1,$$
$$v_2 \leqslant 1.$$

求出最优解分别为

$$(\boldsymbol{x}^{(0)})^* = (4, 0, 1, 0)^T$$
$$\boldsymbol{v}^* = (1, -1).$$

对应于原来的问题

$$\boldsymbol{x} = (4, 0, 0, 0)^T,$$

此时 $(z^{(0)})^* = 1 > 0$,

以上 2° 完成,转到 3°.

求

$$\boldsymbol{p}_j\boldsymbol{v}^* \quad (j \in \mathring{J}^{(k)}).$$

由于

$$\boldsymbol{p}_2^T\boldsymbol{v}^* = (1, 2)\begin{pmatrix}1\\-1\end{pmatrix} = -1,$$

$$\boldsymbol{p}_3\boldsymbol{v}^* = (2, 1)\begin{pmatrix}1\\-1\end{pmatrix} = 1,$$

故有

$$\theta = \frac{-s_3^{(0)}}{1} = -3.3 - \frac{2.2}{3} = -\frac{12.1}{3}.$$

利用公式

$$\boldsymbol{y}^{(1)} = \boldsymbol{y}^{(0)} + \theta\boldsymbol{v}^*,$$

求新的 $\boldsymbol{y}$ 值为

$$\boldsymbol{y}^{(1)} = \begin{pmatrix}-\dfrac{1.1}{3}\\[2mm] \dfrac{4.4}{3}\end{pmatrix} + \left(-\frac{12.1}{3}\right)\begin{pmatrix}1\\-1\end{pmatrix} = \begin{pmatrix}-\dfrac{13.2}{3}\\[2mm] \dfrac{16.5}{3}\end{pmatrix} = \begin{pmatrix}-4.4\\5.5\end{pmatrix}.$$

开始第二次迭代. 将 $\boldsymbol{y}^{(1)}$ 代入对偶线性规划的约束条件有

$$g_1 = -4.4 + 5.5 = 1.1, \qquad s_1 = 0,$$
$$g_2 = -4.4 + 2 \times 5.5 = 6.6 > 2.2, \qquad s_2 = 4.4,$$
$$g_3 = 2 \times (-4.4) + 5.5 = -3.3, \qquad s_3 = 0,$$
$$g_4 = 3 \times 5.5 = 16.5 > 4.4, \qquad s_4 = 12.1.$$

所以

$$\bar{J}^{(1)} = \{1, 3\},$$
$$\mathring{J}^{(1)} = \{2, 4\}.$$

形成新的子问题:

极小化

$$z^{(1)} = z_3 + z_4,$$

满足于

$$\begin{aligned} z_1 + 2z_2 + z_3 \qquad &= 5, \\ z_1 + \ \ z_2 \qquad + z_4 &= 4, \\ z_1, z_2, z_3, z_4 \qquad &> 0. \end{aligned}$$

其对偶问题:

极大化

$$w = 5v_1 + 4v_2,$$

满足于

$$v_1 + v_2 \leqslant 0,$$
$$2v_1 + v_2 \leqslant 0,$$
$$v_1 \leqslant 1,$$
$$v_2 \leqslant 1.$$

求出其最优解为.

$$z^* = (x_1^*, x_3^*, \varepsilon_1^*, \varepsilon_2^*)^T = (3, 1, 0, 0)^T,$$
$$v^* = (0, 0)^T.$$

此时 $z^{(1)*} = 0$，因而求出了最优解,

$$\boldsymbol{x}^* = (3, 0, 1, 0)^T,$$

最优值

$$s^* = 1.1 \times 3 - 3.3 \times 1 = 0.$$

练　　习

1. 用原来-对偶单纯形法求解线性规划问题

极大化

$$s = 1.1x_1 + 2.2x_2 - 3.3x_3 + 4.4x_4,$$

满足于约束条件

$$\begin{aligned} x_1 + x_2 + 2x_3 \qquad\qquad &= 5, \\ x_1 + 2x_2 + 2.5x_3 + 3x_4 &= 4, \\ x_1, x_2, x_3, x_4 \geqslant 0. \end{aligned}$$

对偶问题的初始解

$$\mathbf{y}^{(0)} = \left(\frac{-1.1}{3}, \frac{4.4}{3}\right)^T$$

2. 用§4.2中增加人工约束的方法给出问题1的初始解 $\mathbf{y}^{(0)}$，用原来-对偶单纯形法求解.

3. 证明原来-对偶单纯形方法的收敛性.

§6. 大规模稀疏线性规划问题的解法

在求解线性规划问题时，若约束条件的系数矩阵是稀疏的，此时运用单纯形方法可使存储量和运算量都大为减少. 这一节中所要介绍的分解算法就具有这样的特点.

在实际问题中，约束条件是对我们所讨论的问题中变量间的物理限制，也就是说我们所求取的变量要满足一定的技术要求. 当所考虑的问题变量很多时，往往所给出的每一条限制并不是与全体变量有关的. 于是，有时形成了约束条件系数矩阵为稀疏的线性规划问题. 我们所讨论的分解算法尽管是针对特殊的线性规划问题，但是这种方法在生产实践中还是有用的.

设我们要解的线性规划问题：

(SLP)：极大化

$$s = \mathbf{c}^T\boldsymbol{x}, \tag{1.85}$$

满足于约束条件

$$Ax = \boldsymbol{b}, \tag{1.86}$$

$$\boldsymbol{x} \geqslant \boldsymbol{0}. \tag{1.87}$$

这里所讨论的是矩阵 A 具有下述三种特殊结构的线性规划问题.

i)

$$A = \begin{pmatrix} A_1 & A_2 & A_3 & \cdots & A_p \\ B_1 & & & & \\ & B_2 & & \text{0} & \\ & & B_3 & & \\ & \text{0} & & \ddots & \\ & & & & B_p \end{pmatrix} \tag{1.88}$$

如用▭表示非零元素组成的块，则上面的矩阵 A 可以更清晰地表示为

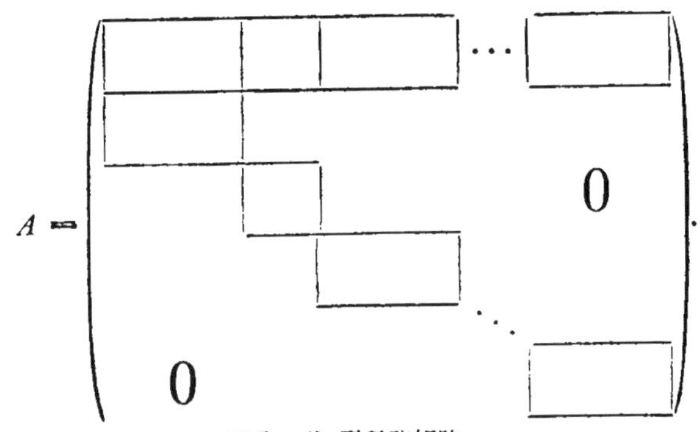

图 5. i) 型稀疏矩阵

ii)

$$A = \begin{pmatrix} A_{1,1} & A_{1,2} & & & & & \\ & A_{2,2} & A_{2,3} & & & \text{0} & \\ & & A_{3,3} & A_{3,4} & & & \\ & & & \ddots & & & \\ & \text{0} & & & A_{p-1,p-1} & A_{p-1,p} & \\ & & & & & A_{p,p} & A_{p,p+1} \end{pmatrix}$$

用图表示出来为

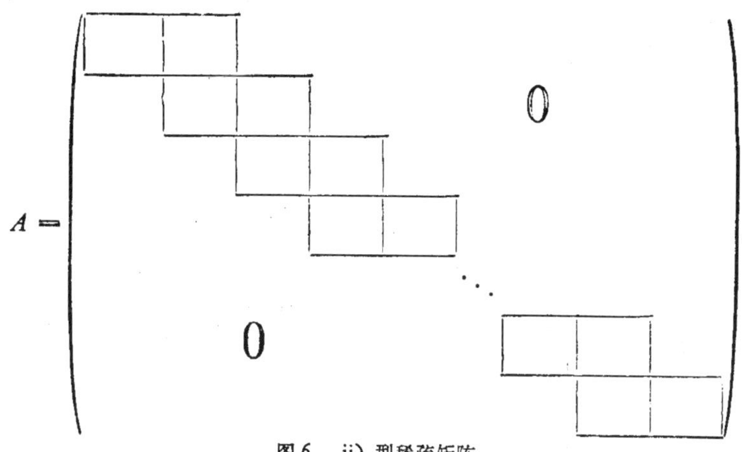

图 6. ii) 型稀疏矩阵

iii)

$$A=\begin{pmatrix} A_{1,1} & A_{1,2} & A_{1,3} & A_{1,4} & \cdots & A_{1m} \\ A_{2,1} & A_{2,2} & & & & \\ A_{3,1} & & A_{3,3} & & 0 & \\ A_{4,1} & & & A_{4,4} & & \\ \cdots & & 0 & & \ddots & \\ A_{m1} & & & & & A_{mm} \end{pmatrix}$$

用图表示出来为

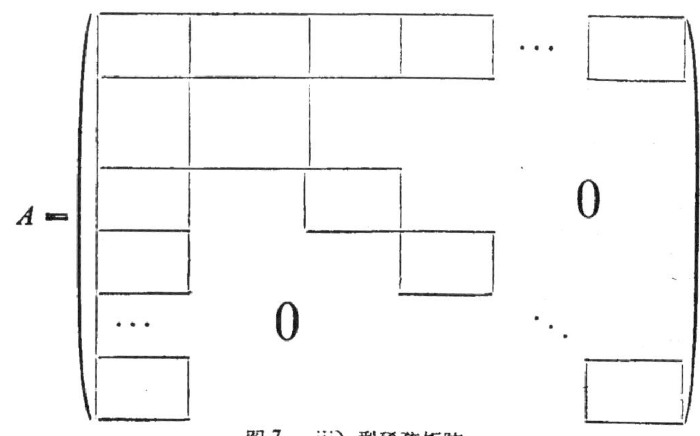

图 7. iii) 型稀疏矩阵

约束条件系数矩阵是 i) 型的线性规划问题称为“单关联”的.单关联的还有另一种类型为

$$A = \begin{pmatrix} A_1 & B_1 & & & \\ A_2 & & B_2 & & 0 \\ A_3 & & & B_3 & \\ \vdots & 0 & & & \ddots \\ A_m & & & & & B_m \end{pmatrix}$$

而这种类型的线性规划可用对偶形式写成 i) 种形式，所以我们就不做特殊讨论了，图形为图 8.

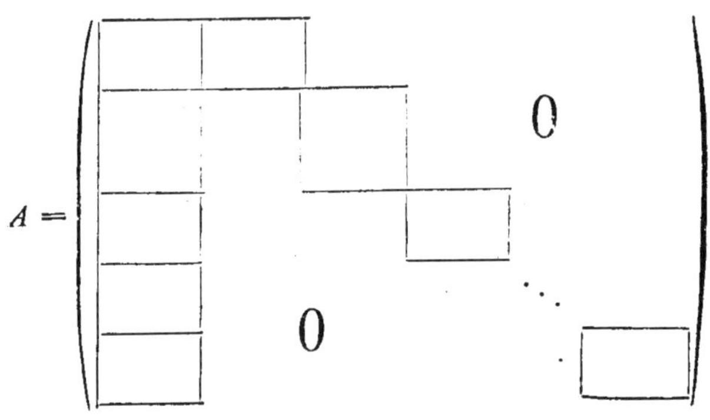

图 8. 列关联稀疏矩阵

约束条件系数矩阵为 iii) 型的线性规划问题称为“双关联”线性规划问题.

我们首先讨论一种更为简单的特殊结构.

假定问题为 (SLP):

极大化

$$s = \mathbf{c}^T \boldsymbol{x} = \mathbf{c}_1^T \boldsymbol{x}_1 + \mathbf{c}_2^T \boldsymbol{x}_2 + \cdots + \mathbf{c}_p^T \boldsymbol{x}_p, \tag{1.89}$$

满足于约束条件

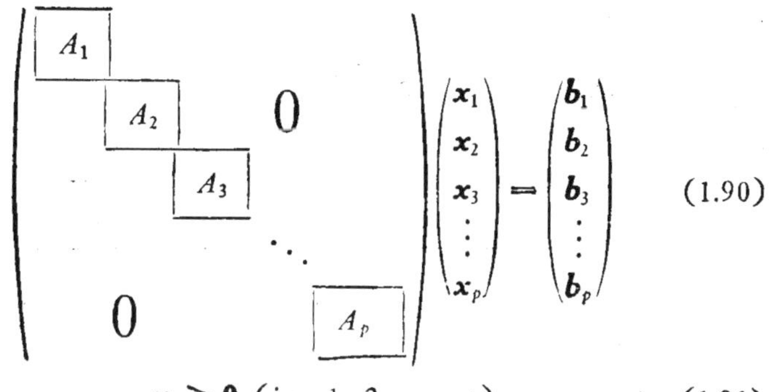

$$x_j \geqslant \mathbf{0} \quad (j = 1, 2, \cdots, p). \tag{1.91}$$

其中 A_i 为 $m_i \times n_i$ 阶矩阵 $(i = 1, 2, \cdots, p)$. 未知量 $\boldsymbol{x}_j$ 及目标函数系数 $\boldsymbol{c}_j$ 为 n_j 维向量. 右端项 $\boldsymbol{b}_i$ 为 m_i 维向量. 注意：在这一节中 $\boldsymbol{c}_j$, $\boldsymbol{x}_j$, $\boldsymbol{b}_i$ 是一些向量,而不是向量的分量. 整个问题为 m 阶, n 维的问题,

$$m = \sum_{i=1}^{p} m_i$$

$$n = \sum_{j=1}^{p} n_j.$$

当 $i \neq j$ 时 $\boldsymbol{x}_i$ 与 $\boldsymbol{x}_j$ 之间没有约束关系是明显的. 所以问题可分成一系列子问题求解. 第 i 个子问题为 m_i 阶, n_i 维的问题. 具体地说,

(SLP_i)：极大化

$$s_i = \boldsymbol{c}_i^T \boldsymbol{x}_i,$$

满足于约束条件

$$A_i \boldsymbol{x}_i = \boldsymbol{b}_i,$$

$$\boldsymbol{x}_i \geqslant \mathbf{0}.$$

当 p 个子问题求解完了,整个问题 (SLP) 也就求解出来了.

6.1. 单关联线性规划的解法——分解原则

现在先讨论约束条件系数矩阵具有 i) 型的单关联线性规划问题.

(SLP)：极大化

$$s = \boldsymbol{c}^T\boldsymbol{x},$$

满足于约束条件

$$A\boldsymbol{x} = \boldsymbol{b},\ \boldsymbol{x} \geqslant \boldsymbol{0}.$$

其中

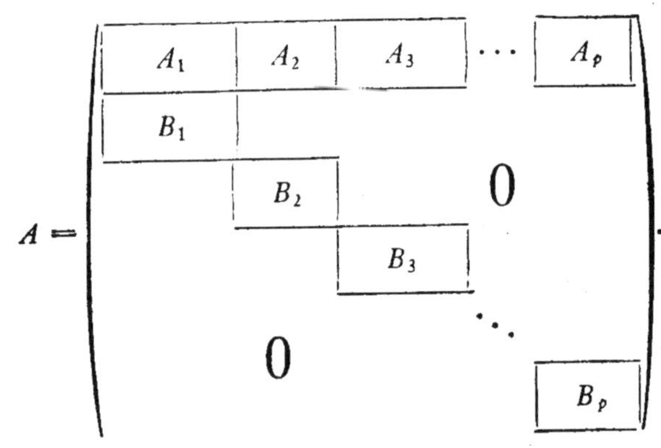

A_i 为 $m_0 \times n_i$ 维矩阵，B_i 为 $m_i \times n_i$ 维矩阵，记 $m = \sum_{i=0}^{p} m_i$，$n = \sum_{j=1}^{p} n_j$，A 为 $m \times n$ 维矩阵．明显地，若 $m_0 = 0$，问题就化成前面所述的简单情况，不必再讨论了，一般总讨论 $m_0 > 0$ 的情况．

为了讨论方便，我们依照 A 的分块，将 $\boldsymbol{c}$ 及 B 也相应地分为 $\boldsymbol{c}^T = (\boldsymbol{c}_1^T, \boldsymbol{c}_2^T, \cdots, \boldsymbol{c}_p^T)$，$\boldsymbol{b}^T = (\boldsymbol{b}_0^T, \boldsymbol{b}_1^T, \cdots, \boldsymbol{b}_p)^T$，于是它们之间的关系可表示成：

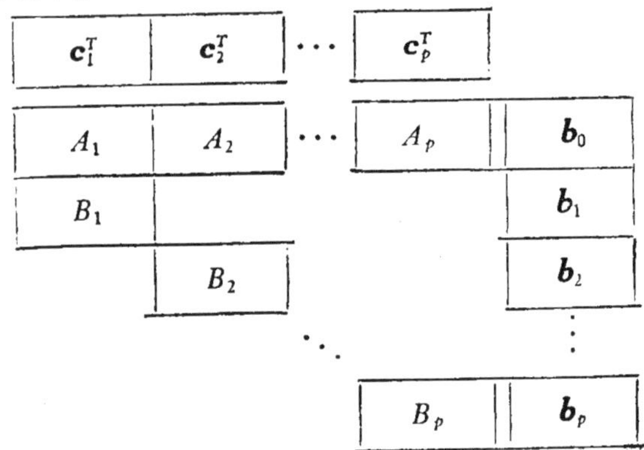

于是问题 (*SLP*) 可以改写成:
极大化

$$s = \boldsymbol{c}_1^T\boldsymbol{x}_1 + \boldsymbol{c}_2^T\boldsymbol{x}_2 + \cdots + \boldsymbol{c}_p^T\boldsymbol{x}_p, \tag{1.92}$$

满足于约束条件

$$\sum_{j=1}^{p} A_j\boldsymbol{x}_j = \boldsymbol{b}_0, \tag{1.93}$$

$$B_i\boldsymbol{x}_i = \boldsymbol{b}_i \quad (i = 1, 2, \cdots, p), \tag{1.94}$$

$$\boldsymbol{x}_j \geqslant \boldsymbol{0} \quad (j = 1, 2, \cdots, p). \tag{1.95}$$

固定一个 $i = i_0$, 我们取出(1.93),(1.94)中与 i_0 有关的部分来看. 即

$$B_{i_0}\boldsymbol{x}_{i_0} = \boldsymbol{b}_{i_0}, \quad \boldsymbol{x}_{i_0} \geqslant \boldsymbol{0}. \tag{1.96}$$

若(1.96)无容许解, 则整个问题 (*SLP*) 无容许解. 若(1.96)只有唯一的容许解, 则可将此容许解求出来, 代入 (*SLP*), 于是原来 $m \times n$ 阶的线性规划问题变成了 $(m - m_{i_0}) \times (n - n_{i_0})$ 阶的线性规划问题. 这两种情况也不值得特殊讨论. 当(1.96)不只一个容许解时,我们现在来作详细处理.

定理 1.14. 设问题 (*C*)

$$B_i\boldsymbol{x}_i = \boldsymbol{b}_i, \quad \boldsymbol{x}_i \geqslant \boldsymbol{0},$$

的所有基本容许解为 $\boldsymbol{x}_1^{(i)}, \boldsymbol{x}_2^{(i)}, \cdots, \boldsymbol{x}_s^{(i)}$, 则 $\boldsymbol{x}$ 为 (*C*) 的容许解的充要条件为

$$\boldsymbol{x}_i = \sum_{j=1}^{s} \lambda_j x_j^{(i)} \tag{1.97}$$

$$\sum_{j=1}^{s} \lambda_j = 1, \tag{1.98}$$

$$\lambda_j \geqslant 0 \qquad (j = 1, 2, \cdots, s). \tag{1.99}$$

这个性质的证明与定理 1.13 的证明类似.

于是问题 (*SLP*) 的容许解, 其中分量 x_{i_0} 一定要满足(1.96), 也就是说 x_{i_0} 一定可以表示成 (1.97—1.99) 的形式. 所以对所

有 $j=1,2,\cdots,p$ 要求出

$$B_j\boldsymbol{x}_j=\boldsymbol{b}_j,$$
$$\boldsymbol{x}_j\geqslant\boldsymbol{0}$$

的所有基本容许解．若其解为 $\boldsymbol{x}_1^{(j)},\boldsymbol{x}_2^{(j)},\cdots,\boldsymbol{x}_{s_j}^{(j)}$，于是它的所有解可表示为

$$\boldsymbol{x}_j=\sum_{r=1}^{s_j}\lambda_r^{(j)}\boldsymbol{x}_r^{(j)},$$
$$\sum_{r=1}^{s_j}\lambda_r^{(j)}=1,$$
$$\lambda_r^{(j)}\geqslant 0\qquad(r=1,2,\cdots,s_j).$$

把这一结论代入 (*SLP*) 形成规划问题：

(*SLP*)：极大化

$$s=\sum_{j=1}^{p}\boldsymbol{c}_j^T\sum_{r=1}^{s_j}\lambda_r^{(j)}\boldsymbol{x}_r^{(j)},$$

满足于约束条件

$$\sum_{j=1}^{p}A_j\sum_{r=1}^{s_j}\lambda_r^{(j)}\boldsymbol{x}_r^{(j)}=\boldsymbol{b}_0,$$
$$\sum_{r=1}^{s_j}\lambda_r^{(j)}=1\qquad(j=1,2,\cdots,p),$$
$$\lambda_r^{(j)}\geqslant 0\qquad(j=1,2,\cdots,p;\ j=1,2,\cdots,s_j).$$

这个问题称为**联结规划**．如果令

$$s_{ij}=\boldsymbol{c}_i^T\boldsymbol{x}_j^{(i)}\ (i=1,2,\cdots,p;\ j=1,2,\cdots,s_i),$$
$$A_{ij}=A_i\boldsymbol{x}_j^{(i)}\ (i=1,2,\cdots,p;\ j=1,2,\cdots,s_i),$$
$$x_{ij}=\lambda_j^{(i)}\ (i=1,2,\cdots,p;\ j=1,2,\cdots,s_i).$$

那么联结规划可以表示成：

(*SLPC*)：极大化

$$s=\sum_{i=1}^{p}\sum_{j=1}^{s_i}s_{ij}x_{ij},$$

满足于约束条件

$$\sum_{i=1}^{p}\sum_{j=1}^{s_i} A_{ij}x_{ij} = \boldsymbol{b}_0,$$

$$\sum_{j=1}^{s_i} x_{ij} = 1 \qquad (i = 1, 2, \cdots, p),$$

$$\boldsymbol{x}_{ij} \geqslant 0 \qquad (i = 1, 2, \cdots, p;\ j = 1, 2, \cdots, s_i).$$

这是一个 $m_0 + p$ 阶，$\sum_{i=1}^{p} s_i$ 维的线性规划问题. 如果求出了此问题的最优解 x_{ij}^* $(i = 1, 2, \cdots, p;\ j = 1, 2, \cdots, s_i)$，将此解代入

$$\boldsymbol{x}_i = \sum_{j=1}^{i} x_{ij}\boldsymbol{x}_j^{(i)},$$

就求出了原来问题的最优解.

似乎这样做问题就解决了，然而远非如此，因为在上面的做法中，要求我们对 $i = 1, 2, \cdots, p$ 求出

(C):

$$B_i\boldsymbol{x}_i = \boldsymbol{b}_i,$$
$$\boldsymbol{x}_i \geqslant \boldsymbol{0}$$

的全部基本容许解. 虽然我们有办法求出每一个基本容许解来，但是从前面讲过的知识来看要求出所有基本容许解还不是一件容易的事. 所以我们还必须给出更有效的算法. 下面就来介绍分解算法.

假定我们求出了联结规划的一个基本容许解 $\boldsymbol{x}^*$，当它是一个最优基本容许解时，我们记联结规划的对偶规划为 $(SLDC)$，则 $(SLDC)$ 有一个最优解 $\boldsymbol{y}^*$. 记

$$\boldsymbol{y}^* = (y_1^*, y_2^*, \cdots, y_{m_0}^*, y_{m_0+1}^*, \cdots, y_{m_0+p}^*)^T,$$
$$(\boldsymbol{y}^*)^T = ((\tilde{y}^*)^T, (\bar{y}^*)^T),$$

其中

$$\tilde{\boldsymbol{y}}^* = (y_1^*, y_2^*, \cdots, y_{m_0}^*)^T,$$
$$\bar{\boldsymbol{y}}^* = (y_{m_0+1}^*, y_{m_0+2}^*, \cdots, y_{m_0+p}^*)^T.$$

记联结规划的第 r 个列向量为 $\boldsymbol{p}_r$. 此时应满足

$$(y^*)^T \boldsymbol{p}_r \geqslant s_r. \tag{1.100}$$

现在把这一式子更具体地写出来．假定 r 是对应于第 i 个子块第 j 个基本容许解的，于是第 i 个子块的详细内容是

$$\begin{aligned}
&b_{1,1}^{(i)} x_1^{(i)} + b_{1,2}^{(i)} x_2^{(i)} + \cdots + b_{1,n_i}^{(i)} x_{n_i}^{(i)} = b_1^{(i)},\\
&b_{2,1}^{(i)} x_1^{(i)} + b_{2,2}^{(i)} x_2^{i} + \cdots + b_{2,n_i}^{(i)} x_{n_i}^{(i)} = b_2^{(i)},\\
&\cdots\cdots\\
&b_{m_i 1}^{(i)} x_1^{(i)} + b_{m_i 2}^{(i)} x_2^{(i)} + \cdots + b_{m_i n_i}^{(i)} x_{n_i}^{(i)} = b_{m_i}^{(i)}.\\
&x_j^{(i)} \geqslant 0 \quad (j = 1, 2, \cdots, n_i).
\end{aligned}$$

记其第 j 个基本容许解的对应基底向量为

$$\{\boldsymbol{p}_{j_1}^{(i)}, \boldsymbol{p}_{j_2}^{(i)}, \cdots, \boldsymbol{p}_{jm_i}^{(i)}\}.$$

于是

$$G^{(i)} = (\boldsymbol{p}_{j_1}^{(i)}, \boldsymbol{p}_{j_2}^{(i)}, \cdots, \boldsymbol{p}_{jm_i}^{(i)}),$$

求出

$$\boldsymbol{x}_j^{(i)} = (G^{(i)})^{-1} \boldsymbol{b}_i.$$

注意此处 $\boldsymbol{x}_j^{(i)}$ 为子问题的一个基本容许解，即第 i 个子块第 j 个基本容许解，将其代入 (SLP) 的前 m_0 个式子中得

$$A_i = (\boldsymbol{\alpha}_1^{(i)}, \boldsymbol{\alpha}_2^{(i)}, \cdots, \boldsymbol{\alpha}_{n_i}^{(i)})$$

$$= \begin{pmatrix} a_{1,1}^{(i)} & a_{1,2}^{(i)} & \cdots & a_{1n_i}^{(i)} \\ a_{2,1}^{(i)} & a_{2,2}^{(i)} & \cdots & a_{2n_i}^{(i)} \\ & & \cdots & \\ a_{m_0 1}^{(i)} & a_{m_0 2}^{(i)} & \cdots & a_{m_0 n_i}^{(i)} \end{pmatrix}.$$

对应于前面第 i 个子块第 j 个基本容许解的基底向量

$$\boldsymbol{p}_{j_1}^{(i)}, \boldsymbol{p}_{j_2}^{(i)}, \cdots, \boldsymbol{p}_{jm_i}^{(i)},$$

在 A_i 中也定出了 m_i 列为

$$\boldsymbol{\alpha}_{j_1}^{(i)}, \boldsymbol{\alpha}_{j_2}^{(i)}, \cdots, \boldsymbol{\alpha}_{jm}^{(i)}.$$

记

$$A_M^{(i)} = (\boldsymbol{\alpha}_{j_1}^{(i)}, \boldsymbol{\alpha}_{j_2}^{(i)}, \cdots, \boldsymbol{\alpha}_{j_m}^{(i)}).$$

于是 $\boldsymbol{p}_r$ 的前 m_0 个分量为

$$\tilde{\boldsymbol{p}}_r = A_M^{(i)} (G^{(i)})^{-1} \boldsymbol{b}_i.$$

$\boldsymbol{p}_r$ 的后 p 个分量是明显的，为

$$\bar{\boldsymbol{p}}_r = \boldsymbol{e}_i,$$

即第 i 个分量为 1 的单位向量. 将

$$\boldsymbol{p}_r = (\tilde{\boldsymbol{p}}_r^T, \bar{\boldsymbol{p}}_r^T)^T$$

代入(1.100),注意

$$\begin{aligned} s_r &= (c_{j_1}^{(i)}, c_{j_2}^{(i)}, \cdots, c_{jm_i}^{(i)})(G^{(i)})^{-1}\boldsymbol{b}_i \\ &= (\boldsymbol{c}_M^{(i)})^T(G^{(i)})^{-1}\boldsymbol{b}_i, \end{aligned}$$

有

$$\begin{aligned} &(\boldsymbol{y}^*)^T\boldsymbol{p}_r - s_r \\ &= ((\tilde{\boldsymbol{y}}^*)^T, (\bar{\boldsymbol{y}}^*)^T)\begin{pmatrix}\tilde{\boldsymbol{p}}_r \\ \bar{\boldsymbol{p}}_r\end{pmatrix} - (\boldsymbol{c}_M^{(i)})^T(G^{(i)})^{-1}\boldsymbol{b}_i \\ &= (\tilde{y}^*)^T A_M^{(i)}(G^{(i)})^{-1}\boldsymbol{b}_i + y_{m_0+i}^* - (\boldsymbol{c}_M^{(i)})^T(G^{(i)})^{-1}\boldsymbol{b}_i \\ &= [(\tilde{\boldsymbol{y}}^*)^T A_M^{(i)} - (\boldsymbol{c}_M^{(i)})^T](G^{(i)})^{-1}\boldsymbol{b}_i + y_{m_0+i}^*. \end{aligned}$$

因为我们假设了 $\boldsymbol{x}^*, \boldsymbol{y}^*$ 分别为两个问题的最优解,所以也就一定有

$$(\boldsymbol{y}^*)^T\boldsymbol{p}_r \geqslant s_r.$$

相反若对一切 r 均有

$$(\boldsymbol{y}^*)^T\boldsymbol{p}_r \geqslant s_r.$$

则 $\boldsymbol{x}^*, \boldsymbol{y}^*$ 也就一定是两个问题的最优解.

假若不然,我们求

$$\begin{aligned} \boldsymbol{y}^T p_k - s_k = \min\{\boldsymbol{y}^T\boldsymbol{p}_r - s_r\} = [(\tilde{y}^*)^T A_M^{(i)} \\ - (\boldsymbol{c}_M^{(i)})^T](G^{(i)})^{-1}\boldsymbol{b}_i + y_{m_0+i}^*, \end{aligned}$$

其中 $A_M^{(i)}, c_M^{(i)}$ 对应第 i 块中一组基本容许解. 在同一块中哪一个基本容许解使 $\boldsymbol{y}^T\boldsymbol{p}_r - s_r$ 达到极小值,找出来,共有 p 个. 所有这 p 个值中最小的便是整体最小的. 在第 i 块中找使 $\boldsymbol{y}^T\boldsymbol{p}_r - s_r$ 达到极小值的基本容许解,就是求解

极小化

$$z^{(i)} = [(\tilde{\boldsymbol{y}}^*)^T A_M^{(i)} - (\boldsymbol{c}_M^{(i)})^T]\boldsymbol{x}_i,$$

满足于约束条件

$$B_i\boldsymbol{x}_i = \boldsymbol{b}_i,$$

$$\boldsymbol{x}_i \geqslant \boldsymbol{0}.$$

我们称这个问题为第 i 个子问题,求出其最小值后代入

$$[\tilde{\boldsymbol{y}}^T A_M^{(i)} - (\boldsymbol{c}_M^{(i)})^T](G^{(i)})^{-1}\boldsymbol{b}_i + y_{m_0+i}.$$

若其值非负,我们再求下一个子问题. 直到对所有子问题得出的判别数均非负时便得到了最优解,否则,我们选择一个 p_k 进入基底,开始下一次迭代计算.

这样,我们把一个解 $m = \sum_{i=0}^{p} m_i$ 阶, $n = \sum_{j=1}^{p} n_j$ 维的线性规划问题化成一组求 p 个分别为 m_i 阶 n_i 维, $i = 1, 2, \cdots, p$ 的子问题及一个 $m_0 + p$ 阶,维数不定的线性规划问题.

整个算法的计算过程可以归纳为:

1° 求解线性规划问题

$$s = \sum_{i=1}^{p} \sum_{j=1}^{s_i} c_j^{(i)} x_{ij},$$

满足于约束条件

$$\sum_{i=1}^{p} \sum_{j=1}^{s_i} \boldsymbol{a}_j^{(i)} x_{ij} = \boldsymbol{b}_0,$$

$$x_{ij} \geqslant 0 \quad (i = 1, 2, \cdots, p;\ j = 1, 2, \cdots, s_i),$$

$$\sum_{j=1}^{s_i} x_{ij} = 1 \quad (i = 1, 2, \cdots, p).$$

并且求出其对偶线性规划的容许解 $\boldsymbol{y}$, 基本容许解 $\boldsymbol{x}$.

2° 把 $\boldsymbol{y}$ 记成

$$\boldsymbol{y}^T = (\tilde{\boldsymbol{y}}^T, \bar{\boldsymbol{y}}^T) = (\tilde{y}_1, \cdots, \tilde{y}_{m_0}, \bar{y}_1, \cdots, \bar{y}_p)$$
$$= (y_1, \cdots, y_{m_0}, y_{m_0+1}, \cdots, y_{m_0+p}).$$

依次求下列 p 个子问题:

极小化

$$z^{(i)} = [(\tilde{\boldsymbol{y}})^T A_M^{(i)} - (\boldsymbol{c}_M^{(i)})^T]^T \boldsymbol{x}_i$$

满足于约束条件

$$B_i \boldsymbol{x}_i = \boldsymbol{p}_1^{(i)} x_1^{(i)} + \boldsymbol{p}_2^{(i)} x_2^{(i)} + \cdots + \boldsymbol{p}_{n_i}^{(i)} x_{n_i}^{(i)} = \boldsymbol{b}_i,$$

$$x_j^{(i)} \geqslant 0 \qquad (j = 1, 2, \cdots, n_i).$$

记其最优值及最优解为

$$(z^{(i)})^*,\ \boldsymbol{x}_i^* = (x_1^{(i)*}, x_2^{(i)*}, \cdots, x_{n_i}^{(i)*})^T.$$

若

$$(z^{(i)})^* + y_{m_0+i} \geqslant 0 \quad (i = 1, 2, \cdots, p).$$

则求出了最优解．否则有两种方式确定 k：第一种，只要求出一个 i 满足

$$(z^{(i)})^* + y_{m_0+i} < 0,$$

就定此 i 为 k，并且将对应的 $\boldsymbol{x}_i^*$ 作为 3° 步所用的 $(\boldsymbol{x}^{(k)})^*$.

另一种求

$$\min\{(z^{(i)})^* + y_{m_0+i}\} = (z^{(k)})^* + y_{m_0+k}.$$

将 $(\boldsymbol{x}^{(k)})^*$ 作为 3° 步用

3° 求出

$$s_{k_j} = \boldsymbol{c}_k^T(\boldsymbol{x}^{(k)})^*$$

作为主元列的目标函数系数.

$$\boldsymbol{a}_j^{(k)} = A_k^M(\boldsymbol{x}^{(k)})^*$$

作为主元列的前 m_0 个分量．若 $(\boldsymbol{x}^{(k)})^*$ 在 B_k 中对应的主元列为 $\boldsymbol{p}_{j_1}^{(k)}, \boldsymbol{p}_{j_2}^{(k)}, \cdots, \boldsymbol{p}_{jm_k}^{(k)}$，在 A_k 中的列为 $\boldsymbol{a}_{j_1}^{(k)}, \boldsymbol{a}_{j_2}^{(k)}, \cdots, \boldsymbol{a}_{jm_k}^{(k)}$ 则

$$A_k^M = (\boldsymbol{a}_{j_1}^{(k)}, \boldsymbol{a}_{j_2}^{(k)}, \cdots, \boldsymbol{a}_{jm_k}^{(k)}).$$

后面 p 个元素为 $(0, 0, \cdots, 0, 0, 1, 0, \cdots, 0)^T = \boldsymbol{e}_k$．于是组成了

$$\boldsymbol{p}_k = \begin{pmatrix} \boldsymbol{a}_j^{(k)} \\ \boldsymbol{e}_k \end{pmatrix},$$

有了主元列，有了基本容许解的值，我们就可以定出主元行来．此 $\boldsymbol{x}^*$ 开始时为 1° 步中求出的，以后均为 3° 中求出的．求出了主元列、主元行，便可进行单纯形的换算，得出新的 $\boldsymbol{x}, \boldsymbol{y}$ 再转到 2°．注意，所有基本容许解 $x_r^{(k)}$ 按块 (k) 和块中是第几个基本容许解 (r) 排列.

若子问题无容许解，或联结规划求不出容许解时，则整个问题无容许解．若子问题为无界解情形，整个问题不一定是无界解，这在计算中利用前面的一般原则也不难处理，这里就不详细叙述了．读者可参考 [3] 453 页.

解 $\max s=\sum_{i=1}^{p}\sum_{j=1}^{s_i}c_j^{(i)}x_j^{(i)}$,
满足 $\sum_{i=1}^{p}\sum_{j=1}^{s_i}\boldsymbol{a}_j^{(i)}x_j^{(i)}=\boldsymbol{b}_0$;
$\sum_{j=1}^{s_i}x_j^{(i)}=1$, $x_j^{(i)}\geqslant 0$.
记其对偶解为 $\boldsymbol{y}^T=(\tilde{y}^T, \bar{\boldsymbol{y}}^T)$
$0\Rightarrow i$; $Ms\Rightarrow p_k$
$i+1\Rightarrow i$;
解 $\min z^{(i)}=\Sigma(\tilde{\boldsymbol{y}}^T\boldsymbol{a}_j^{(i)}-c_j^{(i)})x_j^{(i)}$
满足于 $p_1^{(i)}x_1^{(i)}+\cdots+p_{n_i}^{(i)}x_{n_i}^{(i)}=b_i$
$x_j^{(i)}\geqslant 0$;
最优值 $z^{(i)}\Rightarrow p_z$; 最优解 $x^{(i)}$
无容许解
停
$p_z+\bar{y}_i\sim p_k$
<
$p_z+\bar{y}_i\Rightarrow p_k$;
$x^{(i)}\Rightarrow x_k$
$\geqslant$
<
$i\sim p$
=
$p_k\sim 0$
$\geqslant$
求 $x^{(i)}=\sum_{r=1}^{s}\lambda_r^{(i)}x^{(i,r)}$
印出最优解
停
$x_k\Rightarrow x^{(k,i_k)}$; $i_{k+1}\Rightarrow i_k$;
$\boldsymbol{c}_k^T\boldsymbol{x}_k\Rightarrow s_{k_j}$; $A_k^M\boldsymbol{x}_k\Rightarrow\boldsymbol{a}_j^{(k)}$;
形成
$\boldsymbol{p}_k=\begin{pmatrix}\boldsymbol{a}_j^{(k)}\\ \boldsymbol{e}_k\end{pmatrix}$;
求主元行;主元消去求 x,y

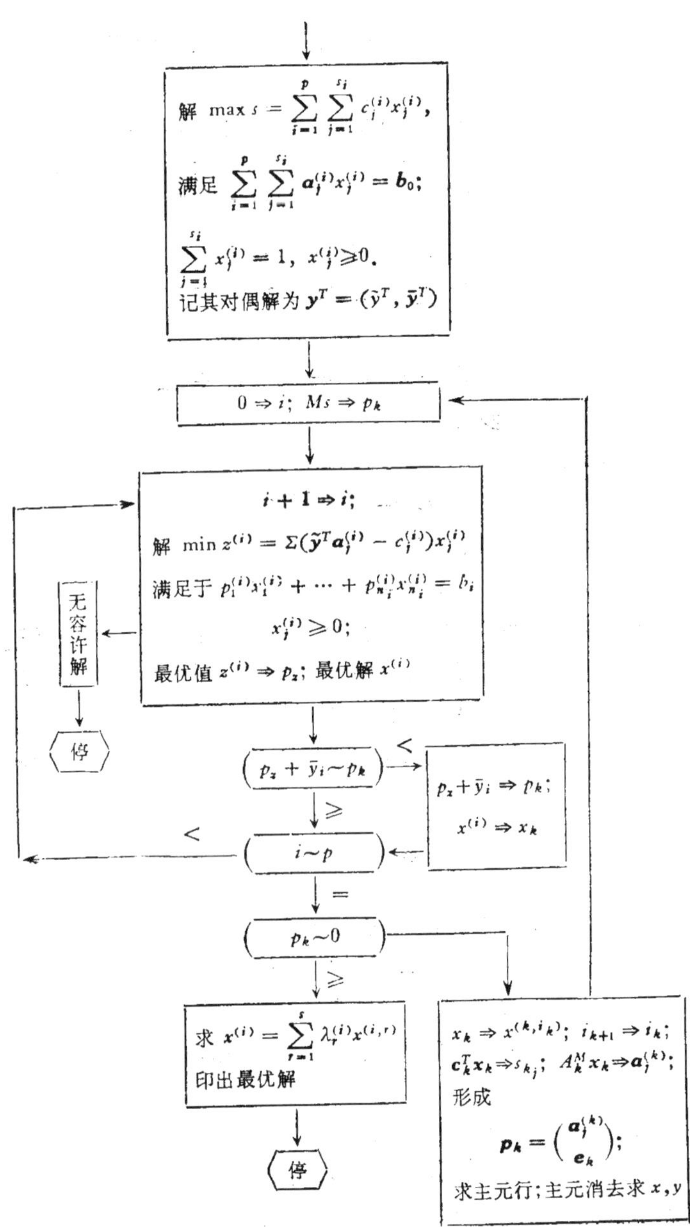

图 9. 分解算法粗框图

例 1.5 求解线性规划问题:

极大化

$$s = 4x_1 + 2x_2 + x_5 + 2x_6,$$

满足于约束条件

$$\begin{aligned} x_1 + 2x_2 &\leqslant 4, \\ 2x_1 + x_2 &\leqslant 6, \\ x_5 + x_6 &\leqslant 4, \\ 2x_5 + 4x_6 &\leqslant 10, \\ x_1 + 4x_2 + 4x_5 + 2x_6 &= 18, \\ x_1, x_2, x_5, x_6 &\geqslant 0. \end{aligned}$$

我们用这一个数值例子介绍怎样用分解原则来解线性规划问题. 分解原则本来是针对大规模稀疏线性规划的计算方法，但我们不可能在这里举一个大例子. 这里举一个小例子仅是为了介绍方法如何实现.

我们引进松弛变量把上述问题写成标准形式:

极大化

$$s = 4x_1 + 2x_2 + x_5 + 2x_6,$$

满足于约束条件

$$\begin{array}{lllllllll} x_1 + 2x_2 + x_3 & & & & & & & = 4, \\ 2x_1 + x_2 & + x_4 & & & & & & = 6, \\ & & x_5 + x_6 + x_7 & & & & & = 4, \\ & & 2x_5 + 4x_6 & + x_8 & & & & = 10, \\ x_1 + 4x_2 & + 4x_5 + 2x_6 & & & & & & = 18, \end{array}$$

$$x_j \geqslant 0 \quad (j = 1, 2, \cdots, 8).$$

用矩阵的记号写成:

极大化

$$s = \boldsymbol{c}_1^T \boldsymbol{x}_1 + \boldsymbol{c}_2^T \boldsymbol{x}_2$$

满足于约束条件

$$\begin{aligned} B_1\boldsymbol{x}_1 &= \boldsymbol{b}_1, \\ B_2\boldsymbol{x}_2 &= \boldsymbol{b}_2, \end{aligned}$$

$$A_1\boldsymbol{x}_1 + A_2\boldsymbol{x}_2 = \boldsymbol{b}_0,$$
$$\boldsymbol{x}_1, \boldsymbol{x}_2 \geqslant 0.$$

其中

$$B_1 = \begin{pmatrix} 1 & 2 & 1 & 0 \\ 2 & 1 & 0 & 1 \end{pmatrix}, \quad B_2 = \begin{pmatrix} 1 & 1 & 1 & 0 \\ 2 & 4 & 0 & 1 \end{pmatrix},$$
$$A_1 = (1, 4, 0, 0) = a_j^{(1)}, \ A_2 = (4, 2, 0, 0) = a_j^{(2)}$$
$$\boldsymbol{b}_0 = 18, \quad \boldsymbol{b}_1 = \begin{pmatrix} 4 \\ 6 \end{pmatrix}, \quad \boldsymbol{b}_2 = \begin{pmatrix} 4 \\ 10 \end{pmatrix},$$
$$\mathbf{c}_1^T = (4, 2, 0, 0), \ \mathbf{c}_2^T = (1, 2, 0, 0),$$
$$\boldsymbol{x}_1 = (x_1, x_2, x_3, x_4)^T, \ \boldsymbol{x}_2 = (x_5, x_6, x_7, x_8)^T.$$

此时联结规划为 3 阶的线性规划问题．因此基底向量有 3 个．假定我们引进人工变量得到初始基本容许解，用修正单纯形法求解，于是初始逆矩阵为

$$G^{-1} = \begin{pmatrix} 1 & 0 & 0 & 0 & 0 \\ 0 & 1 & -1 & -1 & -1 \\ 0 & 0 & 1 & 0 & 0 \\ 0 & 0 & 0 & 1 & 0 \\ 0 & 0 & 0 & 0 & 1 \end{pmatrix},$$

初始基本容许解为

$$\boldsymbol{x} = \begin{pmatrix} s \\ s_2 \\ \alpha_1 \\ \alpha_2 \\ \alpha_3 \end{pmatrix} = G^{-1}\begin{pmatrix} 0 \\ 0 \\ 18 \\ 1 \\ 1 \end{pmatrix} = \begin{pmatrix} 0 \\ -20 \\ 18 \\ 1 \\ 1 \end{pmatrix}.$$

下面我们来计算两个子问题的最优解和最优值．于是对偶线性规划的容许解为

$$\boldsymbol{y} = (-1, -1, -1)^T,$$
$$\hat{\boldsymbol{y}} = -1, \ \bar{\boldsymbol{y}} = (-1, -1)^T.$$

代入

$$\hat{\boldsymbol{y}}^T a_j^{(1)} - (\mathbf{c}_j^{(1)})^T = (-1)(1, 4, 0, 0) - (0, 0, 0, 0)$$
$$= (-1, -4, 0, 0).$$

$$\tilde{\boldsymbol{y}}^T a_j^{(2)} - (c_j^{(2)})^T = (-1)(4, 2, 0, 0) - (0, 0, 0, 0)$$
$$= (-4, -2, 0, 0).$$

于是第一个子问题是

极小化

$$z^{(1)} = -x_1 - 4x_2,$$

满足于约束条件

$$\begin{aligned} x_1 + 2x_2 + x_3 \quad &= 4, \\ 2x_1 + x_2 \quad + x_4 &= 6, \\ x_1, \quad x_2, \quad x_3, \quad x_4 &\geqslant 0. \end{aligned}$$

解此问题的单纯形表格如下

表 1.5-1 初始表格

			p_1	p_2	p_3	p_4
			−1	−4	0	0
p_3	0	4	1	⟨2⟩	1	0
p_4	0	6	2	1	0	1
$\sigma_j = c_j - z_j$			−1	−4	0	0

表 1.5-2 第二表格

			p_1	p_2	p_3	p_4
			−1	−4	0	0
p_2	−4	2	$\frac{1}{2}$	1	$\frac{1}{2}$	0
p_4	0	4	$\frac{3}{2}$	0	$-\frac{1}{2}$	1
$\sigma_j = c_j - z_j$			1	0	2	0

因而求出最优解,最优值为

$$(z^{(1)})^* = -4 \times 2 = -8.$$

第二个子问题是

极小化

$$z^{(2)} = -4x_5 - 2x_6$$

满足于约束条件

$$\begin{aligned} x_5 + x_6 + x_7 \quad &= 4, \\ 2x_5 + 4x_6 \quad + x_8 &= 10, \\ x_5, \quad x_6, \quad x_7, \quad x_8 &\geqslant 0. \end{aligned}$$

列出其单纯形表格，

表 1.5-3 初始表格

			p_5	p_6	p_7	p_8
			-4	-2	0	0
p_7	0	4	⟨1⟩	1	1	0
p_8	0	10	2	4	0	1
$\sigma_j = c_j - z_j$			-4	-2		

表 1.5-4 第二表格

			p_5	p_6	p_7	p_8
			-4	-2	0	0
p_5	-4	4	1	1	1	0
p_8	0	2	0	2	-2	1
$\sigma_j = c_j - z_j$			0	2	4	0

并迭代，得出最优值为-16由两个子问题的最优值及最优解我们可以构造联结规划的新的容许解．由

$$(z^{(1)})^* = -8, \ (z^{(2)})^* = -16$$

得

$$\min\{(z^{(i)})^* + \bar{y}_i\} = \min\{-8 - 1, -16 - 1\}$$
$$= -17 = (z^{(2)})^* + \bar{y}_2.$$

因此应将第二块目前求出的基本解引入联结规划的基本变量集合中去．

由公式知

$$a_j^{(k)} = A_k^{(M)}(x^{(k)})^* = (4,2,0,0)\begin{pmatrix}4\\0\\0\\2\end{pmatrix} = 16,$$

$$e_2 = \begin{pmatrix}0\\1\end{pmatrix},$$

所以

$$p_{2,1} = p_K = \begin{pmatrix}1 & 0 & 0\\0 & 1 & 0\\0 & 0 & 1\end{pmatrix}\begin{pmatrix}16\\0\\1\end{pmatrix} = \begin{pmatrix}16\\0\\1\end{pmatrix}.$$

因为现在所利用的是第二个子问题的第一个容许解，所以记其为第一个基本容许解，即 $x_1^{(2)}$. 列出此时的原基底向量及新选中的主元列如下表，

表 1.5-5　初始表为

			p_9	p_{10}	p_{11}	$p_{2,1}$
			-1	-1	-1	0
p_9	-1	18	1	0	0	16
p_{10}	-1	1	0	1	0	0
p_{11}	-1	1	0	0	1	⟨1⟩
$\sigma_j = z_j - c_j$			0	0	0	17

表 1.5-6　变化以后的表为

			p_9	p_{10}	p_{11}	$p_{2,1}$
			-1	-1	-1	0
p_9	-1	2	1	0	-16	0
p_{10}	-1	1	0	1	0	0
$p_{2,1}$	0	1	0	0	1	1

于是得出联结规划新的基本容许解为

$$\begin{pmatrix}\alpha_1\\ \alpha_2\\ x_{2,1}\end{pmatrix}=\begin{pmatrix}2\\ 2\\ 1\end{pmatrix}.$$

新的逆矩阵为

$$G^{-1}=\begin{pmatrix}1 & 0 & 0 & 0 & -4\\ 0 & 1 & -1 & -1 & -16\\ 0 & 0 & 1 & 0 & -16\\ 0 & 0 & 0 & 1 & 0\\ 0 & 0 & 0 & 0 & 1\end{pmatrix},$$

对应此问题求出 $\boldsymbol{y}$ 为

$$\begin{aligned}\boldsymbol{y}=\begin{pmatrix}\tilde{\boldsymbol{y}}\\ \bar{\boldsymbol{y}}\end{pmatrix}&=(\boldsymbol{c}_M^T G_m^{-1})^T\\ &=\left((-1,-1,0)\begin{pmatrix}1 & 0 & -16\\ 0 & 1 & 0\\ 0 & 0 & 1\end{pmatrix}\right)^T\\ &=(-1,-1,16)^T.\end{aligned}$$

因为此时对应的 $\tilde{\boldsymbol{y}}$ 与上一次迭代对应的 $\tilde{\boldsymbol{y}}$ 一致，所以若形成两个子问题也一定与前一次迭代时的两个子问题一致．因此新的子问题无须形成，前一次两个子问题的最优解及最优值仍可沿用． 最优值分别为

$$(z^{(1)})^*=-8,\ (z^{(2)})^*=-16.$$

此时

$$\begin{aligned}\min_{1\leqslant i\leqslant 2}\{(z^{(i)})^*+\bar{y}_i\}&=\min\{-8+(-1),\ -16+16\}\\ &=-9\\ &=(z^{(1)})^*+y_{m_0+1}.\end{aligned}$$

因此，进入基底的是子问题 1 的一个最优基本容许解所形成的向量．此最优基本容许解为

$$\boldsymbol{x}_k^{(1)}=(0,2,0,4)^T.$$

因为对子问题 1，我们刚刚引用其一个基本容许解进入联结规划的基本变量集合，因而记 $k=1$．于是有

$$\boldsymbol{a}_1^{(1)}=\begin{pmatrix}(1,4,0,0)(0,2,0,4)^T\\1\\0\end{pmatrix}=\begin{pmatrix}8\\1\\0\end{pmatrix}.$$

再求联结规划单纯形表中的 $\boldsymbol{p}_{1,1}$ 列．由

$$\boldsymbol{p}_{1,1}=G_m^{-1}\boldsymbol{a}_1^{(1)},$$

得

$$\boldsymbol{p}_{1,1}=\begin{pmatrix}1&0&-16\\0&1&0\\0&0&1\end{pmatrix}\begin{pmatrix}8\\1\\0\end{pmatrix}=\begin{pmatrix}8\\1\\0\end{pmatrix}.$$

有了 $\boldsymbol{p}_{1,1}$ 便可定主元行．由

$$\min\left\{\frac{2}{8},\ \frac{1}{1}\right\}=\frac{2}{8},$$

可知 $l=1$．于是列出联结规划的单纯形表格及迭代后的表格：

表 1.5-7　初始表格

			$\boldsymbol{p}_9$	$\boldsymbol{p}_{10}$	$\boldsymbol{p}_{2,1}$	$\boldsymbol{p}_{1,1}$
			-1	-1	0	0
$\boldsymbol{p}_9$	-1	2	1	0	0	⟨8⟩
$\boldsymbol{p}_{10}$	-1	1	0	1	0	1
$\boldsymbol{p}_{2,1}$	0	1	0	0	1	0
$\sigma_j=z_j-c_j$			0	0	0	$\boxed{-9}$

表 1.5-8　变化后表格

			$\boldsymbol{p}_9$	$\boldsymbol{p}_{10}$	$\boldsymbol{p}_{2,1}$	$\boldsymbol{p}_{1,1}$
			-1	-1	0	0
$\boldsymbol{p}_{1,1}$	0	$\frac{1}{4}$	$\frac{1}{8}$	0	0	1
$\boldsymbol{p}_{10}$	-1	$\frac{3}{4}$	$-\frac{1}{8}$	1	0	0
$\boldsymbol{p}_{2,1}$	0	1	0	0	1	0
$\sigma_j=z_j-c_j$			$\frac{9}{8}$	0	0	0

于是得出联结规划新的基本容许解

$$\begin{pmatrix} x_{1,1} \\ \alpha_2 \\ x_{2,1} \end{pmatrix} = \begin{pmatrix} \frac{1}{4} \\ \frac{3}{4} \\ 1 \end{pmatrix}.$$

得出

$$\boldsymbol{y} = \left(\frac{1}{8}, -1, -2\right)^T,$$

$$\tilde{\boldsymbol{y}} = \frac{1}{8}, \bar{\boldsymbol{y}} = (-1, -2)^T,$$

$$G_m^{-1} = \begin{pmatrix} \frac{1}{8} & 0 & 0 \\ -\frac{1}{8} & 1 & 0 \\ 0 & 0 & 1 \end{pmatrix} \begin{pmatrix} 1 & 0 & -16 \\ 0 & 1 & 0 \\ 0 & 0 & 1 \end{pmatrix} = \begin{pmatrix} \frac{1}{8} & 0 & -2 \\ -\frac{1}{8} & 1 & 2 \\ 0 & 0 & 1 \end{pmatrix}.$$

对应此 $\boldsymbol{y}$，我们再形成新的子问题，将 $\boldsymbol{y}$ 代入

$$\tilde{\boldsymbol{y}}(a_j^{(i)})^T - \mathbf{c}_j^{(i)},$$

有

$$\tilde{\boldsymbol{y}}^T(a_j^{(1)}) - (\mathbf{c}_j^{(1)})^T = \frac{1}{8}(1, 4, 0, 0) - (0, 0, 0, 0)$$

$$= \left(\frac{1}{8}, \frac{1}{2}, 0, 0\right),$$

$$\tilde{\boldsymbol{y}}^T(a_j^{(2)}) - (\mathbf{c}_j^{(2)})^T = \frac{1}{8}(4, 2, 0, 0) - (0, 0, 0, 0)$$

$$= \left(\frac{1}{2}, \frac{1}{4}, 0, 0\right).$$

于是两个子问题分别为

问题 1：极小化

$$z^{(1)} = \frac{1}{8}x_1 + \frac{1}{2}x_2,$$

满足于约束条件

$$\begin{aligned} x_1 + 2x_2 + x_3 \qquad &= 4, \\ 2x_1 + x_2 \qquad + x_4 &= 6, \\ x_1, x_2, x_3, x_4 &\geqslant 0; \end{aligned}$$

问题 2：极小化

$$z^{(2)} = \frac{1}{2}x_5 + \frac{1}{4}x_6,$$

满足于约束条件

$$\begin{aligned} x_5 + x_6 + x_7 \qquad &= 4, \\ 2x_5 + 4x_6 \qquad + x_8 &= 10, \\ x_5, x_6, x_7, x_8 &\geqslant 0. \end{aligned}$$

两个子问题的最优值及最优解分别为

$$(z^{(1)})^* = 0,\ \boldsymbol{x}_k^{(1)} = (0, 0, 4, 6)^T;$$

$$(z^{(2)})^* = 0,\ \boldsymbol{x}_k^{(2)} = (0, 0, 4, 10)^T.$$

于是，我们再来找进入联结规划的主元列. 将 $(z^{(i)})^*$ 代入公式

$$(z^{(i)})^* + \bar{y}_i,$$

有

$$\begin{aligned} \min_{1\leqslant i\leqslant 2}\{(z^{(i)})^* + \bar{y}_i\} &= \min\{0 + (-1), 0 + (-2)\} \\ &= -2 \\ &= (z^{(2)})^* - \bar{y}_2. \end{aligned}$$

因此第二个子问题对应的最优基本容许解进入联结规划的基本变量集合，但前面已经有了 $\boldsymbol{p}_{2,1}$，故此时的最优基本容许解应记为 $\boldsymbol{x}_2^{(2)}$. 得出

$$\boldsymbol{a}_2^{(2)} = \begin{pmatrix} A_2\boldsymbol{x}_2^{(2)} \\ \boldsymbol{e}_2 \end{pmatrix} = \begin{pmatrix} (4, 2, 0, 0)(0, 0, 4, 10)^T \\ 0 \\ 1 \end{pmatrix} = \begin{pmatrix} 0 \\ 0 \\ 1 \end{pmatrix}.$$

再求单纯形表格中的 $\boldsymbol{p}_{2,2}$. 由

$$\boldsymbol{p}_{2,2} = G_m^{-1}\boldsymbol{a}_2^{(2)},$$

有

$$\boldsymbol{p}_{2,2}=\begin{pmatrix}\frac{1}{8} & 0 & -2\\ \frac{1}{8} & 1 & 2\\ 0 & 0 & 1\end{pmatrix}\begin{pmatrix}0\\0\\1\end{pmatrix}=\begin{pmatrix}-2\\2\\1\end{pmatrix}.$$

有了主元列的元素，便可确定主元行，为

$$\min\left\{\frac{\frac{3}{4}}{2},\ \frac{1}{1}\right\}=\frac{3}{8},$$

故主元行序号 $l=2$. 于是列出联结规划的迭代单纯形表格为

表 1.5-9 初始表格

			$\boldsymbol{p}_{1,1}$	$\boldsymbol{p}_{10}$	$\boldsymbol{p}_{2,1}$	$\boldsymbol{p}_{2,2}$
			0	−1	0	0
$\boldsymbol{p}_{1,1}$	0	$\frac{1}{4}$	1	0	0	−2
$\boldsymbol{p}_{10}$	−1	$\frac{3}{4}$	0	1	0	⟨2⟩
$\boldsymbol{p}_{2,1}$	0	1	0	0	1	1
$\sigma_j=z_j-c_j$			0	0	0	[−2]

表 1.5-10 迭代后表格

			$\boldsymbol{p}_{1,1}$	$\boldsymbol{p}_{10}$	$\boldsymbol{p}_{2,1}$	$\boldsymbol{p}_{2,2}$
			0	−1	0	0
$\boldsymbol{p}_{1,1}$	0	1	1	1	0	0
$\boldsymbol{p}_{2,2}$	0	$\frac{3}{8}$	0	$\frac{1}{2}$	0	1
$\boldsymbol{p}_{2,1}$	0	$\frac{5}{8}$	0	$-\frac{1}{2}$	1	0
$\sigma_j=z_j-c_j$			0	1	0	0

因为人工变量全部从基本变量集合中换出，所以求出了原给

定的线性规划问题的第一个基本容许解，第一演段也就结束了．把目标函数系数换成第二演段的目标函数系数．首先求出

$$G_m^{-1}=\begin{pmatrix}0 & 1 & 0\\ \dfrac{-1}{16} & \dfrac{1}{2} & 1\\ \dfrac{1}{16} & \dfrac{-1}{2} & 0\end{pmatrix}.$$

又根据公式

$$S_{ij}=(\boldsymbol{c}^{(i)})^T\boldsymbol{x}_j^{(i)},$$

有

$$S_{1,1}=(\boldsymbol{c}^{(1)})^T\boldsymbol{x}_1^{(1)}=(4,2,0,0)(0,2,0,4)^T=4,$$
$$S_{2,2}=(\boldsymbol{c}^{(2)})^T\boldsymbol{x}_2^{(2)}=(1,2,0,0)(0,0,4,10)^T=0,$$
$$S_{2,1}=(\boldsymbol{c}^{(2)})^T\boldsymbol{x}_1^{(2)}=(1,2,0,0)(4,0,0,2)^T=4.$$

这时联结规划的单纯形表格为

表 1.5-11

			$\boldsymbol{p}_{1,1}$	$\boldsymbol{p}_{2,2}$	$\boldsymbol{p}_{2,1}$
			4	0	4
$\boldsymbol{p}_{1,1}$	4	1	1	0	0
$\boldsymbol{p}_{2,2}$	0	$\frac{3}{8}$	0	1	0
$\boldsymbol{p}_{2,1}$	4	$\frac{5}{8}$	0	0	1

此时对偶线性规划的容许解，由公式

$$\boldsymbol{y}^T=\boldsymbol{c}_M^T G^{-1}$$

得出

$$\boldsymbol{y}^T=(\hat{\boldsymbol{y}}^T,\bar{\boldsymbol{y}}^T)=(4,0,4)^T\begin{pmatrix}0 & 1 & 0\\ \dfrac{-1}{16} & \dfrac{1}{2} & 1\\ \dfrac{1}{16} & \dfrac{-1}{2} & 0\end{pmatrix}=\left(\frac{1}{4},2,0\right).$$

对应此 $\boldsymbol{y}$，我们形成两个新的子问题，有

$$\tilde{\boldsymbol{y}}^T(a_j^{(1)})-(\mathbf{c}_j^{(1)})^T=\frac{1}{4}(1,4,0,0)-(4,2,0,0)$$

$$=\left(\frac{-15}{4},-1,0,0\right),$$

$$\tilde{\boldsymbol{y}}^T(a_j^{(2)})-(\mathbf{c}_j^{(2)})^T=\frac{1}{4}(4,2,0,0)-(1,2,0,0)$$

$$=\left(0,-\frac{3}{2},0,0\right).$$

因此两个子问题为:

问题 1：极小化

$$z^{(1)}=-\frac{15}{4}x_1-x_2,$$

满足于约束条件

$$\begin{aligned} x_1+2x_2+x_3\qquad &=4,\\ 2x_1+\ x_2\qquad +x_4&=6,\\ x_1,x_2,x_3,x_4&\geqslant 0; \end{aligned}$$

问题 2：极小化

$$z^{(2)}=-\frac{3}{2}x_6,$$

满足于约束条件

$$\begin{aligned} x_5+x_6+x_7\qquad &=4,\\ 2x_5+4x_6\qquad +x_8&=10,\\ x_5,x_6,x_7,x_8&\geqslant 0. \end{aligned}$$

求解这两个问题的单纯形表格如下页表.

得出两个问题的最优值及最优解，分别为

$$(z^{(1)})^*=-\frac{45}{4},\ \boldsymbol{x}_k^{(1)}=(3,0,1,0)^T,$$

$$(z^{(2)})^*=-\frac{15}{4},\ \boldsymbol{x}_k^{(2)}=\left(0,\frac{5}{2},\frac{3}{2},0\right)^T.$$

计算

$$\min_{1\leqslant i\leqslant 2}\{(z^{(i)})^*+\bar{y}_i\}=\min\left\{-\frac{45}{4}+2,\ -\frac{15}{4}+0\right\}$$

$$=-\frac{37}{4}=(z^{(1)})^*+y_{m_0+1}.$$

表 1.5-12　第一个问题的初始表格

			$p_1^{(1)}$	$p_2^{(1)}$	$p_3^{(1)}$	$p_4^{(1)}$
			$-\frac{15}{4}$	-1	0	0
$p_3^{(1)}$	0	4	1	2	1	0
$p_4^{(1)}$	0	6	⟨2⟩	1	0	1
$\sigma_j=c_j-z_j$			$\boxed{-\frac{15}{4}}$	-1	0	0

表 1.5-13　第一个问题的迭代表格

			$p_1^{(1)}$	$p_2^{(1)}$	$p_3^{(1)}$	$p_4^{(1)}$
			$-\frac{15}{4}$	-1	0	0
$p_3^{(1)}$	0	1	0	$\frac{3}{2}$	1	$-\frac{1}{2}$
$p_1^{(1)}$	$-\frac{15}{4}$	3	1	$\frac{1}{2}$	0	$\frac{1}{2}$
$\sigma_j=c_j-z_j$			0	$\frac{7}{8}$	0	$\frac{15}{8}$

表 1.5-14　第二个问题的初始表格

			$p_5^{(2)}$	$p_6^{(2)}$	$p_7^{(2)}$	$p_8^{(2)}$
			0	$-\frac{3}{2}$	0	0
$p_7^{(2)}$	0	4	1	1	1	0
$p_8^{(2)}$	0	10	2	⟨4⟩	0	1
$\sigma_j=c_j-z_j$			0	$\boxed{-\frac{3}{2}}$	0	0

表 1.5-15 第二个问题的迭代表格

			$p_5^{(2)}$	$p_6^{(2)}$	$p_7^{(2)}$	$p_8^{(2)}$
			0	$-\frac{3}{2}$	0	0
$p_7^{(2)}$	0	$\frac{3}{2}$	$\frac{1}{2}$	0	1	$-\frac{1}{4}$
$p_6^{(2)}$	$-\frac{3}{2}$	$\frac{5}{2}$	$\frac{1}{2}$	1	0	$\frac{1}{4}$
$\sigma_j = c_j - z_j$			$\frac{3}{4}$	0	0	$\frac{3}{8}$

因此第一个子问题的最优基本容许解所形成的向量引入联结规划的基底．而第一个子问题原有 $\boldsymbol{p}_{1,1}$，故此基本容许解记为 $\boldsymbol{x}_2^{(1)}$．于是

$$\boldsymbol{a}_1^{(2)} = \begin{pmatrix} A_1\boldsymbol{x}_2^{(1)} \\ \boldsymbol{e}_1 \end{pmatrix} = \begin{pmatrix} (1,4,0,0)\ (3,0,1,0)^T \\ 1 \\ 0 \end{pmatrix} = \begin{pmatrix} 3 \\ 1 \\ 0 \end{pmatrix}.$$

进一步有

$$\boldsymbol{p}_{1,2} = G_m^{-1}\boldsymbol{O}_2^{(1)} = \begin{pmatrix} 0 & 1 & 0 \\ -\frac{1}{16} & \frac{1}{2} & 1 \\ \frac{1}{16} & -\frac{1}{2} & 0 \end{pmatrix} \begin{pmatrix} 3 \\ 1 \\ 0 \end{pmatrix} = \begin{pmatrix} 1 \\ \frac{5}{16} \\ \frac{-5}{16} \end{pmatrix}.$$

主元行由下式来定

$$\min\left\{\frac{1}{1}, \frac{\frac{3}{8}}{\frac{5}{16}}\right\} = 1,$$

因而 $l = 1$．这时解联结规划的单纯形表格如下

表 1.5-16　联结规划的初始表格为

			$p_{1,1}$	$p_{2,2}$	$p_{2,1}$	$p_{1,2}$
			4	0	4	12
$p_{1,1}$	4	1	1	0	0	$\langle 1\rangle$
$p_{2,2}$	0	$\frac{3}{8}$	0	1	0	$\frac{5}{16}$
$p_{2,1}$	4	$\frac{5}{8}$	0	0	1	$\frac{-5}{16}$
$\sigma_j = z_j - c_j$			0	0	0	$\boxed{-\frac{37}{4}}$

其中

$$S_{1,2} = (\boldsymbol{c}_M^{(1)})^T \boldsymbol{x}_2^{(1)} = (4, 2, 0, 0)(3, 0, 1, 0)^T = 12.$$

联结规划的迭代表格为

表 1.5-17

			$p_{1,1}$	$p_{2,2}$	$p_{2,1}$	$p_{1,2}$
			4	0	4	12
$p_{1,2}$	12	1	1	0	0	1
$p_{2,2}$	0	$\frac{1}{16}$	$-\frac{5}{16}$	1	0	0
$p_{2,1}$	4	$\frac{15}{16}$	$\frac{5}{16}$	0	1	0
$\sigma_j = z_j - c_j$			$9\frac{1}{4}$	0	0	0

相应的逆

$$G_m^{-1} = \begin{pmatrix} 1 & 0 & 0 \\ \frac{-5}{16} & 1 & 0 \\ \frac{5}{16} & 0 & 1 \end{pmatrix} \begin{pmatrix} 0 & 1 & 0 \\ -\frac{1}{16} & \frac{1}{2} & 1 \\ \frac{1}{16} & -\frac{1}{2} & 0 \end{pmatrix} = \begin{pmatrix} 0 & 1 & 0 \\ -\frac{1}{16} & \frac{3}{16} & 1 \\ \frac{1}{16} & \frac{-3}{16} & 0 \end{pmatrix}.$$

新的 $\boldsymbol{y}$ 为

$$y^T=(\tilde{y}^T,\bar{y}^T)=(12,0,4)\begin{pmatrix}0 & 1 & 0\\ -\frac{1}{16} & \frac{3}{16} & 1\\ \frac{1}{16} & \frac{-3}{16} & 0\end{pmatrix}=\left(\frac{1}{4},\frac{45}{4},0\right).$$

下一步迭代,先求两个子问题的目标函数系数

$$\begin{aligned}\tilde{y}^T(a_j^{(1)})-(c_j^{(1)})^T&=\frac{1}{4}(1,4,0,0)-(4,2,0,0)\\&=\left(\frac{-15}{4},-1,0,0\right),\end{aligned}$$

$$\begin{aligned}\tilde{y}^T(a_j^{(2)})-(c_j^{(2)})^T&=\frac{1}{4}(4,2,0,0)-(1,2,0,0)\\&=\left(0,-\frac{3}{2},0,0\right).\end{aligned}$$

两个子问题的目标函数系数不变,因而最优值最优解不变,为

$$(z^{(1)})^*=-\frac{45}{4},\quad x_k^{(1)}=(3,0,1,0)^T,$$

$$(z^{(2)})^*=-\frac{15}{4},\quad x_k^{(2)}=\left(0,\frac{5}{2},\frac{3}{2},0\right)^T.$$

计算

$$\begin{aligned}\min_{1\leqslant i\leqslant 2}\{(z^{(i)})^*+\bar{y}_i\}&=\min\left\{\frac{-45}{4}+\frac{45}{4},\ \frac{-15}{4}+0\right\}\\&=-\frac{15}{4}.\end{aligned}$$

因此第二个子问题求出的最优基本容许解进入联结规划的基本变量集合.因为有了 $p_{2,2}$,故记这个最优基本容许解为 $x_3^{(2)}$.

$$a_3^{(2)}=\begin{pmatrix}A_2x_3^{(2)}\\ e_2\end{pmatrix}=\begin{pmatrix}(4,2,0,0)\left(0,\frac{5}{2},\frac{3}{2},0\right)^T\\ 0\\ 1\end{pmatrix}=\begin{pmatrix}5\\0\\1\end{pmatrix},$$

$$\boldsymbol{p}_{2,3}=\begin{pmatrix}0 & 1 & 0\\ \frac{-1}{16} & \frac{3}{16} & 1\\ \frac{1}{16} & \frac{-3}{16} & 0\end{pmatrix}\begin{pmatrix}5\\0\\1\end{pmatrix}=\begin{pmatrix}0\\ \frac{11}{16}\\ \frac{5}{16}\end{pmatrix}.$$

利用此主元列确定主元行，

$$\min\left\{\frac{\frac{1}{16}}{\frac{11}{16}}\quad\frac{\frac{15}{16}}{\frac{5}{16}}\right\}=\frac{1}{11},$$

因此 $l=2$。

用单纯形法求解新的联结规划，列表如下：

表 1.5-18　联结规划初始单纯形表

			$\boldsymbol{p}_{1,2}$	$\boldsymbol{p}_{2,2}$	$\boldsymbol{p}_{2,1}$	$\boldsymbol{p}_{3,3}$
			12	0	4	5
$\boldsymbol{p}_{1,2}$	12	1	1	0	0	0
$\boldsymbol{p}_{2,2}$	0	$\frac{1}{16}$	0	1	0	$\left\langle\frac{11}{16}\right\rangle$
$\boldsymbol{p}_{2,1}$	4	$\frac{15}{16}$	0	0	1	$\frac{15}{16}$
$\sigma_j=z_j-c_j$			0	0	0	$\boxed{-\frac{15}{4}}$

其中

$$S_{2,3}=(\mathbf{c}_M^{(2)})^T\boldsymbol{x}_3^{(2)}=(1,2,0,0)\left(0,\frac{5}{2},\frac{3}{2},0\right)^T=5.$$

对应的逆为

$$G_m^{-1}=\begin{pmatrix}1 & 0 & 0\\ 0 & \frac{16}{11} & 0\\ 0 & \frac{-5}{11} & 1\end{pmatrix}\begin{pmatrix}0 & 1 & 0\\ \frac{-1}{16} & \frac{3}{16} & 1\\ \frac{1}{16} & \frac{-3}{16} & 0\end{pmatrix}=\begin{pmatrix}0 & 1 & 0\\ \frac{-1}{11} & \frac{3}{11} & \frac{16}{11}\\ \frac{1}{11} & \frac{-3}{11} & \frac{-5}{11}\end{pmatrix}.$$

表 1.5-19　联结规划迭代单纯形表

			$p_{1,2}$	$p_{2,2}$	$p_{2,1}$	$p_{2,3}$
			12	0	4	5
$p_{1,2}$	12	1	1	0	0	0
$p_{2,3}$	5	$\frac{1}{11}$	0	$\frac{16}{11}$	0	1
$p_{2,1}$	4	$\frac{10}{11}$	0	$-\frac{5}{11}$	1	0
$\sigma_j = z_j - c_j$			0	$\frac{60}{11}$	0	0

求出 $\tilde{\boldsymbol{y}}$ 为

$$\boldsymbol{y}^T = (\tilde{\boldsymbol{y}}^T, \bar{\boldsymbol{y}}^T) = (12, 5, 4)\begin{pmatrix} 0 & 1 & 0 \\ \frac{-1}{11} & \frac{3}{11} & \frac{16}{11} \\ \frac{1}{11} & \frac{-3}{11} & \frac{-5}{11} \end{pmatrix}$$

$$= \left(\frac{-1}{11}, \frac{135}{11}, \frac{60}{11}\right).$$

下一步迭代，先求出两个子问题的目标函数系数

$$\tilde{\boldsymbol{y}}^T a_j^{(1)} - (\mathbf{c}_j^{(1)})^T = \frac{-1}{11}(1, 4, 0, 0) - (4, 2, 0, 0)$$

$$= \left(\frac{-45}{11}, \frac{-26}{11}, 0, 0\right),$$

$$\tilde{\boldsymbol{y}}^T a_j^{(2)} - (\mathbf{c}_j^{(2)})^T = \frac{-1}{11}(4, 2, 0, 0) - (1, 2, 0, 0)$$

$$= \left(\frac{-15}{11}, \frac{-24}{11}, 0, 0\right).$$

于是形成两个子问题为

问题 (1)：极小化

$$z^{(1)} = -\frac{45}{11}x_1 - \frac{26}{11}x_2,$$

满足于约束条件

$$x_1 + 2x_2 + x_3 \qquad = 4,$$
$$2x_1 + x_2 + \qquad x_4 = 6,$$
$$x_1, x_2, x_3, x_4 \geqslant 0.$$

问题(2)：极小化

$$z^{(2)} = -\frac{15}{11}x_5 - \frac{24}{11}x_6,$$

满足于约束条件

$$x_5 + x_6 + x_7 \qquad = 4,$$
$$2x_5 + 4x_6 \qquad + x_8 = 10,$$
$$x_5, x_6, x_7, x_8 \geqslant 0.$$

求解这两个问题的单纯形表格分别为

表 1.5-20 问题 (1) 初始单纯形表

			$p_1^{(1)}$	$p_2^{(1)}$	$p_3^{(1)}$	$p_4^{(1)}$
			$\frac{-45}{11}$	$\frac{-26}{11}$	0	0
$p_3^{(1)}$	0	4	1	2	1	0
$p_4^{(1)}$	0	6	⟨2⟩	1	0	1
$\sigma_j = c_j - z_j$			$\boxed{-\frac{45}{11}}$	$-\frac{26}{11}$	0	0

表 1.5-21 问题 (1) 迭代表格 1

			$p_1^{(1)}$	$p_2^{(1)}$	$p_3^{(1)}$	$p_4^{(1)}$
			$\frac{-45}{11}$	$\frac{-26}{11}$	0	0
$p_3^{(1)}$	0	1	0	$\left\langle\frac{3}{2}\right\rangle$	1	$-\frac{1}{2}$
$p_1^{(1)}$	$-\frac{45}{11}$	3	1	$\frac{1}{2}$	0	$\frac{1}{2}$
$\sigma_j = c_j - z_j$			0	$\boxed{-\frac{7}{22}}$	0	$\frac{45}{22}$

表 1.5-22　问题 (1) 迭代表格 2

			$p_1^{(1)}$	$p_2^{(1)}$	$p_3^{(1)}$	$p_4^{(1)}$
			$-\frac{45}{11}$	$-\frac{26}{11}$	0	0
$p_2^{(1)}$	$-\frac{26}{11}$	$\frac{2}{3}$	0	1	$\frac{2}{3}$	$-\frac{1}{3}$
$p_1^{(1)}$	$-\frac{45}{11}$	$\frac{5}{2}$	1	0	$-\frac{1}{3}$	$\frac{2}{3}$
$\sigma_j = c_j - z_j$			0	0	$\frac{7}{33}$	$\frac{64}{33}$

故最优值及最优解为

$$(z^{(1)})^* = -\frac{277}{22},\ \boldsymbol{x}_k^{(1)} = \left(\frac{5}{2}, \frac{2}{3}, 0, 0\right)^T,$$

表 1.5-23　问题 (2) 初始单纯形表

			$p_5^{(2)}$	$p_6^{(2)}$	$p_7^{(2)}$	$p_8^{(2)}$
			$\frac{-15}{11}$	$\frac{-24}{11}$	0	0
$p_7^{(2)}$	0	4	1	1	1	0
$p_8^{(2)}$	0	10	2	$\langle 4 \rangle$	0	1
$\sigma_j = c_j - z_j$			$-\frac{15}{11}$	$\boxed{-\frac{24}{11}}$	0	0

表 1.5-24　问题 (2) 迭代表 1

			$p_5^{(2)}$	$p_6^{(2)}$	$p_7^{(2)}$	$p_8^{(2)}$
			$\frac{-15}{11}$	$-\frac{24}{11}$	0	0
$p_7^{(2)}$	0	$\frac{3}{2}$	$\left\langle \frac{1}{2} \right\rangle$	0	1	$-\frac{1}{4}$
$p_6^{(2)}$	$\frac{-24}{11}$	$\frac{5}{2}$	$\frac{1}{2}$	1	0	$\frac{1}{4}$
$\sigma_j = c_j - z_j$			$\boxed{-\frac{3}{11}}$	0	0	$\frac{6}{11}$

表 1.5-25　问题(2)迭代表 2

			$p_5^{(2)}$	$p_6^{(2)}$	$p_7^{(2)}$	$p_8^{(2)}$
			$-\frac{15}{11}$	$-\frac{24}{11}$	0	0
$p_5^{(2)}$	$-\frac{15}{11}$	3	1	0	2	$-\frac{1}{2}$
$p_6^{(2)}$	$-\frac{24}{11}$	1	0	1	-1	$\frac{1}{2}$
$\sigma_j=c_j-z_j$			0	0	$\frac{6}{11}$	$\frac{9}{11}$

故最优值及最优解为

$$(z^{(2)})^*=-\frac{69}{11},\ \boldsymbol{x}_k^{(2)}=(3,1,0,0)^T.$$

此时

$$\min_{1\leqslant i\leqslant 2}\{(z^{(i)})^*+\bar{y}_i\}=\min\left\{-\frac{277}{22}+\frac{135}{11}-\frac{69}{11}-\frac{60}{11}\right\}$$

$$=-\frac{9}{11}.$$

已有 $\boldsymbol{p}_{2,3}$，因此记引进的基本容许解为 $\boldsymbol{x}_4^{(2)}$.

$$\boldsymbol{\alpha}_4^{(2)}=\begin{pmatrix}14\\0\\1\end{pmatrix},$$

$$\boldsymbol{p}_{2,4}=\begin{pmatrix}0\\\frac{2}{11}\\\frac{9}{11}\end{pmatrix},$$

$$S_{2,4}=5.$$

用单纯形法解此时的联结规划，列出单纯形表格见下页表 1.5-26.
对应的逆为

$$G_m^{-1}=\begin{pmatrix}0 & 1 & 0\\ -\frac{1}{2} & \frac{3}{2} & 8\\ \frac{1}{2} & -\frac{3}{2} & -7\end{pmatrix}.$$

得出

$$y^T=(12,5,4)\begin{pmatrix}0 & 1 & 0\\ -\frac{1}{2} & \frac{3}{2} & 8\\ \frac{1}{2} & -\frac{3}{2} & -7\end{pmatrix}=\left(-\frac{1}{2},\ \frac{27}{2},\ 12\right).$$

表 1.5-26　初始单纯形表格

			$p_{1,2}$	$p_{2,3}$	$p_{2,1}$	$p_{2,4}$
			12	5	4	5
$p_{1,2}$	12	1	1	0	0	0
$p_{2,3}$	5	$\frac{1}{11}$	0	1	0	$\left\langle\frac{2}{11}\right\rangle$
$p_{2,1}$	4	$\frac{10}{11}$	0	0	1	$\frac{9}{11}$
$\sigma_j=z_j-c_j$			0	0	0	$\boxed{-\frac{9}{11}}$

表 1.5-27　迭代表格

			$p_{1,2}$	$p_{2,3}$	$p_{2,1}$	$p_{2,4}$
			12	5	4	5
$p_{1,2}$	12	1	1	0	0	0
$p_{2,4}$	5	$\frac{1}{2}$	0	$\frac{11}{2}$	0	1
$p_{2,1}$	4	$\frac{1}{2}$	0	$-\frac{9}{2}$	1	0
$\sigma_j=z_j-c_j$			0	$\frac{9}{2}$	0	0

形成两个子问题目标函数的系数

$$\bar{\boldsymbol{y}}^T a_j^{(1)} - (\boldsymbol{c}_j^{(1)})^T = -\frac{1}{2}(1, 4, 0, 0) - (4, 2, 0, 0)$$

$$= \left(-\frac{9}{2}, -4, 0, 0\right),$$

$$\bar{\boldsymbol{y}}^T a_j^{(2)} - (\boldsymbol{c}_j^{(2)})^T = -\frac{1}{2}(4, 2, 0, 0) - (1, 2, 0, 0)$$

$$= (-3, -3, 0, 0).$$

两个子线性规划问题为

问题(1)：极小化

$$z^{(1)} = -\frac{9}{2}x_1 - 4x_2,$$

满足于约束条件

$$\begin{aligned} x_1 + 2x_2 + x_3 \quad\quad &= 4, \\ 2x_1 + \quad x_2 \quad\quad + x_4 &= 6, \\ x_1, x_2, x_3, x_4 &\geqslant 0. \end{aligned}$$

问题(2)：极小化

$$z^{(2)} = -3x_5 - 3x_6,$$

满足于约束条件

$$\begin{aligned} x_5 + \quad x_6 + x_7 \quad\quad &= 4, \\ 2x_5 + 4x_6 \quad\quad + x_8 &= 10, \\ x_5, x_6, x_7, x_8 &\geqslant 0. \end{aligned}$$

分别求出问题(1)及问题(2)的最优值及最优解

$$(z^{(1)})^* = -\frac{44}{3}, \quad \boldsymbol{x}_k^{(1)} = \left(\frac{8}{3}, \frac{2}{3}, 0, 0\right)^T,$$

$$(z^{(2)})^* = -\frac{15}{2}, \quad \boldsymbol{x}_k^{(2)} = \left(0, \frac{5}{2}, \frac{3}{2}, 0\right)^T.$$

$$\min_{1 \leqslant i \leqslant 2} \{(z^{(i)})^* + \bar{y}_i\} = \min\left\{-\frac{44}{3} + \frac{27}{2}, -\frac{15}{2} + 12\right\}$$

$$= -\frac{7}{6}.$$

因有 $\boldsymbol{p}_{1,2}$，故

$$\boldsymbol{x}_3^{(1)} = \left(\frac{8}{3}, \frac{2}{3}, 0, 0\right)^T,$$

$$\boldsymbol{a}_3^{(1)} = \begin{pmatrix} \frac{16}{3} \\ 1 \\ 0 \end{pmatrix},$$

$$\boldsymbol{p}_{1,3} = \begin{pmatrix} 1 \\ -\frac{7}{6} \\ \frac{7}{6} \end{pmatrix},$$

$$S_{1,3} = 12.$$

于是将 $\boldsymbol{p}_{1,3}$ 引入联结规划的基底，求出

$$x_{1,2} = \frac{4}{7}, \quad x_{1,3} = \frac{3}{7}, \quad x_{2,4} = 1,$$

$$\boldsymbol{y} = (0, 12, 5)^T.$$

此时两个新的子问题的目标函数为

$$z^{(1)} = -4x_1 - 2x_2,$$

$$z^{(2)} = -x_1 - 2x_2.$$

最优值及最优解分别为

$$(z^{(1)})^* = -12, \quad \boldsymbol{x}_k^{(1)} = (3, 0, 1, 0)^T,$$

$$(z^{(2)})^* = -5, \quad \boldsymbol{x}_k^{(2)} = \left(0, \frac{5}{2}, \frac{3}{2}, 0\right)^T.$$

于是有

$$\min_{1\leqslant i\leqslant 2} \{(z^{(i)})^* - \bar{y}_i\} = \min\{-12 + 12, -5 + 5\} = 0.$$

因而求出了最优解

$$x_{1,2} = \frac{4}{7}, \quad x_{1,3} = \frac{3}{7}, \quad x_{2,4} = 1.$$

而

$$\boldsymbol{x}_2^{(1)} = (3, 0, 1, 0)^T,$$

$$\boldsymbol{x}_3^{(1)} = \left(\frac{8}{3}, \frac{2}{3}, 0, 0\right)^T,$$

$$\boldsymbol{x}_4^{(2)} = (3, 1, 0, 0)^T,$$

故原问题的最优解

$$\begin{pmatrix} x_1^* \\ x_2^* \\ x_3^* \\ x_4^* \end{pmatrix} = x_{1,2}\boldsymbol{x}_2^{(1)} + x_{1,3}\boldsymbol{x}_3^{(1)} = \frac{4}{7}\begin{pmatrix} 3 \\ 0 \\ 1 \\ 0 \end{pmatrix} + \frac{3}{7}\begin{pmatrix} \frac{8}{3} \\ \frac{2}{3} \\ 0 \\ 0 \end{pmatrix} = \begin{pmatrix} \frac{20}{7} \\ \frac{2}{7} \\ \frac{4}{7} \\ 0 \end{pmatrix},$$

$$\begin{pmatrix} x_5^* \\ x_6^* \\ x_7^* \\ x_8^* \end{pmatrix} = x_{2,4}\,\boldsymbol{x}_4^{(2)} = \begin{pmatrix} 3 \\ 1 \\ 0 \\ 0 \end{pmatrix}.$$

目标函数最优值为

$$s^* = 4 \times \frac{20}{7} + 2 \times \frac{2}{7} + 1 \times 3 + 2 \times 1 = 17.$$

由此实例可以看出，利用分解原则计算大规模稀疏问题也较繁琐．有些子问题的基本容许解有时进入联结规划的基本变量集合，后来又退出这个集合，而后又进去，反反复复，计算量很大．

对于约束条件系数矩阵A为ii)型结构的线性规划问题，具体写出来是：

极大化

$$s = \boldsymbol{c}_1^T\boldsymbol{x}_1 + \boldsymbol{c}_2^T\boldsymbol{x}_2 + \cdots + \boldsymbol{c}_{m+1}^T\boldsymbol{x}_{m+1},$$

满足于约束条件

$$\begin{aligned} A_{1,1}\boldsymbol{x}_1 + A_{1,2}\boldsymbol{x}_2 \qquad\qquad &= \boldsymbol{b}_1, \\ A_{2,2}\boldsymbol{x}_2 + A_{2,3}\boldsymbol{x}_3 \qquad &= \boldsymbol{b}_2, \end{aligned}$$

$$A_{3,3}\boldsymbol{x}_3 + A_{3,4}\boldsymbol{x}_4 \qquad\qquad = \boldsymbol{b}_3,$$

$$\cdots\cdots$$

$$A_{m\,m}\boldsymbol{x}_m + A_{m\,m+1}\boldsymbol{x}_{m+1} = \boldsymbol{b}_m,$$

$$\boldsymbol{x}_j \geqslant \boldsymbol{0} \quad (j = 1, 2, \cdots, m+1).$$

其中 $\boldsymbol{c}_j\ (j = 1, 2, \cdots, m+1)$分别为 n_j 维列向量. $\boldsymbol{x}_j\ (j = 1, 2, \cdots, m+1)$ 分别为未知的 n_j 维列向量. A_{ij} 为 $m_i \times n_j$ 维矩阵. $\boldsymbol{b}_i\ (i = 1, 2, \cdots, m)$ 为 m_i 维列向量. 对于这一类型的问题，可改写为:

极大化

$$s = \boldsymbol{c}_1^T\boldsymbol{x}_1 + \boldsymbol{c}_2^T\boldsymbol{x}_2 + \cdots + \boldsymbol{c}_{m+1}^T\boldsymbol{x}_{m+1},$$

满足下约束条件

$$A_{1,1}\boldsymbol{x}_1 + A_{1,2}\boldsymbol{x}_2 \qquad\qquad = \boldsymbol{b}_1,$$

$$A_{3,3}\boldsymbol{x}_3 + A_{3,4}\boldsymbol{x}_4 \qquad\qquad = \boldsymbol{b}_3,$$

$$\cdots\cdots$$

$$A_{k\,k}\boldsymbol{x}_k + A_{k\,k+1}\boldsymbol{x}_{k+1} \qquad = \boldsymbol{b}_k,$$

$$A_{2,2}\boldsymbol{x}_2 + A_{2,3}\boldsymbol{x}_3 \qquad\qquad = \boldsymbol{b}_2,$$

$$A_{4,4}\boldsymbol{x}_4 + A_{4,5}\boldsymbol{x}_5 \qquad\qquad = \boldsymbol{b}_4,$$

$$\cdots\cdots$$

$$A_{h\,h}\boldsymbol{x}_h + A_{h\,h+1}\boldsymbol{x}_{h+1} = \boldsymbol{b}_h,$$

$$\boldsymbol{x}_j \geqslant \boldsymbol{0} \quad (j = 1, 2, \cdots, m+1).$$

当 m 为偶数时 $h = m$, $k = m - 1$; 当 m 为奇数时, $k = m$, $h = m - 1$.

这时，便得到了类似于 i) 中系数矩阵形式的 A, 所以完全可以利用前面介绍的分解原则加以处理.

练　　习

1. 当问题为求目标函数极小时,子规划应该是什么样的问题?

2. 对于 A 具有 ii) 型的结构,具体应如何处理?

3. 于例题中，将约束条件右端的要求向量，$(4, 6, 4, 10, 18)^T$ 改成 $(6, 4, 3, 9, 15)^T$ 用分解方法求解.

6.2. 双关联线性规划问题的求解

下面讨论约束条件系数矩阵为 iii) 型的大规模线性规划问题的一种计算方案，称为双关联线性规划问题的一般化上界法.

我们讨论下述线性规划问题：

极大化

$$s = \boldsymbol{c}_0^T \boldsymbol{x}_0 + \boldsymbol{c}_1^T \boldsymbol{x}_1 + \boldsymbol{c}_2^T \boldsymbol{x}_2 + \cdots + \boldsymbol{c}_p^T \boldsymbol{x}_p,$$

满足于约束条件

$$\begin{aligned}
&B_0\boldsymbol{x}_0 + A_1\boldsymbol{x}_1 + A_2\boldsymbol{x}_2 + \cdots + A_p\boldsymbol{x}_p && = \boldsymbol{b}_0,\\
&D_1\boldsymbol{x}_0 + B_1\boldsymbol{x}_1 && = \boldsymbol{b}_1,\\
&D_2\boldsymbol{x}_0 \qquad\qquad + B_2\boldsymbol{x}_2 && = \boldsymbol{b}_2,\\
&\cdots\cdots\\
&D_p\boldsymbol{x}_0 \qquad\qquad + B_p\boldsymbol{x}_p && = \boldsymbol{b}_p,\\
&\boldsymbol{x}_0, \boldsymbol{x}_1, \cdots, \boldsymbol{x}_p \geqslant \boldsymbol{0},
\end{aligned}$$

其中 B_0, A_j $(j = 1, 2, \cdots, p)$ 为 m_0 阶矩阵. D_j, B_j, $(j = 1, 2, \cdots, p)$ m_j 阶矩阵. B_0, D_i $(i = 1, 2, \cdots, p)$ 为 n_0 维矩阵. A_i, B_i $(i = 1, 2, \cdots, p)$ 为 n_0 维矩阵. 这里把矩阵的列数称为维数，矩阵的行数称为阶数. 自然，$\boldsymbol{c}_j$, $\boldsymbol{x}_j$ $(j = 1, 2, \cdots, p)$ 分别为 n_j 维向量. $\boldsymbol{b}_i$ $(i = 1, 2, \cdots, p)$ 分别为 m_i 维向量.

前 m_0 行称为关联行，前 n_0 列称为关联列. 这便是双关联的含意.

我们现在分析实现单纯形法时可能出现的各种情况.

因为单纯形法的迭代过程实质上就是基底的变化过程，所以只要把迭代时基底的变化弄清楚了迭代也就清楚了. 现在针对前面所给出的特殊类型线性规划问题来考查基底的结构以及如何对它进行改造使之有利于计算.

明显地，基底对应的矩阵 $\widetilde{G}$ 应该与原来整个系数矩阵 A 有大体上相同的结构. 对于这个 $\widetilde{G}$，可以对其进行行和列的互换，使得出的新 G 由 α_1, α_2, α_3, β_1, β_2, β_3, γ_1, γ_2, γ_3 共 9 部分组成，如图

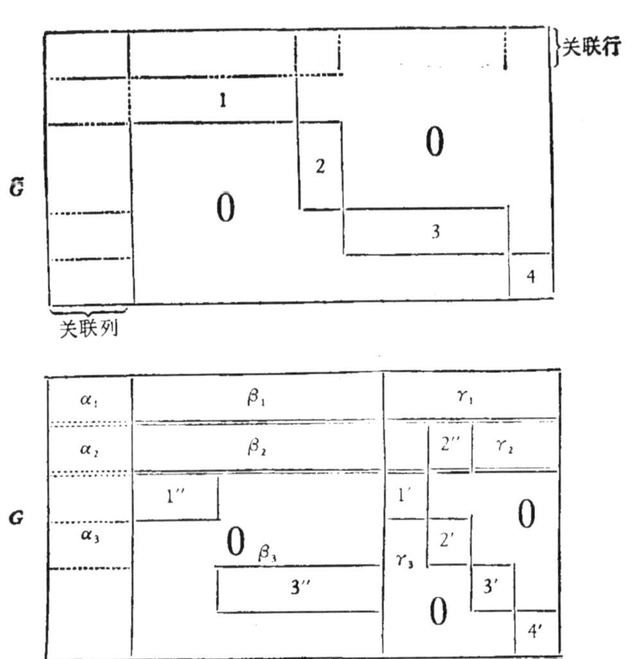

图 10. 双关联单纯形法的基

其中 α_1, α_2, α_3 为取自原来系数矩阵 A 的前 n_0 列中的一些列，设为 l_0 列. 即关联列中取出做为基底向量的列. α_1, β_1, γ_1 为前 m_0 行，即关联行. γ_3 为一些对角线上由方块组成的矩阵. 每个对角块所构成的小矩阵都必须是非奇异的. 如若为奇异的，则将其一些行上移，一些列左移，使余下的小方阵为非奇异的. 于是原来的块 1 分成块 1′ 及块 1″，其中 1′ 为方块，小矩阵非奇异. 1′ 放于 γ_3 中，1′，放于 β_3 中. 块 2 分成 2′ 及 2″. 2′ 为方块，小矩阵非奇异，放入 γ_3 中. 2″ 上移，放于 γ_2 中. 于是自然分成了上述的 9 部分.

在单纯形方法中，迭代时我们总保持这种特性，因此就造成了迭代中的特殊处理. 只要保持这种特性，只要在 γ_3 中记对角块就可以了；而且，如将在后面讨论的那样，在计算中还会有一些方便.

在分法中，明显地，如不对 γ_3 做限制，分法并不是唯一的，但我们自然希望在满足前述要求的前提下，γ_3 的块越大，那种分法越好，所以要寻求使 γ_3 为最大的分法．此时，记 s 为 γ_3 的维数，m 为 G 的维数，因为 G 是原问题的基对应的矩阵，所以 m 也就是原问题的阶数． γ_3 中各子块形成的小矩阵非奇异，m_0 为关联行数，l_0 为关联列中取出的基底向量的个数，则有

定理 1.15. 在上面分法中 s, m, l_0, m_0 一定满足关系式

$$s \geqslant m - l_0 - m_0.$$

证　因为 γ_3 是由对角块组成的方阵，而且每一对角块组成的小矩阵都是非奇异的，因而 γ_3 对应的矩阵为非奇异的．其维数是 s 时，秩也是 s．所以矩阵 (β_3, γ_3) 的秩也为 s．

若任取 (β_2, γ_2) 中的一行，则这一行一定是 (β_3, γ_3) 中某些行的线性组合．

假若不是，于 (β_2, γ_2) 中设有一行 (β, γ) 不是 (β_3, γ_3) 的任何一些行的线性组合．设 (β, γ) 一行是 G 中行列未交换时的第 i 块上移而得到的．则对应于 i 块以外不在关联列中的元素一定为 0．下面分两种情形讨论．

i）若第 i 块除上移一行变成 (β, γ) 之外，没有任何列向左移到 $\begin{pmatrix}\beta_2\\ \beta_3\end{pmatrix}$ 中去．此时因 i 块将 (β, γ) 上移后余下的为方块，所以此时不可能有“(β, γ) 一行不是 (β_3, γ_3) 的任意一些行的线性组合”这一说法．

ii）若第 i 块除上移一行变成 (β, γ) 之外，还有一列左移到 $\begin{pmatrix}\beta_2\\ \beta_3\end{pmatrix}$ 中去．设此列为 $\begin{pmatrix}b_2\\ b_3\end{pmatrix}$，于是将这一列移到第 i 块，(β, γ) 一行移到第 i 块，则子块 i 加大一维．由于 (β, γ) 不能被 (β_3, γ_3) 中的一些行线性组合所得到，故加大的子块也满足分块要求，这与 γ_3 为最大的块相矛盾．因而可推出

$$\begin{pmatrix}\beta_2 & \gamma_2\\ \beta_3 & \gamma_3\end{pmatrix}$$

的秩为 s．因为 G 为基底所对应的矩阵，所以秩为 m，于是有

$$m \leqslant s + l_0 + m_0,$$

由此得出

$$s \geqslant m - l_0 - m_0.$$

为了求双关联线性规划问题的解，我们用单纯形法的逆矩阵形式. 因为 G 的特殊结构，所以在计算量和存储量上都可以大为减少.

单纯形法的计算步骤.

1° 找对偶线性规划问题的容许解，

$$\boldsymbol{\pi}^T = \boldsymbol{c}_M^T G^{-1}.$$

我们也可把对偶线性规划的相应解 $\boldsymbol{\pi}$ 称为单纯形乘子.

2° 对每一非基本向量 $\boldsymbol{p}_j$ 求判别数

$$\sigma_j = \boldsymbol{\pi}^T \boldsymbol{p}_j - c_j,$$

再求

$$\sigma_k = \min_{1 \leqslant j \leqslant n} \{\sigma_j\}.$$

若

$$\sigma_k \geqslant 0,$$

则求出了最优解，否则

$$\sigma_k < 0,$$

将 $\boldsymbol{p}_k$ 引入基底.

3° 计算引进基底向量的变化值，

$$\tilde{\boldsymbol{p}}_k = G^{-1}\boldsymbol{p}_k = (d_{1k}, d_{2k}, \cdots, d_{mk})^T,$$

4° 决定 $\boldsymbol{p}_k$ 引进基底后在基底中的位置. 记其顺序为 l，也就是定出主元行号 l.

$$\frac{x_{jl}}{d_{lk}} = \min_{d_{ik}>0} \left\{\frac{x_{ji}}{d_{ik}}\right\}.$$

其中 x_{j_i} 为基本变量的分量取值. 记

$$\boldsymbol{x}_M = (x_{j_1}, x_{j_2}, \cdots, x_{j_m})^T,$$

则

$$\boldsymbol{x}_M = G^{-1}\boldsymbol{b}.$$

此处

$$\boldsymbol{b}^T = (\boldsymbol{b}_0^T, \boldsymbol{b}_1^T, \cdots, \boldsymbol{b}_p^T).$$

5° 变换逆矩阵 G^{-1}.

因为矩阵 A 的结构特殊,而导致 G^{-1} 的特殊,现讨论在这些特殊情况下如何计算 G^{-1}. 由 1°, 3° 得

$$\boldsymbol{\pi}^T G = \boldsymbol{c}_M^T,$$

$$G\tilde{\boldsymbol{p}}_k = \boldsymbol{p}_k.$$

对 G 重新分块,

$$G = \left(\begin{array}{cc:c} \alpha_1 & \beta_1 & \gamma_1 \\ \alpha_2 & \beta_2 & \gamma_2 \\ \hdashline \alpha_3 & \beta_3 & \gamma_3 \end{array}\right)$$

$$= \begin{pmatrix} G_1 & H \\ J & G_2 \end{pmatrix}.$$

假定另一个矩阵 R, 形如

$$R = \begin{pmatrix} \beta & H \\ 0 & G_2 \end{pmatrix}.$$

明显地, G_2 有逆矩阵存在. 假定有一个矩阵 T

$$T = \begin{pmatrix} I & 0 \\ V & I \end{pmatrix},$$

其中两个单位矩阵 I 的维数是不同的. 自然, T 是非奇异的. 我们要求 T, G, R 之间满足关系式

$$GT = R,$$

具体写出为

$$\begin{pmatrix} G_1 & H \\ J & G_2 \end{pmatrix}\begin{pmatrix} I & 0 \\ V & I \end{pmatrix} = \begin{pmatrix} \beta & H \\ 0 & G_2 \end{pmatrix},$$

其中 G_2 为前面式子中的 γ_3, G_1 为 $\begin{pmatrix} \alpha_1 & \beta_1 \\ \alpha_2 & \beta_2 \end{pmatrix}$, J 为 (α_3, β_3), H 为 $\begin{pmatrix} \gamma_1 \\ \gamma_2 \end{pmatrix}$.

由上式中 $J + G_2V = 0$ 得到

$$V = -G_2^{-1}J,$$

求出了 V, 于是 T 也就可以给出来了,即

$$T=\begin{pmatrix} I & 0 \\ -G_2^{-1}J & I \end{pmatrix}.$$

又有

$$G_1+HV=\beta,$$
$$\beta=G_1+HV=G_1-HG_2^{-1}J.$$

有了 β 也就有了 R，所以 R 也可以方便地写出来了，即

$$R=\begin{pmatrix} G_1-HG_2^{-1}J & H \\ 0 & G_2 \end{pmatrix}.$$

β 是这一计算方案起核心作用的部分，称之为"工作基". 由前面的推导可以知道 β 的秩数最多是 m_0+l_0. 因为 G 是基底对应的矩阵，所以它一定是非奇异的，而 T 也是非奇异的，所以 R 就一定是非奇异的. 再由 R 的具体形式可知 β 也一定是非奇异的.

首先讨论 $\boldsymbol{\pi}$ 的计算，由

$$\boldsymbol{\pi}^T G=\boldsymbol{c}_M^T,$$

两边同时乘以 T 有

$$\boldsymbol{\pi}^T GT=\boldsymbol{\pi}^T R=\boldsymbol{c}_M^T T.$$

为了讨论方便，我们把原来给定的线性规划问题的目标函数改写成

$$x_0=\boldsymbol{c}_0^T\boldsymbol{x}_0+\boldsymbol{c}_1^T\boldsymbol{x}_1+\cdots+\boldsymbol{c}_p^T\boldsymbol{x}_p,$$

于是有

$$x_0-\boldsymbol{c}_0^T\boldsymbol{x}_0-\boldsymbol{c}_1^T\boldsymbol{x}_1-\cdots-\boldsymbol{c}_p^T\boldsymbol{x}_p=0. \tag{1.101}$$

这时目标函数便可表示为

极大化

$$x_0,$$

所要满足的约束条件中增加了(1.101). 我们把(1.101)放入关联行中，并且仍记

$$\begin{pmatrix} 1 & -\boldsymbol{c}_0^T \\ \boldsymbol{0} & B_0 \end{pmatrix} \text{ 为 } B_0,$$

$$\begin{pmatrix} -\boldsymbol{c}_j^T \\ A_j \end{pmatrix} \text{ 为 } A_j \quad (j=1,2,\cdots,p),$$

$$\begin{pmatrix} 0 \\ \boldsymbol{b}_0 \end{pmatrix} \text{ 为 } \boldsymbol{b}_0, \quad \begin{pmatrix} x_0 \\ \boldsymbol{x}_0 \end{pmatrix} \text{ 为 } \boldsymbol{x}_0$$

因此向量 $\boldsymbol{x}_0$ 的第一个分量为 x_0.

$$(\mathbf{0}\ D_i) \text{ 为 } D_i \quad (i = 1, 2, \cdots, p).$$

此时有

$$\begin{aligned} \boldsymbol{\pi}^T GT = \boldsymbol{\pi}^T R = \mathbf{c}_M^T T &= (1, 0, \cdots, 0)T \\ &= (1, 0, \cdots, 0). \end{aligned}$$

将 $\boldsymbol{\pi}$ 写为

$$\boldsymbol{\pi}^T = (\boldsymbol{\pi}_0^T, \boldsymbol{\pi}_1^T, \cdots, \boldsymbol{\pi}_q^T).$$

其中 $\boldsymbol{\pi}_0$ 为对应于工作基的单纯形乘子向量，有 $m - s$ 个分量. $\boldsymbol{\pi}_j$ 为对应于 G_2 中第 j 块的单纯形乘子向量,有 s_j 个分量,

$$\sum_{j=1}^{q} s_j = s.$$

注意 G 中的 G_2 对应于 R 中的 G_2，所以 $\boldsymbol{\pi}_j$ 也是对应于 R 中 G_2 的第 j 个子块的单纯形乘子向量.

$$\boldsymbol{\pi}_0^T G = (1, 0, \cdots, 0) \qquad (m - s \text{维}),$$

这是对应于工作基的,得出

$$\boldsymbol{\pi}_0^T = (1, 0, 0, \cdots, 0)G^{-1} = (G^{-1})_{1\cdot}. \tag{1.102}$$

此处 $(G^{-1})_{1\cdot}$ 表示逆矩阵 G^{-1} 的第一行元素组成的行向量. 又从

$$\boldsymbol{\pi}^T R = (1, 0, \cdots, 0)$$

的后面 s 个分量得出

$$\boldsymbol{\pi}_0^T H_j + \boldsymbol{\pi}_j^T (G_2)_j = \mathbf{0},$$

其中 $(G_2)_j$ 表示 G_2 中的第 j 块，为了方便，我们今后记其为 $G_2^{(j)}$. 由前面假设知 $G_2^{(j)}$ 非奇异,于是得出

$$\boldsymbol{\pi}_j^T = -\boldsymbol{\pi}_0^T H_j (G_2^{(j)})^{-1}. \tag{1.103}$$

由 (1.102)及(1.103) 便可方便地求出单纯形乘子向量 $\boldsymbol{\pi}$. 只用到 G^{-1} 的第一行及每一个 G_2 子块的逆矩阵.

下面再来讨论引进基底的向量 $\tilde{\boldsymbol{p}}_k$ 的各个分量应如何计算.记

$$\boldsymbol{z} = T^{-1}\tilde{\boldsymbol{p}}_k,$$

有

$$Rz = GTz = G\tilde{p}_k = p_k.$$

将 z 及 p_k 分段成

$$z^T = (z_0^T, z_1^T, \cdots, z_q^T),$$

$$p_k^T = ((p_0^{(k)})^T, (p_1^{(k)})^T, \cdots, (p_q^{(k)})^T).$$

则有

$$\beta z_0 + \sum_{j=1}^{q} H_j z_j = p_0^{(k)},$$

$$G_2^{(j)} z_j = p_j^{(k)} \quad (j = 1, 2, \cdots, q).$$

由后一式子推出

$$z_j = (G_2^{(j)})^{-1} p_j^{(k)} \quad (j = 1, 2, \cdots, q), \tag{1.104}$$

代入前一式子推出有

$$z_0 = \beta^{-1} \left\{ p_0^{(k)} - \sum_{j=1}^{q} H_j (G_2^{(j)})^{-1} p_j^{(k)} \right\}. \tag{1.105}$$

由于求出了 z_0, z_j $(j = 1, 2, \cdots, q)$ 所以就得出了向量 z.

若 p_k 不是关联列时,则对很多子块有

$$p_j^{(k)} = 0,$$

因而对这些 $p_j^{(k)}$ 对应地有 $z_j = 0$, 此时自然 z_0 也就简单了.

有了 z, 便可求出 $\tilde{p}_k$, 为

$$\tilde{p}_k = Tz.$$

具体表示为

$$\tilde{p}_0^{(k)} = Iz_0 = z_0 \tag{1.106}$$

$$\tilde{p}_j^{(k)} = V_j z_0 + I z_j = V_j z_0 + z_j \ (j = 1, 2, \cdots, q). \tag{1.107}$$

V_j 为 V 中包含在第 j 块中的各行. 由公式(1.104)—(1.107)就可方便地求出 $\tilde{p}_k$ 来.

现在讨论基的变化. 记变化前对应于基底的矩阵为 G, 变化后对应于基底的矩阵为 $\tilde{G}$. 由前面的叙述,我们知道有

$$\tilde{G}^{-1} = E_{lk} G^{-1}.$$

其中 E_{lk} 为

$$
E_{lk}=\begin{pmatrix}
1 & 0 & 0 & \cdots & 0 & \dfrac{-d_{1k}}{d_{lk}} & 0 & \cdots & 0\\
0 & 1 & 0 & \cdots & 0 & \dfrac{-d_{2k}}{d_{lk}} & 0 & \cdots & 0\\
0 & 0 & 1 & \cdots & 0 & \dfrac{-d_{3k}}{d_{lk}} & 0 & \cdots & 0\\
\vdots & \vdots & \vdots & & \vdots & \vdots & \vdots & & \vdots\\
0 & 0 & 0 & \cdots & 1 & \dfrac{-d_{l-1,k}}{d_{lk}} & 0 & \cdots & 0\\
0 & 0 & 0 & \cdots & 0 & \dfrac{1}{d_{lk}} & 0 & \cdots & 0\\
0 & 0 & 0 & \cdots & 0 & \dfrac{-d_{l+1,k}}{d_{lk}} & 1 & \cdots & 0\\
\vdots & \vdots & \vdots & & \vdots & \vdots & \vdots & & \vdots\\
0 & 0 & 0 & \cdots & 0 & \dfrac{-d_{mk}}{d_{lk}} & 0 & \cdots & 1
\end{pmatrix}.
$$

我们所关心的仍是工作基 β 的逆矩阵的变化.

由

$$GT=R,$$

$$\tilde{R}^{-1}=\tilde{T}^{-1}\tilde{G}^{-1}=\tilde{T}^{-1}E_{lk}G^{-1}=\tilde{T}^{-1}E_{lk}TR^{-1},$$

即

$$
\begin{pmatrix}\tilde{\beta}^{-1} & -\tilde{\beta}^{-1}\tilde{H}\tilde{G}_2^{-1}\\ 0 & \tilde{G}_2^{-1}\end{pmatrix}=\begin{pmatrix}I & 0\\ -\tilde{V} & I\end{pmatrix}\begin{pmatrix}E_1^{(lk)} & E_2^{(lk)}\\ E_3^{(lk)} & E_4^{(lk)}\end{pmatrix}
\times\begin{pmatrix}I & 0\\ V & I\end{pmatrix}\begin{pmatrix}\beta^{-1} & -\beta^{-1}HG_2^{-1}\\ 0 & G_2^{-1}\end{pmatrix}.
$$

由矩阵运算得出

$$
\begin{aligned}
\tilde{\beta}^{-1}&=(I\quad 0)\begin{pmatrix}E_1^{(lk)} & E_2^{(lk)}\\ E_3^{(lk)} & E_4^{(lk)}\end{pmatrix}\begin{pmatrix}I & 0\\ V & I\end{pmatrix}\begin{pmatrix}\beta^{-1}\\ 0\end{pmatrix}\\
&=(E_1^{(lk)}\quad E_2^{(lk)})\begin{pmatrix}\beta^{-1}\\ V\beta^{-1}\end{pmatrix}\\
&=(E_1^{(lk)}+E_2^{(lk)}V)\beta^{-1}.
\end{aligned}\tag{1.108}
$$

为了具体运用这一公式,在下面进一步讨论.

下面称包含在G中对角块上面的各列为“键列”，而其余各列为“非键列”．以下分几种情形进行讨论．

情形 1）从基底中换出的列为非键列．自然，换入的列一定是非键列．因为换入的列不属于G，它也就决不会包含在G中的对角块上．G^{-1}的变化为

$$\tilde{G}^{-1}=E_{lk}G^{-1}.$$

此时将E_{lk}分成4部分有

$$E_1^{(lk)}=\begin{pmatrix} 1 & 0 & \cdots & \frac{-d_{1k}}{d_{lk}} & \cdots & 0 \\ 0 & 1 & \cdots & \frac{-d_{2k}}{d_{lk}} & \cdots & 0 \\ \vdots & \vdots & & \vdots & & \vdots \\ 0 & 0 & \cdots & \frac{1}{d_{lk}} & \cdots & 0 \\ \vdots & \vdots & & \vdots & & \vdots \\ 0 & 0 & \cdots & \frac{-d_{pk}}{d_{lk}} & \cdots & 1 \end{pmatrix},$$

$$E_2^{(lk)}=0.$$

其中p为对应于

$$R=\begin{pmatrix} \beta & H \\ 0 & G_2 \end{pmatrix}$$

中β及H的行数，$p=m-s$．代入公式(1.108)得

$$\tilde{\beta}^{-1}=E_1^{(lk)}\beta^{-1}.$$

G_2将不变化，G_2^{-1}也不变化，即$\tilde{G}_2^{-1}=G_2^{-1}$.

$$\tilde{V}=-\tilde{G}_2^{-1}\tilde{J}=-G_2^{-1}\tilde{J}.$$

$\tilde{J}$的变化，仅为第l列相应于J中的分量用$\boldsymbol{p}_k$相应的分量代替，所以V到$\tilde{V}$也只有一列的变化．H_2也不变化，故此$\tilde{H}_2=H_2$.

情形 2）换出的$\boldsymbol{p}_l$为键列，此时又分三种情形进行讨论．

2.1）换出的$\boldsymbol{p}_l$，换入的$\boldsymbol{p}_k$对应于A中的同一块上．例如在$G_2^{(j)}$对应的块中．与前面一样，应有

$$\tilde{G}^{-1}=E_{lk}G^{-1}.$$

与情形 1）不同之点是初等矩阵 E_{lk} 的非单位向量出现在“键列”上．此时 $E_1^{(lk)}$ 为单位矩阵，$E_2^{(lk)}$ 除一列外均为 $\mathbf{0}$． 这一列出现在E_{lk} 的第 l 列上，$E_2^{(lk)}$ 的第 $l-(m-s)$ 列上，

$$\begin{aligned}\tilde{\beta}^{-1} &= (E_1^{(lk)} + E_2^{(lk)}V)\beta^{-1} \\ &= (I + (\mathbf{0}, \mathbf{0}, \cdots, \mathbf{0}, \bar{\eta}, \mathbf{0}, \cdots, \mathbf{0})V)\beta^{-1} \\ &= \beta^{-1} + \bar{\eta}V_{l\cdot}^T\beta^{-1}.\end{aligned}$$

其中

$$\bar{\eta} = \begin{pmatrix} \frac{-d_{1k}}{d_{lk}} \\ \frac{-d_{2k}}{d_{lk}} \\ \vdots \\ \frac{1}{d_{lk}} \\ \vdots \\ \frac{-d_{pk}}{d_{lk}} \end{pmatrix},$$

$p=m-s$.

$$V_{l\cdot}^T = (v_{l1}, v_{l2}, \cdots, v_{lp}),$$

即 V 的第 l 行的前 p 个分量．注意，

$$\bar{\eta}V_{l\cdot}^T = (v_{l1}\bar{\eta}, v_{l2}\bar{\eta}, \cdots, v_{lp}\bar{\eta})$$

为一矩阵，而 $\bar{\eta}$ 只是 $\boldsymbol{\eta}$ 的前一段．

块对角矩阵只有第 $l-(m-s)$ 列在变化，因而只有 $(G_2^{(j)})^{-1}$ 发生变化，即

$$(\widetilde{G}_2^{(j)})^{-1} = \hat{E}_{lk}(G_2^{(j)})^{-1}.$$

在这一段里仅讨论变化后 $\widetilde{G}_2^{(j)}$ 仍为非奇异的情形． $\hat{E}_{lk}$ 为相应于小块 $G_2^{(j)}$ 的初等矩阵．J 不变．由前面的 $(\widetilde{G}_2^{(j)})^{-1}$ 得

$$\widetilde{V}_j = -(\widetilde{G}_2^{(j)})^{-1}J_j = -\hat{E}_{lk}(G_2^{(j)})^{-1}J_j = \hat{E}_{lk}V_j.$$

2.2） $\boldsymbol{p}_l$ 对应于 $G_2^{(j)}$ 小块，但变化后 $\widetilde{G}_2^{(j)}$ 成为奇异的，所以不

能用 2.1) 中讨论的公式. 或者因为换入的 $\boldsymbol{p}_k$ 与 $\boldsymbol{p}_l$ 于 A 中不在同一块上,所以 2.1) 中讨论的公式也不能用. 为了防止小块 $G_2^{(j)}$ 的大小发生变化,我们总希望再引入一列放入 $G_2^{(j)}$ 中. 从前面分块原则知道,这只有在没有进行行列调换前,属于 $G_2^{(j)}$ 对应小块的列才能引入到这一小块中来. 为了保持 $G_2^{(j)}$ 为方块,这些列是在调整行列时被移走的,现在也只能考虑这些列重新移回来. 这种列的移动也是一种变换. 现在来讨论这种变换. 设移回到 $G_2^{(j)}$ 小块中的列为 $\boldsymbol{p}_q$,自然 $\boldsymbol{p}_q$ 是在对应于 β 的位置上. 我们本来要实行以 $\boldsymbol{p}_k$ 换 $\boldsymbol{p}_l$,现在先以 $\boldsymbol{p}_q$ 换 $\boldsymbol{p}_l$,这个变化只是 G 中两个列的对换,所以公式很简单. 仍记

$$\tilde{G}^{-1} = E_{lq}G,$$

此时

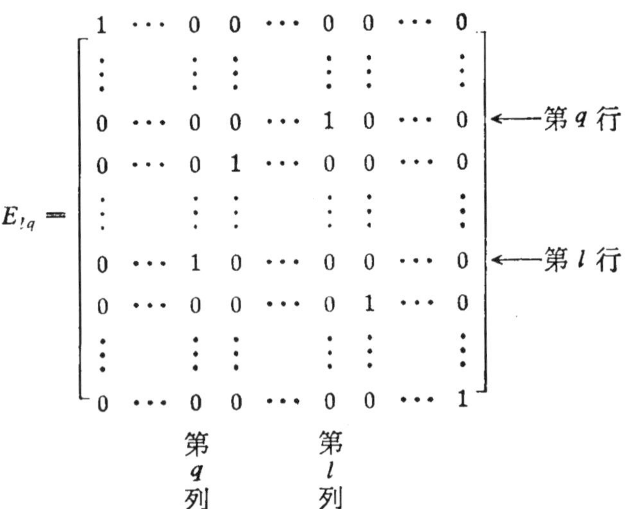

$$E_{lq}=\begin{bmatrix}1&\cdots&0&0&\cdots&0&0&\cdots&0\\ \vdots&&\vdots&\vdots&&\vdots&\vdots&&\vdots\\ 0&\cdots&0&0&\cdots&1&0&\cdots&0\\ 0&\cdots&0&1&\cdots&0&0&\cdots&0\\ \vdots&&\vdots&\vdots&&\vdots&\vdots&&\vdots\\ 0&\cdots&1&0&\cdots&0&0&\cdots&0\\ 0&\cdots&0&0&\cdots&0&1&\cdots&0\\ \vdots&&\vdots&\vdots&&\vdots&\vdots&&\vdots\\ 0&\cdots&0&0&\cdots&0&0&\cdots&1\end{bmatrix}\begin{matrix}\\ \\ \longleftarrow 第\ q\ 行\\ \\ \\ \longleftarrow 第\ l\ 行\\ \\ \\ \\ \end{matrix}$$

第 q 列　　第 l 列

也就是

$$E_{lq} = (\boldsymbol{e}_1, \cdots, \boldsymbol{e}_{q-1}, \boldsymbol{e}_l, \boldsymbol{e}_{q+1}, \cdots, \boldsymbol{e}_{l-1}, \boldsymbol{e}_q, \boldsymbol{e}_{l+1}, \cdots, \boldsymbol{e}_m).$$

于是有

$$\tilde{\beta}^{-1} = (E_1^{(lq)} + E_2^{(lq)})\beta^{-1} = \bar{v}_q\beta^{-1},$$

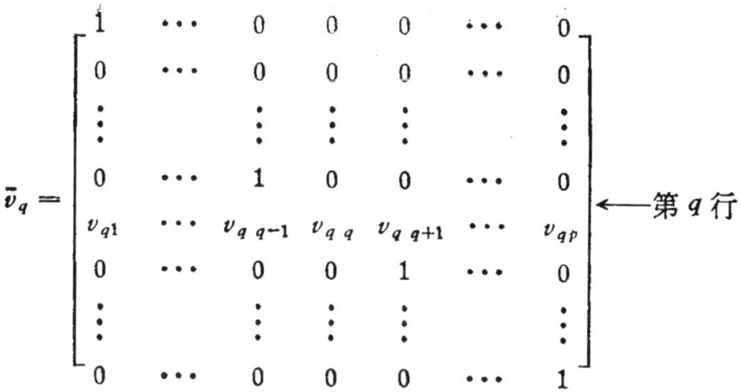

其中

$$v=(v_{q1},v_{q2},\cdots,v_{qp})^T$$

是V的第$l-(m-s)$行前p个元素组成的向量．为使$(E_1^{(lq)}+E_2^{(lq)}V)$非奇异,就要求v的第q个元素$v_{qq}\neq 0$，否则我们不在这一段讨论,而在2.3)中讨论.

两列交换后再来讨论求逆.

$$(\tilde{G}_2^{(j)})^{-1}=\hat{E}_{lq}(G^{(j)})^{-1}.$$

$\hat{E}_{lq}$为一初等矩阵,记它的不是单位向量的列为$\bar{\eta}$，则$\bar{\eta}$为由V的第q列所组成

$$\tilde{V}=-(\tilde{G}_2^{(j)})^{-1}\tilde{J}，只有V_j变化$$

$$\tilde{V}_j=-(\tilde{G}_2^{(j)})^{-1}\tilde{J}_j=-\hat{E}_{lq}(G_2^{(j)})^{-1}\tilde{J}_j=\hat{E}_{lq}V_j.$$

$\tilde{J}_j$中除第q列被$G_2^{(j)}$中第l列代替外其余不变.

经过这一变化后,再进行k和l的替换，此时，因l列为非键列,所以用情形1)处理.

2.3）换出的列$\boldsymbol{p}_l$属于键列，对应于小块$G_2^{(j)}$，但前面2.1)，2.2)的讨论都不能满足.

这时,我们就只能使$G_2^{(j)}$缩小．同时，G_2也因之而缩小．为了保持$G_2^{(j)}$的方块形状及非奇异性，缩小一列之后也要缩小一行.

为不失一般性,我们取$G_2^{(1)}$进行考虑，把$G_2^{(1)}$的第一列，第一

行左移和上移. 由 G 变成 $\widetilde{G}$

$$G=\left(\begin{array}{c:ccc} G_1 & & & H \\ \hdashline & \multicolumn{1}{:c:}{G_2^{(1)}} & & \\ \cdashline{2-2} J & & & G_2 \end{array}\right),$$

$$\widetilde{G}=\left(\begin{array}{c:ccc} \widetilde{G}_1 & & & \widetilde{H} \\ \hdashline & \multicolumn{1}{:c:}{\widetilde{G}_2^{(1)}} & & \\ \cdashline{2-2} \widetilde{J} & & & \widetilde{G}_2 \end{array}\right).$$

则 $\widetilde{G}_1$ 比 G_1 多一行一列, $\widetilde{H}$ 比 H 多一行少一列, $\widetilde{J}$ 比 J 少一行多一列, $\widetilde{G}_2^{(1)}$ 比 $G_2^{(1)}$ 少一行少一列, 因此 $\widetilde{G}_2$ 比 G_2 也少一行少一列, 但 $\widetilde{G}$ 与 G 一般大小. 但因分法不同, $\widetilde{T}\neq T$, $\widetilde{R}\neq R$. 因此, 我们要计算 $(\widetilde{G}_2^{(1)})^{-1}$, $\tilde{\beta}^{-1}$, $\widetilde{V}$. 记

$$(G_2^{(1)})^{-1}=\begin{pmatrix} w & \boldsymbol{x}^T \\ \boldsymbol{y} & Z \end{pmatrix},$$

其中 $(w, \boldsymbol{x}^T)$ 为一行向量, $\begin{pmatrix} w \\ \boldsymbol{y} \end{pmatrix}$ 为一列向量. w 为一纯量. 我们要求的 $(\widetilde{G}_2^{(1)})^{-1}$ 要与 Z 的维数一致. 由矩阵方块求逆可知

$$(\widetilde{G}_2^{(1)})^{-1}=Z-\frac{\boldsymbol{y}\boldsymbol{x}^T}{w},\ w\neq 0.$$

其中 $\boldsymbol{y}$ 为列向量, $\boldsymbol{x}^T$ 为行向量, $\boldsymbol{y}\boldsymbol{x}^T$ 为一矩阵, 此矩阵秩为 1, 也可称为一个秩 1 矩阵. 又

$$\widetilde{G}=G,$$

$$\widetilde{R}^{-1}=\widetilde{T}^{-1}\widetilde{G}^{-1}=\widetilde{T}^{-1}G^{-1}=\widetilde{T}^{-1}TR^{-1},$$

具体写出来便是

$$\begin{pmatrix} \tilde{\beta}^{-1} & -\tilde{\beta}^{-1}\widetilde{H}\widetilde{G}_2^{-1} \\ 0 & \widetilde{G}_2^{-1} \end{pmatrix}$$

$$=\begin{pmatrix} I & 0 \\ -\widetilde{V} & I \end{pmatrix}\begin{pmatrix} I & 0 \\ V & I \end{pmatrix}\begin{pmatrix} \beta^{-1} & -\beta^{-1}HG_2^{-1} \\ 0 & G_2^{-1} \end{pmatrix}.$$

于是

$$\beta^{-1} = (I \quad 0)\begin{pmatrix} I & 0 \\ V & I \end{pmatrix}\begin{pmatrix} \beta^{-1} & \begin{matrix} \boldsymbol{h} \\ w \\ \boldsymbol{y} \\ 0 \end{matrix} \\ 0 & \end{pmatrix}$$

$$= \begin{pmatrix} I & 0 & 0 \\ \boldsymbol{v}^T & 1 & \end{pmatrix}\begin{pmatrix} \beta^{-1} & \begin{matrix} \boldsymbol{h} \\ w \\ \boldsymbol{y} \\ 0 \end{matrix} \\ 0 & \end{pmatrix}$$

$$= \begin{pmatrix} \beta^{-1} & \boldsymbol{h} \\ \boldsymbol{v}^T\beta^{-1} & \boldsymbol{v}^T\boldsymbol{h} + w \end{pmatrix}.$$

其中 $\begin{pmatrix} \boldsymbol{h} \\ w \\ \boldsymbol{y} \\ 0 \end{pmatrix}$ 为 $\begin{pmatrix} -\beta^{-1}HG_2^{-1} \\ G_2^{-1} \end{pmatrix}$ 的第一列，$\boldsymbol{v}^T$ 为 V 的第一行.

$$\begin{aligned} \boldsymbol{h} &= (\beta^{-1}HG_2^{-1})_{\cdot 1} = \beta^{-1}H(G_2^{-1})_{\cdot 1} \\ &= \beta^{-1}H(w, \boldsymbol{y}^T, 0)^T = \beta^{-1}H_1(w, \boldsymbol{y}^T)^T. \end{aligned}$$

其中 $(\beta^{-1}HG_2^{-1})_{\cdot 1}$ 表示 $\beta^{-1}HG_2^{-1}$ 的第一列. $(G_2^{-1})_{\cdot 1}$ 表示 G_2^{-1} 的第一列. H_1 为 H 的第一块.

与上同样处理

$$\tilde{T}^{-1} = \tilde{R}^{-1}RT^{-1},$$

可得

$$\tilde{V} = \begin{pmatrix} \hat{V}_1 - \dfrac{\boldsymbol{y}\boldsymbol{v}^T}{w} & \dfrac{\boldsymbol{y}}{w} \\ \hat{V} & 0 \end{pmatrix}.$$

其中 $\boldsymbol{v}^T$ 是 V 的第一行，$\hat{V}_1$ 是 V 的第一块去掉第一行余下的部分，$\hat{V}$ 为其余各块. $\tilde{V}$ 比 V 少了一行多了一列.

情形 3）在上面处理中，情形 2.3）每出现一次，工作基便扩大一维. 我们希望从 β 中移出一行一列，使对角块中增加一行一列. 这样做就不致于使工作基扩大. 从 G_2 出发进行讨论. 设 G_2 中的

$G_2^{(j)}$ 块增加一行一列，具体为

$$\begin{pmatrix} \varphi & \boldsymbol{\psi}^T \\ \boldsymbol{r} & G_2^{(j)} \end{pmatrix} \begin{matrix} \leftarrow \text{增加 1 行.} \\ \leftarrow G_2 \text{ 中第 } j \text{ 块.} \end{matrix}$$

增
加
一
列

将扩大的 $G_2^{(j)}$ 记成 $\widetilde{G}_2^{(j)}$，即

$$\widetilde{G}_2^{(j)} = \begin{pmatrix} \varphi & \boldsymbol{\psi}^T \\ \boldsymbol{r} & G_2^{(j)} \end{pmatrix}.$$

若 $(G_2^{(j)})^{-1}$ 存在，记

$$(\widetilde{G}_2^{(j)})^{-1} = \begin{pmatrix} w & \boldsymbol{x}^T \\ \boldsymbol{y} & Z \end{pmatrix},$$

由分块求逆的公式知道

$$w = \frac{1}{\varphi - \boldsymbol{\psi}^T (G_2^{(j)})^{-1} \boldsymbol{r}},$$

$$\boldsymbol{x}^T = -w \boldsymbol{\psi}^T (G_2^{(j)})^{-1},$$

$$\boldsymbol{y} = -(G_2^{(j)})^{-1} \boldsymbol{r} w,$$

$$Z = (G_2^{(j)})^{-1} - (G_2^{(j)})^{-1} \boldsymbol{r} \boldsymbol{x}^T.$$

由此可知 $(\widetilde{G}_2^{(j)})^{-1}$ 存在的条件是

$$\varphi - \boldsymbol{\psi}^T (G_2^{(j)})^{-1} \boldsymbol{r} \neq 0.$$

为求 β^{-1}，不妨设非键列的最末一列最末一行并入键中作为第一列第一行. 自然 $\widetilde{G}$ 与 G 一致. 由

$$\widetilde{R}^{-1} = \widetilde{T}^{-1} \widetilde{G}^{-1} = \widetilde{T}^{-1} G^{-1} = \widetilde{T}^{-1} T R^{-1},$$

即

$$\begin{pmatrix} \widetilde{\beta}^{-1} & -\widetilde{\beta}^{-1} H \widetilde{G}_2^{-1} \\ 0 & \widetilde{G}_2^{-1} \end{pmatrix} = \begin{pmatrix} I & 0 \\ \widetilde{V} & I \end{pmatrix} \begin{pmatrix} I & 0 \\ V & I \end{pmatrix} \begin{pmatrix} \beta^{-1} & -\beta^{-1} H G_2^{-1} \\ 0 & G_2^{-1} \end{pmatrix}.$$

由此得出

$$\tilde{\beta}^{-1}=(I \quad 0)\begin{pmatrix} I & 0 \\ V & I \end{pmatrix}\begin{pmatrix} \hat{\beta} \\ \boldsymbol{b} \\ 0 \end{pmatrix}=\hat{\beta}.$$

其中 $\hat{\beta}$ 是 β^{-1} 去掉末一行末一列，$\boldsymbol{b}$ 为 β^{-1} 末一列去掉末一元素.

为求 $\tilde{V}$，考虑

$$\tilde{T}^{-1}=\tilde{R}^{-1}\tilde{G}=\tilde{R}^{-1}G=\tilde{R}^{-1}RT^{-1}.$$

如上分块考虑，得

$$\tilde{V}=\begin{bmatrix} -w\boldsymbol{\phi}^T \\ \hat{V}_1-\boldsymbol{y}\boldsymbol{\phi}^T \\ \hat{V} \end{bmatrix}.$$

$\hat{V}_1$ 是 V 的第一块去掉最末一列，$\hat{V}$ 是 V 余下各块，$\boldsymbol{\phi}$ 是工作基的最末一行去掉最末一个元素.

由

$$\beta=G+HV$$

得

$$\begin{aligned}(\boldsymbol{\phi}^T\zeta)^T &= \beta \text{ 的最末一行} \\ &= G_1 \text{ 的最末一行}+(H \text{ 的最末一行})\,V \\ &= \boldsymbol{g}+\boldsymbol{h}V\ (g \text{ 为 } G_1 \text{ 最末一行，} h \text{ 为 } H \text{ 的最末一行}) \\ &= \boldsymbol{g}+(\beta \quad 0)V \\ &= \boldsymbol{g}+\beta V_1.\end{aligned}$$

至此全部讨论结束.

由以上冗杂的陈述，可见这种双关联线性规划问题用单纯形法求解，为了得到一点节省要用多么繁琐的处理. 但是，所有这些运算只是使用单纯形法时基底变化的一点技巧.

在第二章中还要讨论大规模稀疏线性规划问题的一些算法.

§7. 参数线性规划与解的稳定性

对线性规划问题：

极大化

$$s = \boldsymbol{c}^T\boldsymbol{x},$$

满足于约束条件

$$A\boldsymbol{x} = \boldsymbol{b},$$

$$\boldsymbol{x} \geqslant \boldsymbol{0},$$

一旦其中 A：$m \times n$ 矩阵，$\boldsymbol{b}$：m 维向量，$\boldsymbol{c}$：n 维向量，三者给定时，线性规划问题也就确定了．就是说，给定一组 $A, \boldsymbol{b}, \boldsymbol{c}$ 就可以写出一个线性规划问题；反之，给定一个线性规划问题就有一组 $A, \boldsymbol{b}, \boldsymbol{c}$ 与之对应．对于一个给定的线性规划问题，只要它是容许的，那么 $A, \boldsymbol{b}, \boldsymbol{c}$ 就决定了这一线性规划问题的最优值及最优解集合．当 $A, \boldsymbol{b}, \boldsymbol{c}$ 发生变化时，最优值，最优解集合也有可能随 $A, \boldsymbol{b}, \boldsymbol{c}$ 而变化．所以研究一下 $A, \boldsymbol{b}, \boldsymbol{c}$ 的变化如何具体影响线性规划问题的解和如何影响线性规划的最优值，这是很有理论价值和实用价值的．在理论上，往往把 $A, \boldsymbol{b}, \boldsymbol{c}$ 的微小变化称为一种“摄动”．在非线性规划中有人主张一旦提出一个非线性规划，一定要考虑在什么样摄动下讨论问题，而且不同的摄动得出的结果也不一样．可见这一部分在理论上的重要性．在实践上，由于问题的抽象性，数据测量的近似性，计算机字长的有限性，也往往使我们不能得出“绝对”精确的 $A, \boldsymbol{b}, \boldsymbol{c}$．所以讨论当 $A, \boldsymbol{b}, \boldsymbol{c}$ 为近似的，也可以说给 $A, \boldsymbol{b}, \boldsymbol{c}$ 以微小摄动时看一看最优解，最优值会发生如何变化，这是很有实用价值的．

有时也可以把 $A, \boldsymbol{b}, \boldsymbol{c}$ 的摄动看成是 $A, \boldsymbol{b}, \boldsymbol{c}$ 带有参数，所以也有人把这一部分并入到参数规划．

因为常数有 $A, \boldsymbol{b}, \boldsymbol{c}$ 三组，因而参数也可以相应地引入到 $A, \boldsymbol{b}, \boldsymbol{c}$ 中去．我们现在就进行有关的讨论．

因为这一方面的结果目前仍很有限，所以我们只能讨论有限的几种情形．

7.1. 参变量目标函数线性规划问题

这一段，我们将讨论在目标函数系数 $\boldsymbol{c}$ 中引进参数的情形．

问题可陈述如下，令

$$\delta \leqslant \lambda \leqslant \phi, \tag{1.109}$$

其中 δ, ϕ 可以取为某一对确定的数，它们可正可负．但是很自然地应有

$$\delta \leqslant \phi.$$

对于满足上述条件的 λ，要求出

$$\boldsymbol{x} = (x_1, x_2, \cdots, x_n)^T,$$

使极大化

$$s(\lambda) = \sum_{j=1}^{n} (c_j + \lambda d_j) x_j,$$

满足于约束条件

$$\sum_{j=1}^{n} a_{ij} x_j = b_i \quad (i = 1, 2, \cdots, m),$$

$$x_j \geqslant 0 \quad (j = 1, 2, \cdots, n).$$

其中 $A = (a_{ij})$ 为 $m \times n$ 矩阵，$\mathbf{b} = (b_i)$ 为 m 维非负向量，$\mathbf{c} = (c_j)$，$\mathbf{d} = (d_j)$ 为 n 维向量．A, $\mathbf{b}$, $\mathbf{c}$, $\mathbf{d}$ 均为给定的量．

自然要求线性规划问题的约束条件是相容的．如果不相容，则既没有容许解，也没有最优解．为了讨论方便，我们还假定问题是非退化的．取 $\lambda = \delta$，于是上述线性规划问题就化成了一般的线性规划问题，可以用单纯形方法求解．

这时有两种可能：

情形 A)：我们求出了上述线性规划问题的最优解．此时其对偶线性规划问题应有容许解 $\boldsymbol{y}$，满足

$$\boldsymbol{y}^T \boldsymbol{p}_j - (c_j + \delta d_j) \geqslant 0 \quad (j = 1, 2, \cdots, n).$$

由对偶单纯形法可知，

$$\boldsymbol{y}^T = (\mathbf{c} + \delta \mathbf{d})_M^T G^{-1}.$$

于是有

$$(\mathbf{c}_M + \delta \mathbf{d}_M)^T G^{-1} \boldsymbol{p}_j - (c_j + \delta d_j) \geqslant 0 \quad (j = 1, 2, \cdots, n),$$

即

$$(\mathbf{c}_M^T G^{-1} \boldsymbol{p}_j - c_j) + \delta (\mathbf{d}_M^T G^{-1} \boldsymbol{p}_j - d_j) \geqslant 0$$
$$(j = 1, 2, \cdots, n).$$

我们记

$$\alpha_j = \boldsymbol{c}_M^T G^{-1} \boldsymbol{p}_j - c_j,$$
$$\beta_j = \boldsymbol{d}_M^T G^{-1} \boldsymbol{p}_j - d_j,$$

便有

$$\alpha_j + \delta\beta_j \geqslant 0 \quad (j = 1, 2, \cdots, n). \tag{1.110}$$

对所有 $\beta_j < 0$，由（1.110）必须有

$$\delta \leqslant -\frac{\alpha_j}{\beta_j}, \tag{1.111}$$

对所有 $\beta_j > 0$，由(1.110)必须有

$$\delta \geqslant -\frac{\alpha_j}{\beta_j}. \tag{1.112}$$

而且明显地，若 λ 满足(1.111)，(1.112)，则此时求出的最优解对

$$c_j + \lambda d_j \quad (j = 1, 2, \cdots, n)$$

作为目标函数系数的线性规划问题来说也是最优解．于是我们定义

$$\underline{\lambda} = \begin{cases} \max\limits_{\beta_j > 0} \left\{\dfrac{-\alpha_j}{\beta_j}\right\}, \\ -\infty，若所有\ \beta_j \leqslant 0. \end{cases} \tag{1.113}$$

$$\bar{\lambda} = \begin{cases} \min\limits_{\beta_j < 0} \left\{\dfrac{-\alpha_j}{\beta_j}\right\}, \\ +\infty，若所有\ \beta_j \geqslant 0. \end{cases} \tag{1.114}$$

由此可知，对满足

$$\underline{\lambda} \leqslant \lambda \leqslant \bar{\lambda}$$

的一切 λ 都有

$$\alpha_j + \lambda\beta_j \geqslant 0 \quad (j = 1, 2, \cdots, n)$$

成立，亦即

$$\boldsymbol{y}^T \boldsymbol{p}_j - (c_j + \lambda d_j) \geqslant 0 \quad (j = 1, 2, \cdots, n)$$

成立．所以对 $\lambda = \delta$ 求出的最优解，对于 λ 取满足 $\underline{\lambda} \leqslant \lambda \leqslant \bar{\lambda}$ 的任何一个值时相应的线性规划问题，这个最优解仍是最优解． 这便是我们讨论解的稳定性所关心的．

由于我们是取 $\lambda=\delta$ 进行计算的,所以有 $\alpha_j+\delta\beta_j\geqslant 0$ ($j=1,2,\cdots,n$). 因此,若 $\bar{\lambda}=+\infty$ 时,一定有 $\phi<\bar{\lambda}$, 所以对一切 $\lambda\leqslant\phi$ 的,都有 $\lambda<\bar{\lambda}$, 这时问题就全部解决了. 反之,当 $\bar{\lambda}$ 是有穷时,我们设

$$\bar{\lambda}=-\frac{\alpha_k}{\beta_k},\ \beta_k<0.$$

假定对于满足

$$\bar{\lambda}=-\frac{\alpha_k}{\beta_k},\ \beta_k<0$$

的 k, 若约束条件系数矩阵 A 中对应的列 $\boldsymbol{p}_k$ 满足

$$G^{-1}\boldsymbol{p}_k=\tilde{\boldsymbol{p}}_k\leqslant 0,$$

则由单纯形方法可知,此时为无界解情形. 而且由(1.114)可知对 $\lambda>\bar{\lambda}$ 将有

$$\frac{-\alpha_k}{\beta_k}<\lambda,$$

即

$$\alpha_k+\lambda\beta_k<0,\ \text{对}\ \beta_k<0.$$

所以从单纯形方法可知,对此 $\boldsymbol{p}_k$, 无论 λ 取多么大都有

$$\boldsymbol{y}^T\boldsymbol{p}_k^T-C_k<0,$$

所以将 $\boldsymbol{p}_k$ 引入基底是无界解情形. 因此,在这种情形下对 $\lambda>\bar{\lambda}$ 就不必考虑了.

今设 $\tilde{\boldsymbol{p}}_k$ 的分量 a_{ik} ($i=1,2,\cdots,m$) 中至少有一个 $a_{lk}>0$, 于是以 a_{lk} 为主元利用单纯形法便可进行一次迭代. 即将 $\boldsymbol{p}_k$ 引入基底, 再从原来基底中替换出一个基底向量 $\boldsymbol{p}_{i_l}$, 此时由 $\boldsymbol{p}_{i_l}$ 的选取可以知道一定要

$$a_{lk}>0.$$

在这次迭代后得到的新的最优基本容许解又对应于一个新的区间

$$\underline{\lambda}'\leqslant\lambda\leqslant\bar{\lambda}'.$$

在这个区间中最优解是不变的,而且有下述性质.

定理 1.16. 由上面两次求出的 $\underline{\lambda}$, $\bar{\lambda}$ 及 $\underline{\lambda}'$, $\bar{\lambda}'$ 一定满足关系

式

$$\underline{\lambda}' = \bar{\lambda}.$$

证 由单纯形法的计算过程知道，此时将有

$$\alpha_j' + \lambda\beta_j' \geqslant 0 \quad (j = 1, 2, \cdots, n). \tag{1.115}$$

因为此时的基底变化是从原基底中消除 $\boldsymbol{p}_{i_l}$ 而引进 $\boldsymbol{p}_k$ 的，因而 G^{-1} 的变化为

$$\widetilde{G}^{-1} = E_{lk}G^{-1}.$$

其中 $\widetilde{G}^{-1}$ 是新的基底对应的矩阵的逆，G^{-1} 是旧的基底对应的矩阵的逆. 若记

$$G^{-1}\boldsymbol{p}_k = (\alpha_{1k}, \alpha_{2k}, \cdots, \alpha_{mk})^T,$$

则

$$\boldsymbol{E}_{lk} = (\boldsymbol{e}_1, \boldsymbol{e}_2, \cdots, \boldsymbol{e}_{l-1}, \boldsymbol{\eta}, \boldsymbol{e}_{l+1}, \cdots, \boldsymbol{e}_m),$$

其中

$$\boldsymbol{\eta}^T = \left(-\frac{\alpha_{1k}}{\alpha_{lk}}, -\frac{\alpha_{2k}}{\alpha_{lk}}, \cdots, -\frac{\alpha_{l-1,k}}{\alpha_{lk}}, \frac{1}{\alpha_{lk}}, -\frac{\alpha_{l+1,k}}{\alpha_{lk}}, \cdots, -\frac{\alpha_{mk}}{\alpha_{lk}}\right).$$

由

$$\alpha_j = \boldsymbol{C}_M^T G^{-1}\boldsymbol{p}_j - C_j,$$

对应于新的 α_j' 应为

$$\alpha_j' = (\boldsymbol{C}_M')^T\widetilde{G}^{-1}\boldsymbol{p}_j - C_j,$$

其中 $\boldsymbol{C}_M$ 与 $\boldsymbol{C}_M'$ 的区别在于 $\boldsymbol{C}_M$ 中的第 l 个分量 C_{i_l} 换成 C_k 便得到了 C_k. 而 $\widetilde{G}^{-1} = E_{lk}G^{-1}$. 特别

$$\alpha_{jl}' = (\boldsymbol{C}_M')^T E_{lk}G^{-1}\boldsymbol{p}_{i_l} - C_{i_l}.$$

$(\boldsymbol{C}_M')^T E_{lk}$ 的第 l 个分量为

$$-C_{i_1}\frac{\alpha_{1k}}{\alpha_{lk}} - C_{i_2}\frac{\alpha_{2k}}{\alpha_{lk}} - \cdots - C_{i_{l-1}}\frac{\alpha_{l-1,k}}{\alpha_{lk}} + \frac{C_k}{\alpha_{lk}} - C_{i_{l+1}}\frac{\alpha_{l+1,k}}{\alpha_{lk}} - \cdots - C_{i_m}\frac{\alpha_{mk}}{\alpha_{lk}}.$$

因为

$$G^{-1}\boldsymbol{p}_{j_l}=\boldsymbol{e}_l,$$

因此有

$$(\boldsymbol{C}'_M)^T E_{lk} G^{-1}\boldsymbol{p}_{j_l}=-C_{j_1}\frac{\alpha_{1k}}{\alpha_{lk}}-C_{j_2}\frac{\alpha_{2k}}{\alpha_{lk}}-\cdots$$

$$-C_{j_{l-1}}\frac{\alpha_{l-1,k}}{\alpha_{lk}}+\frac{C_k}{\alpha_{lk}}-C_{j_{l+1}}\frac{\alpha_{l+1,k}}{\alpha_{lk}}-\cdots-C_{j_m}\frac{\alpha_{mk}}{\alpha_{lk}}.$$

最后求出

$$\begin{aligned}\alpha'_{j_l}&=-C_{j_1}\frac{\alpha_{1k}}{\alpha_{lk}}-C_{j_2}\frac{\alpha_{2k}}{\alpha_{lk}}-\cdots\\&\quad-C_{j_l}\frac{\alpha_{lk}}{\alpha_{lk}}-\cdots-C_{j_m}\frac{\alpha_{mk}}{\alpha_{lk}}+\frac{C_k}{\alpha_{lk}}\\&=\frac{-1}{\alpha_{lk}}(C_{j_1}\alpha_{1k}+C_{j_2}\alpha_{2k}+\cdots\\&\quad+C_{j_m}\alpha_{mk}-C_k)=\frac{-\alpha_k}{\alpha_{lk}}.\end{aligned}$$

同理可以导出

$$\beta'_{j_l}=-\frac{\beta_k}{\alpha_{lk}}.$$

为了满足

$$\alpha'_{j_l}+\lambda\beta'_{j_l}\geqslant 0,$$

由于 $\alpha_{lk}>0$，可知它等价于

$$-\alpha_k-\lambda\beta_k\geqslant 0.$$

因为 $\beta_k<0$，故有

$$\lambda\geqslant-\frac{\alpha_k}{\beta_k}=\bar{\lambda}.$$

特别取 $\lambda=\bar{\lambda}$ 时也有 $\alpha'_{j_l}+\lambda\beta'_{j_l}=0$，而且由单纯形法可知，新的解也是将 $\lambda=\bar{\lambda}$ 代入目标函数形成的线性规划问题的最优解。所以推出

$$\lambda'=\bar{\lambda}.$$

有了这一性质，我们便可以逐步将 λ 的上界向右开拓，每开拓

一次得到一组最优解，直到开拓到 $\bar{\lambda} > \varphi$ 时为止.

情形 B)：当 $\lambda = \delta$ 时问题没有有穷的极大值. 发生这种情况有两种可能性.

首先，若有向量 $\boldsymbol{p}_k$，它对应 $\alpha_k + \delta\beta_k < 0$，并且所有 $\alpha_{ik} \leqslant 0$，则问题为无界解情形. 我们所要讨论的两种可能性是：第一种可能性，当 $\beta_k \leqslant 0$ 时，对一切 $\lambda > \delta$ 均有 $\alpha_k + \lambda\beta_k < 0$，故而在 $\delta \leqslant \lambda$ 上参数规划总为无界情形. 第二种可能性. 当 $\beta_k > 0$ 时，将对所有满足

$$\lambda < \lambda' = \frac{-\alpha_k}{\beta_k}$$

的 λ 都成立

$$\alpha_k + \lambda\beta_k < 0.$$

因而对满足

$$\delta \leqslant \lambda < \lambda'$$

的 λ，参数规划总是无界解情形. 但是当

$$\lambda = \lambda'$$

时是否有有穷最优基本容许解还不知道.

若所有 $\alpha_j + \lambda'\beta_j \geqslant 0$ $(j = 1, 2, \cdots, n)$ 由单纯形法可知，此时对应的基本容许解就是最优基本容许解.

于是可以用情形 A) 的方法将 λ 的区间向右开拓.

若不满足 $\alpha_j + \lambda'\beta_j \geqslant 0$ $(j = 1, 2, \cdots, n)$，则一定有某 j_0 使得

$$\alpha_{j_0} + \lambda'\beta_{j_0} < 0,$$

我们又可以讨论此 j_0 对应的向量 $\boldsymbol{p}_{j_0}$ 引入基底而求出的新解. 重复这些步骤，一直到不能将 λ 向右开拓，或者已得到 $\lambda > \varphi$ 时为止.

上述计算过程概括为以下几步：

1° 将参数取成限制区域的下界，得出一个线性规划问题，用单纯形法解此问题.

2° 若 1° 中线性规划问题有有限最优解时，找出对应于此最

优解 λ 的取值区间,无容许解时也找出 λ 的区间.

3° 将此区间向右开拓,直到包含 φ 时为止.

例 1.6 求解线性规划问题:

极小化

$$s(\lambda)=\lambda x-y,$$

满足于约束条件

$$\begin{aligned}&3x-y\geqslant 5,\\&2x+y\leqslant 3,\\&x, y \text{ 可任意取值},\end{aligned}$$

其中

$$-\infty<\delta\leqslant\lambda\leqslant\varphi\leqslant+\infty.$$

首先将问题改写成:

极小化

$$s(\lambda)=\lambda(x_1-x_2)-(x_3-x_4)+Mx_7,$$

满足于约束条件

$$\begin{aligned}3(x_1-x_2)-(x_3-x_4)-x_5\quad&+x_7=5,\\2(x_1-x_2)+(x_3-x_4)\quad+x_6\quad&=3.\end{aligned}$$

$$x_1, x_2, \cdots, x_7\geqslant 0.$$

对此线性规划问题列出单纯形表格如下:

表 1.6-1 初始单纯形表格

i	基底描述	C_M	p_0	p_1	p_2	p_3	p_4	p_5	p_6	p_7
				λ	$-\lambda$	-1	1	0	0	M
1	p_7	M	5	3	-3	-1	1	-1	0	1
2	p_6	0	3	⟨2⟩	-2	1	-1	0	1	0
$m+1$			0	0	0	1	-1	0	0	0
$m+2$			0	-1	1	0	0	0	0	0
$m+3$			5	[3]	-3	-1	1	-1	0	0

原来的单纯形表格中只有一个判别行,它记 $\sigma_j=z_j-c_j$, 但

由于引进了 λ，所以此时应有 $\sigma_j = z_j - c_j = \alpha_j + \lambda\beta_j$. 注意，在求极大化目标函数时，判别数为 $\sigma_j = z_j - c_j$；在求极小化目标函数时，应为 $\sigma_j = c_j - z_j$. 故当 $\sigma_j = z_j - c_j$ 时，对后一种情形 $\sigma_j \leqslant 0$ $(j = 1, 2, \cdots, n)$ 对应的基本容许解为最优基本容许解. 为了计算人工变量是基本变量时的判别数，我们又加上一行. 记

$$\sigma_j = z_j - c_j = \alpha_j + \lambda\beta_j + M\gamma_j.$$

所以在 $m+1$, $m+2$, $m+3$ 三行中分别记 $\alpha_j, \beta_j, \gamma_j$. 我们举 $\boldsymbol{p}_1$ 列为例，$\sigma_1 = z_1 - c_1 = -\lambda + 3M + 2\times 0 = 0 - \lambda + 3M$，因而在 $\boldsymbol{p}_1$ 下面 $m+1$, $m+2$, $m+3$ 各行依次填上 0, -1, 3. 类似于 $\boldsymbol{p}_1$，填上所有 $\boldsymbol{p}_2, \boldsymbol{p}_3, \cdots, \boldsymbol{p}_7$ 各列下面 $m+1$, $m+2$, $m+3$ 三行中的具体值. $\boldsymbol{p}_0$ 下面写出前 m 行记上基本变量的取值，$m+1$, $m+2$, $m+3$ 行填上目标函数值，我们的例为 $5M$，故依次填上 0, 0, 5.

因为 M 可取任意大，所以要在 $m+3$ 行中选最大的数 $\boldsymbol{p}_1$ 作为主元列，它对应 $m+3$ 的值为 3. 和单纯形法原来形式一样，有了主元列便可定主元行. 有了主元列，主元行，便可进行主元消去，从而得出新的表格，求出新的三行判别数. 例子的迭代表格如下.

表 1.6-2 迭代表格 1

			$\boldsymbol{p}_1$	$\boldsymbol{p}_2$	$\boldsymbol{p}_3$	$\boldsymbol{p}_4$	$\boldsymbol{p}_5$	$\boldsymbol{p}_6$	$\boldsymbol{p}_7$
			λ	$-\lambda$	-1	1	0	0	M
$\boldsymbol{p}_7$	M	$\frac{1}{2}$	0	0	$\frac{-5}{2}$	$\left\langle\frac{5}{2}\right\rangle$	-1	$\frac{-3}{2}$	1
$\boldsymbol{p}_1$	λ	$\frac{3}{2}$	1	-1	$\frac{1}{2}$	$-\frac{1}{2}$	0	$\frac{1}{2}$	0
		0	0	0	1	-1	0	0	0
		$\frac{3}{2}$	0	0	$\frac{1}{2}$	$\frac{-1}{2}$	0	$\frac{1}{2}$	0
		$\frac{1}{2}$	0	0	$\frac{-5}{2}$	$\boxed{\frac{5}{2}}$	-1	$\frac{-3}{2}$	0

其中 $m+3$ 行最大者为 $\frac{5}{2}$，故确定主元列为 $\boldsymbol{p}_4$，主元行为 1. 进行主元消去，得出新的表格．因为人工变量 x_7 自基本变量集合中被替换出去，故将那一列去掉，而且以后 $m+3$ 行也失去了作用，不妨也去掉．于是列出新的表来．

表 1.6-3　迭代表格 2

			$\boldsymbol{p}_1$	$\boldsymbol{p}_2$	$\boldsymbol{p}_3$	$\boldsymbol{p}_4$	$\boldsymbol{p}_5$	$\boldsymbol{p}_6$
			λ	$-\lambda$	-1	1	0	0
$\boldsymbol{p}_4$	1	$\frac{1}{5}$	0	0	-1	1	$-\frac{2}{5}$	$-\frac{3}{5}$
$\boldsymbol{p}_1$	λ	$\frac{8}{5}$	1	-1	0	0	$-\frac{1}{5}$	$\left\langle\frac{1}{5}\right\rangle$
		$\frac{1}{5}$	0	0	0	0	$-\frac{2}{5}$	$-\frac{3}{5}$
		$\frac{8}{5}$.	0	0	0	0	$-\frac{1}{5}$	$\frac{1}{5}$

在此时，当 $\lambda<-2$ 时有 $\alpha_5+\lambda\beta_5\geqslant 0$，但

$$\alpha_{1,5}=-\frac{2}{5}<0,\quad \alpha_{2,5}=-\frac{1}{5}<0,$$

因而这是无界解情形，所以 $\lambda<-2$ 就不必考虑了．

于是我们把 $\lambda=-2$ 代入 $\alpha_j+\lambda\beta_j$ 考虑其值，$\boldsymbol{p}_5$ 对应的为 $z_5-C_5=0$，$\boldsymbol{p}_6$ 对应的为 $z_6-C_6=-1<0$，所以此时求出的基本容许解对 $\lambda=-2$ 时为最优基本容许解．利用公式

$$\underline{\lambda}=\begin{cases}\max\limits_{\beta_j<0}\left\{\dfrac{-\alpha_j}{\beta_j}\right\},\\ -\infty,\text{ 若所有 }\beta_j\geqslant 0,\end{cases}$$

$$\bar{\lambda}=\begin{cases}\min\limits_{\beta_j>0}\left\{\dfrac{-\alpha_j}{\beta_j}\right\}\\ +\infty,\text{ 若所有 }\beta_j\leqslant 0.\end{cases}$$

求出 $\underline{\lambda}=-2$，$\bar{\lambda}=3$．注意，此处 β_j 的符号与(1.113)及(1.114)比刚好差一个符号，这是因为(1.113)及(1.114)是讨论目标函数为

极大化的情形，而我们这里讨论的是目标函数极小化的情形.

所以我们此时求出的基本容许解对满足

$$-2 \leqslant \lambda \leqslant 3$$

的 λ 都是最优基本容许解.

当 $\lambda > 3$ 时就有 $z_6 - C_6 > 0$. 故确定 $\boldsymbol{p}_6$ 为主元列，容易求出主元行是 2. 作主元消去，得出新的单纯形表格

表 1.6-4　迭代表格 3

			$\boldsymbol{p}_1$	$\boldsymbol{p}_2$	$\boldsymbol{p}_3$	$\boldsymbol{p}_4$	$\boldsymbol{p}_5$	$\boldsymbol{p}_6$
			λ	$-\lambda$	-1	1	0	0
$\boldsymbol{p}_4$	1	5	3	-3	-1	1	-1	0
$\boldsymbol{p}_6$	0	8	5	-5	0	0	-1	1
		5	3	-3	-1	0	-1	0
		0	-1	1	0	0	0	0

因为在此单纯形表格中取 $\lambda = 3$, 得出 $\sigma_j \leqslant 0$ $(j = 1, \cdots, 6)$, 所以对应的解为最优解. 当 $\lambda > 3$ 时有 $z_2 - C_2 = \lambda - 3 > 0$,故应确定 $\boldsymbol{p}_2$ 为主元列，由于 $\alpha_{1,2} = -3 < 0$, $\alpha_{2,2} = -5 < 0$, 是无界解情形，自然不必考虑了.

求出

i) $\lambda < -2$, 为无界解情形.

ii) $-2 \leqslant \lambda \leqslant 3$, 最优解为

$$x_1 = \frac{8}{5}, \quad x_4 = \frac{1}{5}, \quad x_2 = x_3 = x_5 = x_6 = 0,$$

换成原变量有

$$-y = x_4 = \frac{1}{5}, \ y = -\frac{1}{5},$$

$$x = x_1 = \frac{8}{5}.$$

最优值为

$$S = \frac{8}{5}\lambda + \frac{1}{5}.$$

iii）$\lambda=3$ 的另一组最优解为

$$x_1=x_2=x_3=x_5=0, \quad x_4=5, \quad x_6=8,$$

换成原变量为

$$x_1=0, \quad y=-5.$$

目标函数值为

$$S=5.$$

iv）$\lambda>3$，为无界解情形.

7.2. 参变量对偶规划

这一段讨论在线性规划约束条件的右端引进参数的情形. 即问题:

极小化

$$S=\sum_{j=1}^{n} C_j x_j, \tag{1.116}$$

满足于约束条件

$$\sum_{j=1}^{n} a_{ij}x_j=b_i+\theta b_i' \quad (i=1,2,\cdots,m) \tag{1.117}$$

$$x_j\geqslant 0 \quad (j=1,2,\cdots,n) \tag{1.118}$$

其中

$$\sigma\leqslant\theta\leqslant\rho.$$

和上面 § 7.1. 中讨论的一样，取 $\theta=\sigma$，这时便得到了通常的线性规划问题. 利用单纯形方法求解，记求出的最优基本容许解

$$\bar{\boldsymbol{x}}=(\bar{x}_1, \bar{x}_2, \cdots, \bar{x}_n)^T,$$

记其对应的基底向量为 $\boldsymbol{p}_{i_1}, \boldsymbol{p}_{i_2}, \cdots, \boldsymbol{p}_{i_m}$，于是

$$G=(\boldsymbol{p}_{i_1}\boldsymbol{p}_{i_2}\cdots\boldsymbol{p}_{i_m})$$

为非奇异的. 则基本变量取值

$$\bar{\boldsymbol{x}}_M=(x_{i_1}, x_{i_2}, \cdots, x_{i_m})^T=G^{-1}\boldsymbol{b}+\sigma G^{-1}\boldsymbol{b}'.$$

若记

$$G^{-1}b=(q_1, q_2, \cdots, q_m)^T,$$

$$G^{-1}b'=(g_1, g_2, \cdots, g_m)^T,$$

则有

$$\bar{x}_{j_i} = q_i + \theta g_i \geqslant 0 \quad (i = 1, 2, \cdots, m).$$

也就是说把 θ 看成变量时，线性不等式组

$$q_i + \theta g_i \geqslant 0 \quad (i = 1, 2, \cdots, m)$$

是相容的.

当对一切 i 有 $g_i = 0$ 时，则对一切 θ，$\bar{x}$ 都是 (1.116)—(1.118)所形成的线性规划问题的最优解.自然对于满足 $\sigma \leqslant \theta \leqslant \rho$ 的 θ，$\bar{x}$ 也是 (1.116)—(1.118) 所形成的线性规划问题的最优解.

当对一切 i 有 $g_i \geqslant 0$ 时，由 $\bar{x}_{j_i} = q_i + \sigma g_i \geqslant 0$，则对一切 $\theta \geqslant \sigma$ 也一定有 $\bar{x}_{j_i} = q_i + \theta g_i \geqslant 0$ $(i = 1, 2, \cdots, m)$，故此 $\bar{x} = (\bar{x}_1, \bar{x}_2, \cdots, \bar{x}_n)^T$ 对一切 $\theta \geqslant \sigma$ 仍是(1.116)—(1.118)所形成的一切线性规划问题的最优基本容许解.

当对一切 i 有 $g_i \leqslant 0$ 时，则对一切 $\theta \leqslant \sigma$ $\bar{x} = (\bar{x}_1, \bar{x}_2, \cdots, \bar{x}_n)^T$，$\bar{x}_{j_i} = q_i + \theta g_i$，均为 (1.116)—(1.118) 所形成的线性规划问题的最优基本容许解. 但是这种 θ 不是我们要求的.

然而，在实际问题中不一定总是那样规则. 所以我们还要分析如对一些 i，$g_i \geqslant 0$；而对另一些 i，$g_i \leqslant 0$ 等这些一般的情况.

对 $g_i > 0$ 时，为使

$$\bar{x}_{j_i} = q_i + \theta g_i \geqslant 0,$$

就要

$$\theta \geqslant \frac{-q_i}{g_i},$$

因而我们定义

$$\underline{\theta} = \begin{cases} \max\limits_{g_i > 0} \left\{ \dfrac{q_i}{g_i} \right\}, \\ -\infty, \text{当对所有 } i \text{ 有 } g_i \leqslant 0 \text{ 时}. \end{cases}$$

对 $g_i < 0$ 时，为使

$$\bar{x}_{j_i} = q_i + \theta g_i \geqslant 0,$$

就要求

$$\theta \leqslant \frac{-q_l}{g_i}.$$

为此，定义

$$\bar{\theta} = \begin{cases} \min\limits_{g_i<0} \left\{\dfrac{-q_i}{g_i}\right\}, \\ +\infty, \text{当对所有 } i \text{ 有 } g_i \geqslant 0 \text{ 时}. \end{cases}$$

对一切满足

$$\underline{\theta} \leqslant \theta \leqslant \bar{\theta}$$

的 θ

$$\bar{\boldsymbol{x}} = (\bar{x}_1, \bar{x}_2, \cdots, \bar{x}_n)^T,$$

$$\bar{x}_{j_i} = q_i + \theta g_i,$$

均为(1.116)—(1.118)所形成的线性规划问题的最优基本容许解.

当 θ 增大时，如果 $\bar{x}_j$ 不出现负值，则仍保持这些基底向量对应的基本容许解为问题(1.116)—(1.118)的最优基本容许解. 为了讨论方便，我们不妨假设当 θ 增大时只出现一个 $\bar{x}_{j_l} < 0$ 时便停止 θ 的增大. 记

$$\bar{\theta}_l = \frac{-q_l}{g_l},$$

自然应有 $g_l < 0$. 我们希望对某 $\theta \geqslant \bar{\theta}$ 的区间找出一个新的最优基本容许解. 实际上，我们参照对偶单纯形法的思想是不难办到的. 也就是说可以确定 l 为主元行，下面来确定主元列. 有了主元行和主元列之后，进行一次主元消去便求出了新的最优基本容许解. 确定主元列的要求仍是保持 $z_j - c_j \leqslant 0$ $(j = 1, 2, \cdots, n)$. 故定主元列为

$$\frac{z_k - c_k}{\alpha_{lk}} = \min_{\alpha_{lj}<0} \left\{\frac{z_j - c_j}{\alpha_{lj}}\right\}.$$

此时自然有

$$\alpha_{lk} < 0.$$

进行一次迭代之后，我们又得到了一个新的最优基本容许解.

相对于这一最优基本容许解，我们类似于前面的讨论，又得到了一个新的 θ 变化的区间

$$\underline{\theta}' \leqslant \theta \leqslant \bar{\theta}'.$$

在这个区间中最优基本容许解所对应的基底向量是不变的，而且有下述性质.

定理 1.17. 由上面两次求出的 $\underline{\theta}$, $\bar{\theta}$ 及 $\underline{\theta}'$, $\bar{\theta}'$ 一定有

$$\underline{\theta}' = \bar{\theta}.$$

证 记新的基本容许解为

$$\bar{\boldsymbol{x}}' = (\bar{x}_1', \bar{x}_2', \cdots \ \bar{x} \ ),$$

其中

$$\bar{x}_{j_i}' = q_i' + \theta g_i' = q_i + \theta g_i$$

$$- \frac{\alpha_{ik}}{\alpha_{lk}}(q_l + \theta g_l) \quad (i \neq l, i = 1, 2, \cdots, m),$$

$$\bar{x}_{j_l}' = q_l' + \theta g_l' = \frac{q_l + \theta g_l}{\alpha_{lk}}.$$

当取

$$\theta = \bar{\theta}_l = \frac{-q_l}{g_l}$$

时，有

$$\bar{x}_{j_i}' = q_i + \theta g_i \geqslant 0,$$

$$\bar{x}_{j_l}' = 0.$$

所以若对 θ 求出最优基本容许解时，其基底对于 $\theta = \bar{\theta}$ 也是一个对应最优基本容许解的基底. 我们还必须证明若 $\boldsymbol{x}'$ 为对应这一组基底的基本容许解，则一定有 $\theta \geqslant \theta'$, 由此就可得出结论

$$\underline{\theta}' = \bar{\theta}.$$

因为 $g_l < 0$, $\alpha_{lk} < 0$, 而

$$\bar{x}_{j_l}' = \frac{q_l + \theta g_l}{\alpha_{lk}} \geqslant 0,$$

故有

$$\theta \geqslant \frac{-q_l}{g_l}.$$

下面我们再来看，这种变化是否保持有

$$z_j - c_j \leqslant 0 \quad (j = 1, 2, \cdots, n).$$

由于

$$z_j = \boldsymbol{C}_M^T G^{-1} \boldsymbol{p}_j$$

而新的 z_j' 为

$$z_j' = (\boldsymbol{C}_M')^T E_{lk} G^{-1} \boldsymbol{p}_j = (\boldsymbol{C}_M')^T \begin{pmatrix} \alpha_{1j} - \dfrac{\alpha_{1k}}{\alpha_{lk}} \alpha_{lj} \\ \vdots \\ \alpha_{l-1,j} - \dfrac{\alpha_{l-1,k}}{\alpha_{lk}} \alpha_{lj} \\ \dfrac{\alpha_{lj}}{\alpha_{lk}} \\ \alpha_{l+1,j} - \dfrac{\alpha_{l+1,k}}{\alpha_{lk}} \alpha_{lj} \\ \vdots \\ \alpha_{mj} - \dfrac{\alpha_{mk}}{\alpha_{lk}} \alpha_{lj} \end{pmatrix}$$

$$= c_{j_1}\alpha_{1j} + \cdots + c_{j_m}\alpha_{mj} - \frac{\alpha_{lj}}{\alpha_{lk}} (c_{j_1}\alpha_{1k} + \cdots + c_{j_m}\alpha_{mk} - c_k)$$

$$= z_j - \frac{\alpha_{lj}}{\alpha_{lk}} (z_k - c_k)$$

于是

$$z_j' - c_j = z_j - c_j - \frac{\alpha_{lj}}{\alpha_{lk}} (z_k - c_k).$$

因为

$$z_j - c_j \leqslant 0 \quad (j = 1, 2, \cdots, n),$$
$$\alpha_{lk} < 0,$$

为了使

$$z_j' - c_j \leqslant 0 \quad (j = 1, 2, \cdots, n),$$

必须有

$$z_j - c_j - \frac{\alpha_{lj}}{\alpha_{lk}}(z_k - c_k) \leqslant 0 \quad (j = 1, 2, \cdots, n),$$

故对 $\alpha_{lj} < 0$ 必须有

$$\frac{z_j - c_j}{\alpha_{lj}} \geqslant \frac{z_k - c_k}{\alpha_{lk}}.$$

反之,若选

$$\frac{z_k - c_k}{\alpha_{lk}} = \min_{\alpha_{lj}<0}\left\{\frac{z_j - c_j}{\alpha_{lj}}\right\},$$

则一定能保证经主元消去后

$$z'_j - c_j \leqslant 0 \qquad (j = 1, 2, \cdots, n).$$

若对所有 i 均有 $\alpha_{il} \geqslant 0$, 则与对偶单纯形法的讨论一样,对 $\theta > \bar{\theta}$ 将无容许解.

7.3. 线性规划解的稳定性

前面已经叙述了解的稳定性的理论和实践意义，关于这方面有一些工作,这里仅从下面三方面做简短讨论.

A) c_j 的摄动

在这一小段中，我们讨论对目标函数的系数 c_j 作摄动，看最优解会发生什么样的变化.

大家知道,当问题为求目标函数极小化时,一个基本容许解为最优基本容许解的条件是

$$z_j - c_j \leqslant 0 \qquad (j = 1, 2, \cdots, n).$$

对 c_j 引进摄动 Δc_j, 也就是说将 c_j 改变成 $c_j + \Delta c_j$ 看最优解发生什么变化.

首先讨论摄动只施加于求出的某一最优基本容许解后的非基本变量对应的目标函数系数上. 若保持摄动后的问题仍以摄动前的这一最优基本容许解为最优基本容许解,则此时只须

$$z_j - (c_j + \Delta c_j) \leqslant 0,$$

即

$$z_j - c_j \leqslant \Delta c_j. \tag{1.119}$$

此时，若有 $z_j - c_j \leqslant 0$ $(j = 1, 2, \cdots, n)$ 及 $\Delta c_j \geqslant 0$，则对一切非基本变量对应的 j 就一定有(1.119)成立. 也就是摄动前的这一最优基本容许解施加这种摄动后仍然是最优基本容许解. 因为对基本变量没有施加摄动，所以它们的价值系数不变；而非基本变量在最优基本容许解中取值为 0，所以问题的最优值摄动前与摄动后一致. 但若对一切非基本变量对应的 j 有 $\Delta c_j \leqslant 0$，尽管也有 $z_j - c_j \leqslant 0$ $(j = 1, 2, \cdots, n)$，但此时就不一定有(1.119)成立. 因此由(1.119)式得出，当摄动仅施于某一最优基本容许解的非基本变量的价值系数上时，当问题为求目标函数的极小时，不管这些系数如何增大，施加摄动前的这一最优基本容许解在施加摄动后仍为最优基本容许解；在对这些价值系数进行减小的摄动时，就要满足(1.119). 为了保持摄动前的最优基本容许解在进行摄动后仍为最优基本容许解，那么就要对摄动加以限制. 对于这种摄动，不管是增大还是减小，只要摄动前的那一最优基本容许解，在摄动之后仍是最优基本容许解，则目标函数的最优值就一定不变. 所提到的限制就是指满足(1.119). 更一般地说，只要保持(1.119)成立，摄动前的最优基本容许解，在进行摄动后也一定是最优基本容许解. 若破坏这一不等式，则最优解就很可能发生变化.

设 $\bar{x}_k$ 是某一最优基本容许解的基本变量，我们看，摄动施加于 c_k 时最优基本容许解会发生什么变化?

为保持摄动前的这一最优基本容许解，摄动后仍是最优基本容许解，应有

$$c_{j_1}\alpha_{1j} + c_{j_2}\alpha_{2j} + \cdots + c_{j_m}\alpha_{mj} + \alpha_{kj}\Delta c_k - c_j \leqslant 0$$
$$(j = 1, 2, \cdots, n).$$

得出

$$\alpha_{kj}\Delta c_k \leqslant -(z_j - c_j).$$

若 $\alpha_{kj} > 0$，则应有

$$\Delta c_k \leqslant \frac{-(z_j - c_j)}{\alpha_{kj}}.$$

若 $\alpha_{kj}<0$，则应有

$$\Delta c_k \geqslant \frac{-(z_j-c_j)}{\alpha_{kj}}.$$

推出

$$\max_{\alpha_{kj}<0}\left\{\frac{-(z_j-c_j)}{\alpha_{kj}}\right\} \leqslant \Delta c_k \leqslant \min_{\alpha_{kj}>0}\left\{\frac{-(z_j-c_j)}{\alpha_{kj}}\right\}.$$

对所有非基本变量对应的 j，若无 $\alpha_{kj}>0$，则 Δc_k 无上界；若无 $\alpha_{kj}<0$，则 Δc_k 无下界.

以上是对于部分价值系数进行摄动的情形. 其实我们利用 § 7.1 中的结果，对问题:

极小化

$$s=\sum_{j=1}^{n}(c_j+\lambda d_j)x_j,$$

满足于约束条件

$$\sum_{j=1}^{n} a_{ij}x_j=b_i \qquad (i=1,2,\cdots,m),$$

$$x_j \geqslant 0 \qquad (j=1,2,\cdots,n).$$

当对某一取定的 λ (如 $\lambda=0$) 求出最优解后，记

$$z_j-c_j=\alpha_j+\lambda\beta_j \quad (j=1,2,\cdots,n),$$

若

$$\underline{\lambda}=\begin{cases}\max\limits_{\beta_j<0}\left\{\dfrac{-\alpha_j}{\beta_j}\right\},\\ -\infty,\ 若所有\ \beta_j \geqslant 0.\end{cases}$$

$$\bar{\lambda}=\begin{cases}\min\limits_{\beta_j<0}\left\{\dfrac{-\alpha_j}{\beta_j}\right\},\\ +\infty,\ 若所有\ \beta_j \leqslant 0.\end{cases}$$

则对一切满足

$$\underline{\lambda} \leqslant \lambda \leqslant \bar{\lambda}$$

的 λ，这组最优基本容许解仍是目标函数改动之后的最优基本容许解. 这可以理解成目标函数系数沿指定方向

$$\boldsymbol{d} = (d_1, d_2, \cdots, d_n)^T$$

的摄动,而且指出了容许摄动的范围.

B) b_i 的摄动

这一小段，我们讨论在约束条件右端引入摄动后对最优解的影响.

设对摄动前我们求出了一个最优基本容许解，其基底对应的矩阵为

$$G = (\boldsymbol{p}_{j_1}\boldsymbol{p}_{j_2}\cdots\boldsymbol{p}_{j_m}).$$

于是基本变量的取值为

$$\bar{\boldsymbol{x}}_M = G^{-1}\boldsymbol{b}.$$

现在引进摄动,使 $\boldsymbol{b}$ 的第 l 个分量 b_l 改为 $b_l + \Delta b_l$. 于是由

$$\boldsymbol{b}' = \begin{pmatrix} b_1 \\ b_2 \\ \vdots \\ b_l + \Delta b_l \\ \vdots \\ b_m \end{pmatrix} = \begin{pmatrix} b_1 \\ b_2 \\ \vdots \\ b_l \\ \vdots \\ b_m \end{pmatrix} + \begin{pmatrix} 0 \\ 0 \\ \vdots \\ \Delta b_l \\ 0 \\ \vdots \\ 0 \end{pmatrix} = \boldsymbol{b} + \boldsymbol{b}^{(l)}.$$

有

$$\bar{\boldsymbol{x}}'_M = G^{-1}\boldsymbol{b}' = G^{-1}\boldsymbol{b} + G^{-1}\boldsymbol{b}^{(l)} = \bar{\boldsymbol{x}}_M + (G^{-1})_{\cdot l}\Delta b_l.$$

其中 $(G^{-1})_{\cdot l}$ 仍记为逆矩阵 G^{-1} 的第 l 列. 用分量形式表示出来就是

$$\bar{x}'_{j_i} = \bar{x}_{j_i} + g_{il}\Delta b_l \quad (i = 1,2,\cdots,m).$$

为了保证 $\bar{x}'_M$ 的容许性,还必须要求

$$\bar{x}_{j_i} + g_{il}\Delta b_l \geqslant 0 \quad (i = 1, 2, \cdots, m),$$

其中 g_{il} 为 $(G^{-1})_{\cdot l}$ 的第 i 个分量.

对 $g_{il} > 0$ 求出

$$\Delta b_l \geqslant \frac{-\bar{x}_{j_i}}{g_{il}}.$$

对 $g_{il} < 0$, 求出

$$\Delta b_l \leqslant \frac{-\bar{x}_{j_i}}{g_{il}}.$$

因此定义

$$\bar{b}_l = \begin{cases} \min\limits_{g_{il}<0} \left\{ \dfrac{-\bar{x}_{j_i}}{g_{il}} \right\}, \\ +\infty, \text{ 若所有 } g_{il} \geqslant 0. \end{cases}$$

$$\underline{b}_l = \begin{cases} \max\limits_{g_{il}>0} \left\{ \dfrac{-\bar{x}_{j_i}}{g_{il}} \right\}, \\ -\infty, \text{ 若所有 } g_{il} \leqslant 0. \end{cases}$$

于是对满足

$$\underline{b}_l \leqslant \Delta b_l \leqslant \bar{b}_l$$

的一切 Δb_l，进行 $b_l + \Delta b_l$ 的摄动，经过摄动最优基本容许解的基底不变.

这是对右端一个分量进行摄动的情形.

我们参照§ 7.2 的讨论，对于问题:

极小化

$$s = \sum_{j=1}^{n} c_j x_j,$$

满足于约束条件

$$\sum_{j=1}^{n} a_{ij} x_j = b_i + \theta b'_i \quad (i = 1, 2, \cdots, m),$$

$$x_j \geqslant 0 \quad (j = 1, 2, \cdots, n).$$

对 $\theta = 0$ 求出最优基本容许解后，记其最优基本容许解对应的基所形成的矩阵

$$G = (\boldsymbol{p}_{j_1} \boldsymbol{p}_{j_2} \cdots \boldsymbol{p}_{j_m}).$$

若记

$$G^{-1}\boldsymbol{b} = (q_1 q_2 \cdots q_m)^T,$$

$$G^{-1}\boldsymbol{b}' = (g_1 g_2 \cdots g_m)^T,$$

$$\underline{\theta} = \begin{cases} \max\limits_{g_i>0} \left\{ \dfrac{-q_i}{g_i} \right\}, \\ -\infty, \text{ 若所有 } g_i \leqslant 0, \end{cases}$$

$$\bar{\theta}=\begin{cases}\min\limits_{g_i<0}\left\{\dfrac{-q_i}{g_i}\right\},\\ +\infty,\ 若所有\ g_i\geqslant 0,\end{cases}$$

则对一切满足

$$\underline{\theta}\leqslant\theta\leqslant\bar{\theta}$$

的 θ，则摄动前最优基本容许解的基底，摄动后仍为一最优基本容许解的基底。

这可以理解成约束条件右端向量 $\boldsymbol{b}$ 沿指定方向 $\boldsymbol{b}'$ 的摄动，而且指出了容许摄动的范围.

C) a_{ij} 的摄动

在这一小段中，我们仅讨论将摄动引入到约束条件系数矩阵的一些简单情形.

设约束条件系数矩阵的第 k 列 $\boldsymbol{p}_k$ 为求出最优基本容许解后的一个基底向量. 我们于其第 l 个分量 a_{lk} 上施以摄动 Δa_{lk}. 仍记最优基本容许解对应的基本向量组成的矩阵

$$G=(\boldsymbol{p}_{j_1}\boldsymbol{p}_{j_2}\cdots\boldsymbol{p}_{j_m}).$$

记摄动前的最优基本容许解基本变量的取值

$$\bar{\boldsymbol{x}}_M=(\bar{x}_{j_1}\bar{x}_{j_2}\cdots\bar{x}_{j_m})=G^{-1}\boldsymbol{b}.$$

记 O_{lk} 为一 $m\times m$ 方阵，其中除第 l 行第 k 列的一个元素为 1 外其余元素都是 0. 记摄动后的 G 为 $\bar{G}$，于是有

$$\bar{G}=G+\Delta a_{lk}O_{lk}.$$

因为 G 是非奇异的，故有 G^{-1} 存在，这样便有

$$\bar{G}=G(I+G^{-1}\Delta a_{lk}O_{lk}).$$

由矩阵求逆的运算规则有

$$\bar{G}^{-1}=(I+G^{-1}\Delta a_{lk}O_{lk})^{-1}G^{-1}.$$

下面讨论 $(I+G^{-1}\Delta a_{lk}O_{lk})^{-1}$ 的计算. 记

$$G^{-1}=\begin{pmatrix}g_{11} & g_{12} & \cdots & g_{1m}\\ g_{21} & g_{22} & \cdots & g_{2m}\\ & \cdots\cdots & & \\ g_{m1} & g_{m2} & \cdots & g_{mm}\end{pmatrix},$$

于是

$$G^{-1}\Delta a_{lk}O_{lk}=G^{-1}\begin{pmatrix}0&\cdots&0&\cdots&0\\ \vdots&&\vdots&&\vdots\\ 0&\cdots&\Delta a_{lk}&\cdots&0\\ \vdots&&\vdots&&\vdots\\ 0&\cdots&0&\cdots&0\end{pmatrix}$$

$$=\begin{pmatrix}0&\cdots&g_{1l}\Delta a_{lk}&\cdots&0\\ \vdots&&\vdots&&\vdots\\ 0&\cdots&g_{kl}\Delta a_{lk}&\cdots&0\\ \vdots&&\vdots&&\vdots\\ 0&\cdots&g_{ml}\Delta a_{lk}&\cdots&0\end{pmatrix}.$$

非 0 列出现在第 k 列上．有

$$I+G^{-1}\Delta a_{lk}O_{lk}=\begin{pmatrix}1&\cdots&0&g_{1l}\Delta a_{lk}&0&\cdots&0\\ 0&\cdots&0&g_{2l}\Delta a_{lk}&0&\cdots&0\\ &&&\cdots\cdots&&&\\ 0&\cdots&1&g_{k-1,l}\Delta a_{lk}&0&\cdots&0\\ 0&\cdots&0&1+g_{kl}\Delta a_{lk}&0&\cdots&0\\ 0&\cdots&0&g_{k+1,l}\Delta a_{lk}&1&\cdots&0\\ &&&\cdots\cdots&&&\\ 0&\cdots&0&g_{ml}\Delta a_{lk}&0&\cdots&1\end{pmatrix}.$$

这个矩阵的逆矩阵是不难求得的．其逆矩阵为

$$(I+G^{-1}\Delta a_{lk}O_{lk})^{-1}=\begin{pmatrix}1&\cdots&\dfrac{-g_{1l}\Delta a_{lk}}{1+g_{kl}\Delta a_{lk}}&\cdots&0\\ &&\cdots\cdots\cdots&&\\ 0&\cdots&\dfrac{-g_{k-1,l}\Delta a_{lk}}{1+g_{kl}\Delta a_{lk}}&\cdots&0\\ 0&\cdots&\dfrac{1}{1+g_{kl}\Delta a_{lk}}&\cdots&0\\ 0&\cdots&\dfrac{-g_{k+1,l}\Delta a_{lk}}{1+g_{kl}\Delta a_{lk}}&\cdots&0\\ &&\cdots\cdots\cdots&&\\ 0&&\dfrac{-g_{ml}\Delta a_{lk}}{1+g_{kl}\Delta a_{lk}}&\cdots&1\end{pmatrix}.$$

于是

$$\bar{G}^{-1}\boldsymbol{b} = (I + G^{-1}\Delta a_{lk}O_{lk})^{-1}G^{-1}\boldsymbol{b}$$
$$= (I + G^{-1}\Delta a_{lk}O_{lk})^{-1}\bar{\boldsymbol{x}}_M$$

$$= \begin{pmatrix} \bar{x}_{j_1} - \dfrac{g_{1l}\Delta a_{lk}}{1 + g_{kl}\Delta a_{lk}}\bar{x}_{j_k} \\ \vdots \\ \bar{x}_{j_{k-1}} - \dfrac{g_{k-1,l}\Delta a_{lk}}{1 + g_{kl}\Delta a_{lk}}\bar{x}_{j_k} \\ \dfrac{1}{1 + g_{kl}\Delta a_{lk}}\bar{x}_{j_k} \\ \bar{x}_{j_{k+1}} - \dfrac{g_{k+1,l}\Delta a_{lk}}{1 + g_{kl}\Delta a_{lk}}\bar{x}_{j_k} \\ \vdots \\ \bar{x}_{j_m} - \dfrac{g_{ml}\Delta a_{lk}}{1 + g_{kl}\Delta a_{lk}}\bar{x}_{j_k} \end{pmatrix}.$$

因为判别数与右端项没有直接关系，所以我们只要分析 $\bar{G}^{-1}\boldsymbol{b}$ 的各分量是否均非负，以验证它是否为容许解. 然后再来检查判别条件是否满足，若满足，则我们就求出了最优基本容许解. 首先分析非负性，即要求

$$\frac{\bar{x}_{j_k}}{1 + g_{kl}\Delta a_{lk}} \geqslant 0,$$

$$\bar{x}_{j_i} - \frac{g_{il}\Delta a_{lk}}{1 + g_{kl}\Delta a_{lk}}\bar{x}_{j_k} \geqslant 0 \quad (i \neq k, i = 1, 2, \cdots, m).$$

由前式，由于 $\bar{x}_{j_k} \geqslant 0$，因此一定有

$$1 + g_{kl}\Delta a_{lk} > 0.$$

由下一式解出，当 $g_{il}\bar{x}_{j_k} - g_{kl}\bar{x}_{j_i} > 0$ 时有

$$\Delta a_{lk} \leqslant \frac{\bar{x}_{j_i}}{g_{il}\bar{x}_{j_k} - g_{kl}\bar{x}_{j_i}}.$$

当 $g_{il}\bar{x}_{j_k} - g_{kl}\bar{x}_{j_i} < 0$ 时有

$$\Delta a_{lk} \geqslant \frac{\bar{x}_{j_i}}{g_{il}\bar{x}_{j_k} - g_{kl}\bar{x}_{j_i}}.$$

我们定义

$$\bar{a}'_{lk}=\begin{cases}\min\left\{\dfrac{\bar{x}_{ji}}{g_{il}\bar{x}_{jk}-g_{kl}\bar{x}_{ji}}\middle|g_{il}\bar{x}_{jk}-g_{kl}\bar{x}_{ji}>0,\ i\neq k\right\},\\+\infty,\ \text{对一切}\ i\neq k\ \text{有}\ g_{il}\bar{x}_{jk}-g_{kl}\bar{x}_{ji}\leqslant 0.\end{cases}$$

$$\underline{a}'_{lk}=\begin{cases}\max\left\{\dfrac{\bar{x}_{ji}}{g_{il}\bar{x}_{jk}-g_{kl}\bar{x}_{ji}}\middle|g_{il}\bar{x}_{jk}-g_{kl}\bar{x}_{ji}<0,\ i\neq k\right\},\\-\infty,\ \text{对一切}\ i\neq k\ \text{有}\ g_{il}\bar{x}_{jk}-g_{kl}\bar{x}_{ji}\geqslant 0.\end{cases}$$

因为对一切满足

$$\underline{a}'_{lk}\leqslant\Delta a_{lk}\leqslant\bar{a}'_{lk}$$

的 Δa_{lk} 进行摄动，一定满足 $\bar{G}^{-1}\boldsymbol{b}\geqslant 0$ 的要求. 所以这里得到的解是基本容许解.

下面讨论最优性. 也就是当 $\bar{\boldsymbol{x}}$ 为最优基本容许解时，Δa_{lk} 应满足什么样条件，$\bar{G}^{-1}\boldsymbol{b}$ 给出的基本变量值所构成的基本容许解才是进行摄动后的问题的最优基本容许解.

与前面一样，记 $\bar{\boldsymbol{x}}$ 所对应的基本变量的目标函数系数组成的向量

$$\boldsymbol{C}_M=(c_{j_1},c_{j_2},\cdots,c_{j_m})^T.$$

于是第 j 列的判别数

$$\begin{aligned}\sigma_j&=\boldsymbol{C}_M^T(I+G^{-1}\Delta a_{lk}0_{lk})^{-1}G^{-1}\boldsymbol{p}_j-c_j\\&=\boldsymbol{C}_M^T(I+G^{-1}\Delta a_{lk}0_{lk})^{-1}\tilde{\boldsymbol{p}}_j-c_j\\&=\boldsymbol{C}_M^T\begin{pmatrix}\alpha_{1j}-\dfrac{g_{1l}\Delta a_{lk}}{1+g_{kl}\Delta a_{lk}}\alpha_{kj}\\\vdots\\\alpha_{k-1,j}-\dfrac{g_{k-1,l}\Delta a_{lk}}{1+g_{kl}\Delta a_{lk}}\alpha_{kj}\\\dfrac{1}{1+g_{kl}\Delta a_{lk}}\alpha_{kj}\\\alpha_{k+1,j}-\dfrac{g_{k+1,l}\Delta a_{lk}}{1+g_{kl}\Delta a_{lk}}\alpha_{kj}\\\vdots\\\alpha_{mj}-\dfrac{g_{ml}\Delta a_{lk}}{1+g_{kl}\Delta a_{lk}}\alpha_{kj}\end{pmatrix}-c_j\end{aligned}$$

$$= c_{j_1}\left(\alpha_{1j} - \frac{g_{1l}\Delta a_{lk}}{1 + g_{kl}\Delta a_{lk}}\alpha_{kj}\right) + \cdots + c_{j_k}\frac{\alpha_{kj}}{1 + g_{kl}\Delta a_{lk}}$$

$$+ \cdots + c_{j_m}\left(\alpha_{mj} - \frac{g_{ml}\Delta a_{lk}}{1 + g_{kl}\Delta a_{lk}}\alpha_{kj}\right) - c_j$$

$$= c_{j_1}\alpha_{1j} + \cdots + c_{j_m}\alpha_{mj} - c_j$$

$$- \frac{\alpha_{kj}\Delta a_{lk}}{1 + g_{kl}\Delta a_{lk}}(g_{1l}c_{j_1} + \cdots + g_{ml}c_{j_m})$$

$$= z_j - c_j - \frac{\alpha_{kj}\Delta a_{lk}}{1 + g_{kl}\Delta a_{lk}}\sum_{i=1}^{m} g_{il}c_{j_i}.$$

因为

$$1 + g_{kl}\Delta a_{lk} > 0,$$

所以 σ_j 的符号与

$$(z_j - c_j)(1 + g_{kl}\Delta a_{lk}) - \alpha_{kj}\Delta a_{lk}\sum_{i=1}^{m} g_{il}c_{j_i}$$

的符号相一致. 整理后式,得

$$(z_j - c_j) + \Delta a_{lk}\left[(z_j - c_j)g_{kl} - \alpha_{kj}\sum_{i=1}^{m} g_{il}c_{j_i}\right].$$

若

$$\alpha_{kj}\sum_{i=1}^{m} g_{il}c_{j_i} - (z_j - c_j)g_{kl} > 0,$$

则当

$$\Delta a_{kl} \geqslant \frac{z_j - c_j}{\alpha_{kj}\sum_{i=1}^{m} g_{il}c_{j_i} - (z_j - c_j)g_{kl}}$$

时便有

$$\sigma_j \leqslant 0;$$

若

$$\alpha_{kj}\sum_{i=1}^{m} g_{il}c_{j_i} - (z_j - c_j)g_{kl} < 0,$$

则当

$$\Delta a_{kl} \leqslant \frac{z_j - c_j}{\alpha_{kj} \sum_{i=1}^{m} g_{il} c_{ji} - (z_j - c_j) g_{kl}}$$

时也有

$$\sigma_j \leqslant 0.$$

于是定义

$$\bar{a}'_{lk} = \begin{cases} \min \left\{ \dfrac{z_j - c_j}{\alpha_{kj} \sum_{i=1}^{m} g_{il} c_{ji} - (z_j - c_j) g_{kl}} \middle| \right. \\ \left. \qquad \cdot\ \alpha_{kj} \sum_{i=1}^{m} g_{il} c_{ji} - (z_j - c_j) g_{kl} < 0 \right\}, \\ +\infty,\ \text{对一切不属于基底描述的 } i \text{ 有} \\ \qquad \alpha_{kj} \sum_{i=1}^{m} g_{il} c_{ji} - (z_j - c_j) g_{kl} \geqslant 0. \end{cases}$$

$$\underline{a}''_{lk} = \begin{cases} \max \left\{ \dfrac{z_j - c_j}{\alpha_{kj} \sum_{i=1}^{m} g_{il} c_{ji} - (z_j - c_j) g_{kl}} \middle| \right. \\ \left. \qquad \cdot\ \alpha_{kj} \sum_{i=1}^{m} g_{il} c_{ji} - (z_j - c_j) g_{kl} > 0 \right\}, \\ -\infty,\ \text{对一切不属于基底描述的 } i \text{ 有} \\ \qquad \alpha_{kj} \sum_{i=1}^{m} g_{il} c_{ji} - (z_j - c_j) g_{kl} \leqslant 0. \end{cases}$$

在对 a_{lk} 进行 $a_{lk} + \Delta a_{lk}$ 的摄动时，只有当 Δa_{lk} 满足

$$\underline{a}''_{lk} \leqslant \Delta a_{lk} \leqslant \bar{a}''_{lk}$$

时，摄动后最优判别准则才总是满足.

于是若取

$$\bar{a}_{lk} = \min\{\bar{a}'_{lk}, \bar{a}''_{lk}\},$$

$$\underline{a}_{lk} = \max\{\underline{a}'_{lk}, \underline{a}''_{lk}\},$$

对一切满足

$$\underline{a}_{lk} \leqslant \Delta a_{lk} \leqslant \bar{a}_{lk}$$

的 Δa_{lk}，对约束条件系数矩阵 A 进行 $a_{lk} + \Delta a_{lk}$ 的摄动，则摄动前

的最优基本容许解的基底仍为摄动后的最优基本容许解的基底.

下面讨论当 $\boldsymbol{p}_j$ 不在摄动前最优基本容许解的基底中时，对其第 l 个元素进行摄动 $a_{lj}+\Delta a_{lj}$ 的情形. 为了保证最优性判别准则仍是满足的，也就是找出在什么条件下

$$\boldsymbol{C}_M^T G^{-1}\boldsymbol{p}_j - c_j \leqslant 0$$

时，也有

$$\begin{aligned}&\boldsymbol{C}_M^T G^{-1}(\boldsymbol{p}_j+\Delta a_{lj}\boldsymbol{e}_l)-c_j\\ =\ &\boldsymbol{C}_M^T G^{-1}\boldsymbol{p}_j+\boldsymbol{C}_M^T G^{-1}\Delta a_{lj}\boldsymbol{e}_j-c_j\leqslant 0.\end{aligned}$$

其中 $\boldsymbol{e}_l$ 为第 l 个分量为 1 的单位向量. 记 $(G^{-1})_{\cdot l}$ 为矩阵 G^{-1} 的第 l 列，

$$(G^{-1})_{\cdot l}=(g_{1l},g_{2l}\cdots g_{ml})^T,$$

上式又可进一步写成

$$z_j-c_j+\Delta a_{lj}\sum_{i=1}^m c_{ji}g_{il}\leqslant 0.$$

为了保证这个不等式是满足的，当

$$\sum_{i=1}^m g_{il}c_{ji}>0$$

时应有

$$\Delta a_{lj}\leqslant\frac{c_j-z_j}{\sum_{i=1}^m g_{il}c_{ji}},$$

当

$$\sum_{i=1}^m g_{il}c_{ji}<0$$

时应有

$$\Delta a_{lj}\geqslant\frac{c_j-z_j}{\sum_{i=1}^m g_{il}c_{ji}}.$$

只要这些条件满足，那么对非基底向量 $\boldsymbol{p}_j$ 的第 l 个元素 a_{lj} 进行 $a_{lj}+\Delta a_{lj}$ 的摄动，摄动前求出的最优基本容许解，摄动后仍为最优基本容许解.

关于解的稳定性我们就讨论这些.

第二章 初等矩阵法及迭代法

第一章介绍了单纯形法,该方法不管用什么方案,基本变量总是以集合的形式出现的. 本章要介绍的初等矩阵方法是对约束条件一个一个的处理下去,最后把原来的线性规划问题的阶数降低,直到只有一个约束条件,甚至没有约束条件时,求出最优解. 线性规划的迭代解法,它是对约束条件系数一列一列地反复考虑,建立迭代公式,从而反复迭代求出最优解. 我们不对迭代法做较多的理论上的讨论,只介绍它的计算方案.这三大类方法在处理手法上各有特色,这对研究计算方法很有好处,所以我们都予介绍.

解线性规划的初等矩阵法是建立在线性齐次不等式组非负解的一个解法基础之上的,因而在这一章中我们也给出了一个线性齐次不等式组非负解的一个求取方法. 这个方法可以直接用于线性不等式组的求解,而且可以求出全部解的显式表达式. 所以,用这个方法解线性规划问题时,可以把全部最优解的表达式给出来,这是初等矩阵法的一大特色.

但是,这个方法最终要形成一个较大的矩阵,而且这个矩阵的"规模"还不断地变化,因而该方法要求机器存储量较大,也许这正是它目前不能被广泛使用的原因. 正如我们将在§4中所讨论的那样,把这种方法用来解决一些特殊的线性规划问题还是很有效的. 因而我们说解线性规划的初等矩阵方法,无论从理论上,还是从实用上来看都不失为一个好方法.

§1. 凸集的一个定理

这一节我们先讲凸集的性质,随着介绍齐次线性不等式组非负解的求法.

引理 2.1. 设有两个足标集合 $\mathscr{I}$ 及 $\mathscr{K}$. 有两组数

$$z_i(i\in\mathscr{I});\ x_k(k\in\mathscr{K})$$

均非负，且满足

$$\sum_{i\in\mathscr{I}} z_i \leqslant \sum_{k\in\mathscr{K}} x_k,$$

则存在非负的 $\alpha_{ik}(i\in\mathscr{I}, k\in\mathscr{K})$ 使

$$z_i = \sum_{k\in\mathscr{K}} \alpha_{ik}\ (i\in\mathscr{I}),$$

$$x_k \geqslant \sum_{i\in\mathscr{I}} \alpha_{ik}\ (k\in\mathscr{K}).$$

证 为方便计,我们不妨设

$$\mathscr{I} = \{1, 2, \cdots, m\},$$

$$\mathscr{K} = \{1, 2, \cdots, n\}.$$

下面用西北角分配法求出 α_{ik}.

首先取 z_1 与 x_1 进行比较,从而定出 $\alpha_{1,1}$ 的值. 分三种情形:

i) 若 $z_1 < x_1$, 取 $\alpha_{1,1} = z_1$, $\alpha_{1r} = 0\ (r = 2, \cdots, n)$;

ii) 若 $z_1 = x_1$, 取 $\alpha_{1,1} = z_1$, $\alpha_{1r} = 0\ (r = 2, \cdots, n)$, $\alpha_{h1} = 0\ (h = 2, \cdots, m)$;

iii) 若 $z_1 > x_1$, 取 $\alpha_{1,1} = x_1$, $\alpha_{h1} = 0\ (h = 2, \cdots, m)$.

在 i) 的情形,问题简化成求 $\alpha_{ik}(i = 2, \cdots, m, k = 1, 2, \cdots, n)$ 使满足

$$z_i = \sum_{k=1}^{n} \alpha_{ik}\quad (i=2, \cdots, m),$$

$$x_k \geqslant \sum_{i=2}^{m} \alpha_{ik}\quad (k=2, \cdots, n).$$

$$x_1' = x_1 - \alpha_{1,1} \geqslant \sum_{i=2}^{m} \alpha_{i1}.$$

因此新问题比原问题足标 i 的取值集合减少了一个元素. 而且此时一定仍有

$$\sum_{i=2}^{m} z_i \leqslant \sum_{k=2}^{n} x_k + x_1 - \alpha_1$$

在 ii) 的情形，问题变成求 α_{ik} $(i=2,\cdots,m;\ k=2,\cdots,n)$，使满足

$$z_i=\sum_{k=2}^{n}\alpha_{ik}\quad(i=2,\cdots,m),$$

$$x_k\geqslant\sum_{i=2}^{m}\alpha_{ik}\quad(k=2,\cdots,n).$$

因此新问题比原问题足标 i 的取值集合减少了一个元素，足标 k 的取值集合也减少了一个元素．此时一定仍有

$$\sum_{i=2}^{m}z_i\leqslant\sum_{k=2}^{n}x_k.$$

在 iii) 的情形，问题变成求 α_{ik} $(i=2,\cdots,m;\ k=2,\cdots,n)$，使满足

$$z_1'=z_1-\alpha_{1,1}=\sum_{k=2}^{n}\alpha_{1k},$$

$$z_i=\sum_{k=2}^{n}\alpha_{ik}\quad(i=2,\cdots,n),$$

$$x_k\geqslant\sum_{i=1}^{m}\alpha_{ik}\quad(k=2,\cdots,n).$$

因此新问题比原问题足标 k 的集合减少了一个元素．此时一定仍有

$$\sum_{i=1}^{m}z_i-\alpha_{1,1}\leqslant\sum_{k=2}^{n}x_k,$$

$$z_1'\Leftarrow z_1-\alpha_{1,1}.$$

对于缩小了的问题，因为它与原来的问题完全一样，所以做法不变．对情形 i) 比较 z_2 与 x_1' 求出 $\alpha_{2,1}$；对于情形 ii) 比较 z_2 与 x_2 求出 $\alpha_{2,2}$；对于情形 iii) 比较 z_1' 与 x_2 求出 $\alpha_{1,2}$．类推下去，直到把集合 $\mathscr{I}$ 作完，即将 $\mathscr{I}$ 变成空集合．

例 2.1　设有两组数

$$z_1=2,\ z_2=4,\ z_3=5;$$

$$x_1=3,\ x_2=4,\ x_3=1,\ x_4=4.$$

明显地有

$$\sum_{i=1}^{3} z_i \leqslant \sum_{k=1}^{4} x_k.$$

求 $\alpha_{ik}(i=1, 2, 3;\ k=1, 2, 3, 4)$ 使其满足

$$z_i = \sum_{k=1}^{4} \alpha_{ik} \quad (i=1, 2, 3),$$

$$x_k \geqslant \sum_{i=1}^{3} \alpha_{ik} \quad (k=1, 2, 3, 4).$$

用西北角方法求 $\alpha_{ik}(i=1, 2, 3;\ k=1, 2, 3, 4)$.

首先比较 z_1 与 x_1 定 $\alpha_{1,1}$. 因 $z_1=2$, $x_1=3$, 所以 $z_1<x_1$, 取 $\alpha_{1,1}=z_1=2$, $\alpha_{1,2}=\alpha_{1,3}=\alpha_{1,4}=0$.

于是新问题为

$$z_2=4,\ z_3=5;$$

$$x_1'\Leftarrow x_1-\alpha_{1,1}=1,\ x_2=4,\ x_3=1,\ x_4=4.$$

我们仍记 x_1' 为 x_1, 于是保持关系式

$$\sum_{i=2}^{3} z_i=9, \quad \sum_{k=1}^{4} x_k=10,$$

$$\sum_{i=2}^{3} z_i < \sum_{k=1}^{4} x_k.$$

比较 z_2 与 x_1 确定 $\alpha_{2,1}$, 因为 $z_2=4$, $x_1=1$, 所以 $x_1<z_2$, 取 $\alpha_{2,1}=x_1=1$, $\alpha_{3,1}=0$.

于是新问题为

$$z_2'\Leftarrow z_2-\alpha_{2,1}=4-1=3,\ z_3=5;$$

$$x_2=4,\ x_3=1,\ x_4=4.$$

我们仍记 z_2' 为 z_2, 于是保持关系式

$$\sum_{i=2}^{3} z_i \leqslant \sum_{k=2}^{4} x_k.$$

比较 z_2 与 x_2 确定 $\alpha_{2,2}$, 因为 $z_2=3$, $x_2=4$, 所以 $z_2<x_2$, 取 $\alpha_{2,2}=z_2=3$, $\alpha_{2,3}=\alpha_{2,4}=0$.

于是新问题为

$$x_2 \Leftarrow x_2 - \alpha_{2,2} = 1,\ x_3 = 1,\ x_4 = 4;$$
$$z_3 = 5.$$

仍满足

$$z_3 \leqslant \sum_{k=2}^{4} x_k.$$

比较 x_2 与 z_3 确定 $\alpha_{3,2}$. 因 $x_2 = 1$, $z_3 = 5$, 所以 $x_2 < z_3$, 取 $\alpha_{3,2} = 1$.

新问题为 $z_3' \Leftarrow z_3 - \alpha_{3,2} = 5 - 1 = 4$, $x_3 = 1$, $x_4 = 4$.

比较 z_3 与 x_3 确定 $\alpha_{3,3}$. 因 $z_3 = 4$, $x_3 = 1$, 所以 $x_3 < z_3$, 取 $\alpha_{3,3} = 1$.

新问题为 $z_3' \Leftarrow 4 - 1 = 3$, $x_4 = 4$.

确定出 $\alpha_{3,4} = 3$, $x_4 \Leftarrow 4 - 3 = 1$.

至此$\mathscr{I}$的集合变成空集合. 全部解完. 列表如下

表 2.1

i \ k (α_{ik})	1	2	3	4	z_i
1	2	0	0	0	2
2	1	3	0	0	4
3	0	1	1	3	5
x_k	3	4	1	4	

定理 2.1. 令

$$\boldsymbol{a}_i = (a_{i1}, a_{i2}, \cdots, a_{in})^T$$

为非零向量,按下述定义 $K(\boldsymbol{a}_i)$ 后, 则 $\boldsymbol{x} \geqslant 0$ 满足 $\boldsymbol{a}_i^T\boldsymbol{x} \geqslant 0$ 当且仅当对某向量 $\boldsymbol{w} \geqslant 0$ 有 $\boldsymbol{x} = K(\boldsymbol{a}_i)\boldsymbol{w}$.

在证明这个定理之前,先来研究定理中的量. 为定义初等矩阵 $K(\boldsymbol{a}_i)$, 首先对照 $\boldsymbol{a}_i = (a_{i1}, a_{i2}, \cdots, a_{in})^T$ 将足标 j 的集合依 a_{ij} 的值分成三个子集合. 即

$$n = \{1, 2, \cdots, n\},$$
$$n^+ = \{l \mid a_{il} > 0\} = \{l_1, l_2, \cdots, l_r\},$$
$$n^\circ = \{h \mid a_{ih} = 0\} = \{h_1, h_2, \cdots, h_s\},$$
$$n^- = \{p \mid a_{ip} < 0\} = \{p_1, p_2, \cdots, p_t\}.$$
$$n = n^+ \cup n^\circ \cup n^-.$$

定义向量

$$\boldsymbol{e}^l = (0, \cdots, 0, 1, 0, \cdots, 0)^T \ (l \in n^+ \text{ 或 } l \in n^\circ),$$

$\boldsymbol{e}^l$ 是一个单位向量，其第 l 个分量为 1，其余分量为 0.

$$\boldsymbol{e}^{lp} = \left(0, \cdots, 0, \frac{1}{a_{il}}, 0, \cdots, 0, \frac{-1}{a_{ip}}, 0, \cdots, 0\right)^T$$
$$(\text{当 } l < p,\ l \in n^+,\ p \in n^- \text{ 时}),$$

或为

$$\boldsymbol{e}^{lp} = \left(0, \cdots, 0, \frac{-1}{a_{ip}}, 0, \cdots, 0, \frac{1}{a_{il}}, 0, \cdots, 0\right)^T$$
$$(\text{当 } l > p,\ l \in n^+,\ p \in n^- \text{ 时}).$$

$\boldsymbol{e}^{lp}$ 是一个 n 维向量，其中第 l 个分量为 $\frac{1}{a_{il}}$，第 p 个分量为 $\frac{-1}{a_{ip}}$，除这两个分量外其余分量均为 0.

定义 2.1. 用上面给出的 $\boldsymbol{e}^{l_i}$, $\boldsymbol{e}^{h_j}$, $\boldsymbol{e}^{l_i p_q}$，构成矩阵

$$K(\boldsymbol{a}_i) = (\boldsymbol{e}^{l_1}\boldsymbol{e}^{l_2}\cdots\boldsymbol{e}^{l_r}\boldsymbol{e}^{h_1}\boldsymbol{e}^{h_2}\cdots\boldsymbol{e}^{h_s}\boldsymbol{e}^{l_1p_1}\cdots\boldsymbol{e}^{l_rp_t}).$$

它是一个 n 行，$r+s+rt$ 列的矩阵，称为**初等矩阵**

显然，$r, s = 0$ 时这个矩阵 $K(\boldsymbol{a}_i)$ 按上述规则是没法定义的．此时，定义 $K(\boldsymbol{a}_i) = 0$，为 $n \times n$ 零矩阵．这样，不管 $\boldsymbol{w}$ 取任何值均有 $\boldsymbol{x} = K(\boldsymbol{a}_i)\boldsymbol{w} = 0$，代入齐次线性不等式一定满足.

现在我们来证明定理 2.1.

证　首先证明充分性，即对 $\boldsymbol{w} \geqslant \boldsymbol{0}$，一定有

$$\boldsymbol{x} = K(\boldsymbol{a}_i)\boldsymbol{w} \geqslant \boldsymbol{0},$$

将此 $\boldsymbol{x}$ 代入齐次线性不等式一定有

$$\boldsymbol{a}_i^T K(\boldsymbol{a}_i)\boldsymbol{w} \geqslant 0.$$

因为 $\boldsymbol{w} \geqslant 0$，矩阵 $K(a_i)$ 的所有元素均非负，所以一定有

$$\boldsymbol{x} = K(\boldsymbol{a}_i)\boldsymbol{w} \geqslant \boldsymbol{0}.$$

为了证明

$$\boldsymbol{a}_i^T K(\boldsymbol{a}_i)\boldsymbol{w} \geqslant 0,$$

我们来考虑向量 $\boldsymbol{a}_i^T K(\boldsymbol{a}_i)$ 的分量，首先考虑前 r 个分量. 即取 $K(a_i)$ 的第 j 列 $(l_j \in n^+)$，应为 $\boldsymbol{e}^{l_j} = (0,\cdots,0,1,0,\cdots,0)^T$. 于是

$$\boldsymbol{a}_i^T \boldsymbol{e}^{l_j} = a_{il_j} > 0 \ (l_j \in n^+).$$

再来考虑 $K(\boldsymbol{a}_i)$ 的第 $r+1$ 列到 $r+s$ 列. 取 $K(\boldsymbol{a}_i)$ 的第 $r+j$ 列，$(h_j \in n^\circ)$，应为 $\boldsymbol{e}^{h_j} = (0,\cdots,0,1,0,\cdots,0)^T$. 于是

$$\boldsymbol{a}_i^T \boldsymbol{e}^{h_j} = a_{ih_j} = 0 \qquad (h_j \in n^\circ).$$

因而 $a_i^T K(\boldsymbol{a}_i)$ 的前 $r+s$ 个分量均非负.

再来考虑 $\boldsymbol{a}_i^T K(\boldsymbol{a}_i)$ 的后 $r+t$ 列，取 $K(\boldsymbol{a}_i)$ 的第 $r+s+kj$ 列 $(l_k \in n^+,\ p_j \in n^-)$ 应为

$$\boldsymbol{e}^{l_k p_j} = \left(0,\ \cdots,\ 0,\ \frac{1}{a_{il_k}},\ 0,\ \cdots,\ 0,\ \frac{-1}{a_{ip_j}},\ 0,\ \cdots,\ 0\right)^T,$$

或者

$$\boldsymbol{e}^{l_k p_j} = \left(0,\ \cdots,\ 0,\ \frac{-1}{a_{ip_j}},\ 0,\ \cdots,\ 0,\ \frac{1}{a_{il_k}},\ 0,\ \cdots,\ 0\right)^T.$$

于是

$$\boldsymbol{a}_i^T \boldsymbol{e}^{l_k p_j} = \frac{a_{ilk}}{a_{il_k}} - \frac{a_{ip_j}}{a_{ip_j}} = 0, \quad (l_k \in n^+,\ p_j \in n^-).$$

因而 $\boldsymbol{a}_i^T K(\boldsymbol{a}_i)$ 的后 rt 个分量均非负. 总结上述，可知 $\boldsymbol{a}_i^T K(\boldsymbol{a}_i)$ 所有 $r+s+rt$ 个分量均非负. 所以当 $r+s+rt$ 维向量 $\boldsymbol{w} \geqslant \boldsymbol{0}$ 时一定有

$$\boldsymbol{a}_i^T \boldsymbol{x} = \boldsymbol{a}_i^T K(\boldsymbol{a}_i)\boldsymbol{w} \geqslant 0.$$

现在来证明必要性. 也就是要证明对一切满足 $\boldsymbol{a}_i^T \boldsymbol{x} \geqslant 0$, $\boldsymbol{x} \geqslant \boldsymbol{0}$ 的 $\boldsymbol{x}$，一定可以找到 $\boldsymbol{w} \geqslant \boldsymbol{0}$ 使 $\boldsymbol{x} = K(\boldsymbol{a}_i)\boldsymbol{w}$.

因为 $\boldsymbol{x} \geqslant \boldsymbol{0}$，$\boldsymbol{a}_i^T \boldsymbol{x} \geqslant 0$，因而一定有

$$\sum_{j \in n^+} a_{ij}x_j \geqslant \sum_{k \in n^-} (-a_{ik})x_k,$$

且 $a_{ij}x_j \geqslant 0$ $(j \in n^+)$；$-a_{ik}x_k \geqslant 0$ $(k \in n^-)$. 用引理 2.1 有 α_{ik}

使

$$a_{ij}x_j \geqslant \sum_{k\in n^-} \alpha_{jk} \quad (j\in n^+),$$

$$-a_{ik}x_k = \sum_{j\in n^+} \alpha_{jk} \quad (k\in n^-).$$

于是

$$x_k = \frac{-1}{a_{ik}} \sum_{j\in n^+} \alpha_{jk} \quad (k\in n^-).$$

我们把 $\boldsymbol{x}$ 对应于 n^+, n^-, n° 分开有

$$\begin{aligned}
\boldsymbol{x} &= \sum_{h\in n^\circ} x_h \mathbf{e}^h + \sum_{l\in n^+} x_l \mathbf{e}^l + \sum_{k\in n^-} x_k \mathbf{e}^k \\
&= \sum_{h\in n^\circ} x_h \mathbf{e}^h + \sum_{l\in n^+} x_l \mathbf{e}^l \\
&\quad + \sum_{k\in n^-} \left(\frac{-1}{a_{ik}} \sum_{l\in n^+} \alpha_{lk} \right) \mathbf{e}^k \\
&= \sum_{h\in n^\circ} x_h \mathbf{e}^h + \sum_{l\in n^+} x_l \mathbf{e}^l - \sum_{k\in n^-} \sum_{l\in n^+} \frac{1}{a_{il}} \alpha_{lk} \mathbf{e}^l \\
&\quad + \sum_{k\in n^-} \sum_{l\in n^+} \frac{1}{a_{il}} \alpha_{lk} \mathbf{e}^l + \sum_{k\in n^-} \sum_{l\in n^+} \frac{-1}{a_{ik}} \alpha_{lk} \mathbf{e}^k \\
&= \sum_{h\in n^\circ} x_h \mathbf{e}^h + \sum_{l\in n^+} \left(x_l - \sum_{k\in n^-} \frac{1}{a_{il}} \alpha_{lk} \right) \mathbf{e}^l \\
&\quad + \sum_{l\in n^+} \sum_{k\in n^-} \alpha_{lk} \mathbf{e}^{lk}.
\end{aligned}$$

令

$$w_h = x_h \quad (h\in n^\circ),$$

$$w_l = x_l - \frac{1}{a_{il}} \sum_{k\in n^-} \alpha_{lk} \quad (l\in n^+),$$

$$w_{lk} = \alpha_{lk} \quad (l\in n^+, k\in n^-).$$

上式刚好是

$$\boldsymbol{x} = K(\boldsymbol{a}_i)\boldsymbol{w}.$$

余下的问题是要证明，如此定出的 $\boldsymbol{w}$ 确实有 $\boldsymbol{w}\geqslant\mathbf{0}$. 事实上 $w_h=x_h\geqslant 0\ (h\in n^\circ)$,因为 $\boldsymbol{x}\geqslant 0$; $w_{lk}=\alpha_{lk}\geqslant 0\ (l\in n^+,k\in n^-)$, 这是由引理 2.1 保证的;我们现在来证明

$$w_l = x_l - \frac{1}{a_{il}}\sum_{k\in n^-}\alpha_{lk}\geqslant 0.$$

由 α_{lk} 的得出可知有

$$a_{il}x_l\geqslant\sum_{k\in n^-}\alpha_{lk}\ \ (l\in n^+),$$

于是有

$$w_l = x_l - \frac{1}{a_{il}}\sum_{k\in n^-}\alpha_{lk}\geqslant 0.$$

总之，如上定义的 $r+s+rt$ 维向量 $\boldsymbol{w}$ 满足 $\boldsymbol{w}\geqslant\mathbf{0}$. 定理 2.1 证完.

定理 2.2. $\boldsymbol{x}=(x_1,\ x_2,\ \cdots,\ x_n)^T\geqslant\mathbf{0}$ 满足

$$\boldsymbol{a}_1^T\boldsymbol{x}=a_{1,1}x_1+a_{1,2}x_2+\cdots+a_{1n}x_n\geqslant 0,$$
$$\boldsymbol{a}_2^T\boldsymbol{x}=a_{2,1}x_1+a_{2,2}x_2+\cdots+a_{2n}x_n\geqslant 0,$$
$$\cdots\cdots$$
$$\boldsymbol{a}_m^T\boldsymbol{x}=a_{m1}x_1+a_{m2}x_2+\cdots+a_{mn}x_n\geqslant 0,$$

的充要条件是 $\boldsymbol{x}=K(A)\boldsymbol{w}$, 对于 $\boldsymbol{w}\geqslant\mathbf{0}$, 其中

$$A=\begin{pmatrix} a_{1,1}, & a_{1,2}, & \cdots, & a_{1n}\\ a_{2,1}, & a_{2,2}, & \cdots, & a_{2n}\\ & \cdots\cdots & & \\ a_{m1}, & a_{m2}, & \cdots, & a_{mn}\end{pmatrix}=\begin{pmatrix}\boldsymbol{a}_1^T\\ \boldsymbol{a}_2^T\\ \vdots\\ \boldsymbol{a}_m^T\end{pmatrix}.$$

即

$$\boldsymbol{a}_i=(a_{i1},\ a_{i2},\ \cdots,\ a_{in})^T\quad(i\geqslant 1,\ 2,\ \cdots,\ m)$$

为 n 维向量.

定义 2.2. $K(A)=K(\boldsymbol{a}_1)K(\boldsymbol{a}_2^{(1)})\cdots K(\boldsymbol{a}_m^{(m-1)})$,

$$\boldsymbol{a}_i^{(i-1)}=(K(\boldsymbol{a}_{i-1}^{(i-2)}))^T\boldsymbol{a}_i^{(i-2)}\quad(i=2,\ \cdots,\ m).$$

其中

$$\boldsymbol{a}_i^{(0)}=\boldsymbol{a}_i.$$

现在来证明定理 2.2.

证　由定理 2.1 知道，对于第一个不等式，若 $\boldsymbol{x} \geqslant 0$ 满足

$$\boldsymbol{a}_1^T \boldsymbol{x} \geqslant 0$$

的充分必要条件是 $\boldsymbol{x}$ 可以表示成

$$\boldsymbol{x} = K(\boldsymbol{a}_1)\boldsymbol{w}_1, \quad \boldsymbol{w}_1 \geqslant 0.$$

为了满足 m 个不等式约束条件，就一定要满足第一个不等式约束条件．所以要找满足 m 个约束条件的 $\boldsymbol{x}$，就必须在满足第一个不等式约束条件的 $\boldsymbol{x}$ 中找．如果其余 $m-1$ 个不等式约束条件也满足，那么就是要求的解．即求 $\boldsymbol{w}_1$ 使满足

$$\begin{aligned}
\boldsymbol{a}_2^T \boldsymbol{x} &= \boldsymbol{a}_2^T K(\boldsymbol{a}_1)\boldsymbol{w}_1 \geqslant 0, \\
\boldsymbol{a}_3^T \boldsymbol{x} &= \boldsymbol{a}_3^T K(\boldsymbol{a}_1)\boldsymbol{w}_1 \geqslant 0, \\
&\cdots\cdots \\
\boldsymbol{a}_m^T x &= \boldsymbol{a}_m^T K(\boldsymbol{a}_1)\boldsymbol{w}_1 \geqslant 0, \\
\boldsymbol{w}_1 &\geqslant \boldsymbol{0}.
\end{aligned}$$

若记

$$(\boldsymbol{a}_i^{(1)})^T = \boldsymbol{a}_i^T K(\boldsymbol{a}_1) \quad (i = 2, \cdots, m),$$

则上式可以写成

$$\begin{aligned}
&(\boldsymbol{a}_2^{(1)})^T \boldsymbol{w}_1 \geqslant 0, \\
&(\boldsymbol{a}_3^{(1)})^T \boldsymbol{w}_1 \geqslant 0, \\
&\cdots\cdots \\
&(a_m^{(1)})^T \boldsymbol{w}_1 \geqslant 0, \\
&\boldsymbol{w}_1 \geqslant \boldsymbol{0}.
\end{aligned}$$

其中

$$\begin{aligned}
\boldsymbol{a}_i^{(1)} &= (a_{i1}^{(1)}, a_{i2}^{(1)}, \cdots, a_{iN_1}^{(1)})^T, \\
\boldsymbol{w}_1 &= (w_1^{(1)}, w_2^{(1)}, \cdots, w_{N_1}^{(1)})^T.
\end{aligned}$$

这一组不等式与原来一组不等式比较，除了阶数减少了 1，维数不同之外形式上没有什么区别．维数应该是

$$N_1 = r^{(1)} + s^{(1)} + r^{(1)} t^{(1)}.$$

此处 $r^{(1)}$ 是向量 $(a_{1,1}, a_{1,2}, \cdots, a_{1n})^T$ 分量中大于 0 的分量的个数；$s^{(1)}$ 是向量 $(a_{1,1}, a_{1,2}, \cdots, a_{1n})^T$ 分量中等于 0 的分量的个数；$t^{(1)}$ 是向量 $(a_{1,1}, a_{1,2}, \cdots, a_{1n})^T$ 分量中小于 0 的分量的个数．

我们取出

$$(\boldsymbol{a}_2^{(1)})^T\boldsymbol{w}_1 \geqslant 0,\ \boldsymbol{w}_1 \geqslant \boldsymbol{0},$$

再用定理 2.1 得出 $\boldsymbol{w}_1$ 为此不等式的解的充要条件是

$$\boldsymbol{w}_1 = K(\boldsymbol{a}_2^{(1)})\boldsymbol{w}_2,\ \boldsymbol{w}_2 \geqslant \boldsymbol{0}.$$

再做上面的考虑，又可将此 $\boldsymbol{w}_1$ 代入其余 $m-2$ 个不等式约束条件中得出

$$(\boldsymbol{a}_i^{(2)})^T\boldsymbol{w}_2 \geqslant 0,\ \boldsymbol{w}_2 \geqslant \boldsymbol{0}\quad (i = 3, \cdots, m),$$

其中

$$(\boldsymbol{a}_i^{(2)})^T = (\boldsymbol{a}_i^{(1)})^T K(\boldsymbol{a}_2^{(1)})\quad (i = 3, \cdots, m).$$

$\boldsymbol{w}_2$ 是 $N_2 = r^{(2)} + s^{(2)} + r^{(2)}t^{(2)}$ 维非负向量. $r^{(2)}$ 为向量 $(a_{2,1}^{(1)}, a_{2,2}^{(1)}, \cdots, a_{2n}^{(1)})^T$ 分量中大于 0 的分量的个数；$s^{(2)}$ 为向量 $(a_{2,1}^{(1)}, a_{2,2}^{(1)}, \cdots, a_{2n}^{(1)})^T$ 分量中等于 0 的分量的个数；$t^{(2)}$ 是向量 $(a_{2,1}^{(1)}, a_{2,2}^{(1)}, \cdots, a_{2n}^{(1)})^T$ 的分量中小于 0 的分量的个数.

反复此过程，求出

$$\boldsymbol{w}_{m-1} = K(\boldsymbol{a}_m^{(m-1)})\boldsymbol{w}_m,\ \boldsymbol{w}_m \geqslant \boldsymbol{0},$$

便是满足

$$(\boldsymbol{a}_m^{(m-1)})^T\boldsymbol{w}_{m-1} \geqslant 0,\ \boldsymbol{w}_{m-1} \geqslant \boldsymbol{0}$$

的一般解.

于是原来 m 个线性齐次不等式的解 $\boldsymbol{x}$ 可以写成

$$\boldsymbol{x} = K(\boldsymbol{a}_1)K(\boldsymbol{a}_2^{(1)})\cdots K(\boldsymbol{a}_m^{(m-1)})\boldsymbol{w}_m,\ \boldsymbol{w}_m \geqslant \boldsymbol{0}.$$

因为我们定义了

$$K(A) = K(\boldsymbol{a}_1)K(\boldsymbol{a}_2^{(1)})\cdots K(\boldsymbol{a}_m^{(m-1)}),$$

所以只要记 $\boldsymbol{w} = \boldsymbol{w}_m$，便是定理 2.2 所要找的 $\boldsymbol{w}$. 自然

$$\boldsymbol{a}_i^{(i-1)} = (K(\boldsymbol{a}_{i-1}^{(i-2)}))^T\boldsymbol{a}_i^{(i-2)}\quad (i = 2, \cdots, m),$$

并规定

$$\boldsymbol{a}_i^{(0)} = \boldsymbol{a}_i.$$

例 2.1. 求 $\boldsymbol{x} = (x_1, x_2, x_3)^T$ 满足

$$\begin{aligned} x_1 \qquad + x_3 &\geqslant 0, \\ x_1 - x_2 - 2x_3 &\geqslant 0, \\ x_1, x_2, x_3 &\geqslant 0. \end{aligned}$$

对此齐次线性不等式组，我们用这一节介绍的初等矩阵方法求解.

对应第一个不等式，其系数向量为

$$\boldsymbol{a}_1=(1,0,1)^T,$$

所以其足标集合 $\mathcal{N}=\{1,2,3\}$ 可以分成

$$\mathcal{N}^+=\{1,3\},$$
$$\mathcal{N}^\circ=\{2\},$$
$$\mathcal{N}^-=\phi.$$

由定义可知

$$K(\boldsymbol{a}_1)=(\boldsymbol{e}^1,\boldsymbol{e}^3,\boldsymbol{e}^2)=\begin{pmatrix}1&0&0\\0&0&1\\0&1&0\end{pmatrix}.$$

利用 $K(\boldsymbol{a}_1)$ 求出 $\boldsymbol{a}_2^{(1)}$，由 $\boldsymbol{a}_2=(1,-1,-2)^T$ 得

$$\boldsymbol{a}_2^{(1)}=(K(\boldsymbol{a}_1))^T\boldsymbol{a}_2=\begin{pmatrix}1&0&0\\0&0&1\\0&1&0\end{pmatrix}\begin{pmatrix}1\\-1\\-2\end{pmatrix}=\begin{pmatrix}1\\-2\\-1\end{pmatrix}.$$

于是我们的问题变成求 $\boldsymbol{w}_1=(w_1^{(1)},w_2^{(1)},w_3^{(1)})^T\geqslant\mathbf{0}$ 使满足

$$w_1^{(1)}-2w_2^{(1)}-w_3^{(1)}\geqslant 0.$$

对应其系数向量

$$\boldsymbol{a}_2^{(1)}=(1,-2,-1)^T$$

将其足标集合 $\mathcal{N}=\{1,2,3\}$ 分成

$$\mathcal{N}^+=\{1\},$$
$$\mathcal{N}^\circ=\phi,$$
$$\mathcal{N}^-=\{2,3\}.$$

于是

$$\boldsymbol{e}^1=(1,0,0)^T,$$
$$\boldsymbol{e}^{1,2}=\left(1,\frac{1}{2},0\right)^T,$$
$$\boldsymbol{e}^{1,3}=(1,0,1)^T.$$

$$K(\boldsymbol{a}_2^{(1)}) = (\boldsymbol{e}^1, \boldsymbol{e}^{1,2}, \boldsymbol{e}^{1,3}) = \begin{pmatrix} 1 & 1 & 1 \\ 0 & \frac{1}{2} & 0 \\ 0 & 0 & 1 \end{pmatrix}.$$

于是由 $K(A) = K(\boldsymbol{a}_1)K(\boldsymbol{a}_2^{(1)})$ 得

$$K(A) = \begin{pmatrix} 1 & 0 & 0 \\ 0 & 0 & 1 \\ 0 & 1 & 0 \end{pmatrix}\begin{pmatrix} 1 & 1 & 1 \\ 0 & \frac{1}{2} & 0 \\ 0 & 0 & 1 \end{pmatrix} = \begin{pmatrix} 1 & 1 & 1 \\ 0 & 0 & 1 \\ 0 & \frac{1}{2} & 0 \end{pmatrix}.$$

于是对一切 $\boldsymbol{w} \geqslant \boldsymbol{0}$,

$$\boldsymbol{x} = K(A)\boldsymbol{w},$$

都将是原线性齐次不等式的解.

我们知道,一切 $\boldsymbol{w} \geqslant \boldsymbol{0}$ 都可表成

$$\boldsymbol{w} = w_1\begin{pmatrix} 1 \\ 0 \\ 0 \end{pmatrix} + w_2\begin{pmatrix} 0 \\ 1 \\ 0 \end{pmatrix} + w_3\begin{pmatrix} 0 \\ 0 \\ 1 \end{pmatrix},$$

所以只要验证一下 $\boldsymbol{w}^{(1)} = \boldsymbol{e}_1$, $\boldsymbol{w}^{(2)} = \boldsymbol{e}_2$, $\boldsymbol{w}^{(3)} = \boldsymbol{e}_3$ 就够了.

代入 $\boldsymbol{w}^{(1)} = \boldsymbol{e}_1$,

$$\boldsymbol{x} = \begin{pmatrix} 1 & 1 & 1 \\ 0 & 0 & 1 \\ 0 & \frac{1}{2} & 0 \end{pmatrix}\begin{pmatrix} 1 \\ 0 \\ 0 \end{pmatrix} = \begin{pmatrix} 1 \\ 0 \\ 0 \end{pmatrix}.$$

$$\boldsymbol{a}_1^{\mathrm{T}}\boldsymbol{x} = x_1 \qquad + x_3 = 1 > 0,$$

$$\boldsymbol{a}_2^{\mathrm{T}}\boldsymbol{x} = x_1 - x_2 - 2x_3 = 1 > 0.$$

代入 $\boldsymbol{w}^{(2)} = \boldsymbol{e}_2$,

$$\boldsymbol{x} = \begin{pmatrix} 1 & 1 & 1 \\ 0 & 0 & 1 \\ 0 & \frac{1}{2} & 0 \end{pmatrix}\begin{pmatrix} 0 \\ 1 \\ 0 \end{pmatrix} = \begin{pmatrix} 1 \\ 0 \\ \frac{1}{2} \end{pmatrix},$$

$$\boldsymbol{a}_1^{\mathrm{T}}\boldsymbol{x} = x_1 \qquad + x_3 = \frac{3}{2} > 0,$$

$$\boldsymbol{a}_2^{\mathrm{T}}\boldsymbol{x} = x_1 - x_2 - 2x_3 = 0.$$

代入 $\boldsymbol{w}^{(3)}=\boldsymbol{e}_3$,

$$\boldsymbol{x}=\begin{pmatrix}1 & 1 & 1\\ 0 & 0 & 1\\ 0 & \frac{1}{2} & 0\end{pmatrix}\begin{pmatrix}0\\0\\1\end{pmatrix}=\begin{pmatrix}1\\1\\0\end{pmatrix}.$$

$$\boldsymbol{a}_1^T\boldsymbol{x}=x_1 \qquad +x_3=1>0,$$

$$\boldsymbol{a}_2^T\boldsymbol{x}=x_1-x_2-2x_3=0.$$

于是对任何 $\boldsymbol{w}=(w_1,w_2,w_3)^T\geqslant\boldsymbol{0}$ 均可写成

$$\boldsymbol{w}=w_1\boldsymbol{e}_1+w_2\boldsymbol{e}_2+w_3\boldsymbol{e}_3,$$

则

$$\boldsymbol{x}=K(A)\boldsymbol{w}=w_1K(A)\boldsymbol{e}_1+w_2K(A)\boldsymbol{e}_2+w_3K(A)\boldsymbol{e}_3.$$

$$\boldsymbol{a}_1^T\boldsymbol{x}=w_1\boldsymbol{a}_1^TK(A)\boldsymbol{e}_1+w_2\boldsymbol{a}_1^TK(A)\boldsymbol{e}_2+w_3\boldsymbol{a}_1^TK(A)\boldsymbol{e}_3$$
$$=w_1\cdot 1+w_2\cdot\frac{3}{2}+w_3\cdot 1\geqslant 0,$$

$$\boldsymbol{a}_2^T\boldsymbol{x}=w_1\boldsymbol{a}_2^TK(A)\boldsymbol{e}_1+w_2\boldsymbol{a}_2^TK(A)\boldsymbol{e}_2+w_3\boldsymbol{a}_2^TK(A)\boldsymbol{e}_3$$
$$=w_1\cdot 1+w_2\cdot 0+w_3\cdot 0\geqslant 0.$$

由此可知,对一切 $\boldsymbol{w}=(w_1,w_2,w_3)^T\geqslant\boldsymbol{0}$ 都有 $\boldsymbol{x}=K(A)\boldsymbol{w}$ 满足齐次线性不等式组.

相反，对任意一个满足 $\boldsymbol{x}\geqslant\boldsymbol{0}$，$\boldsymbol{a}_1^T\boldsymbol{x}\geqslant 0$，$\boldsymbol{a}_2^T\boldsymbol{x}\geqslant 0$ 的 $\boldsymbol{x}$ 也一定可以求得 $\boldsymbol{w}\geqslant\boldsymbol{0}$ 使

$$\boldsymbol{x}=K(A)\boldsymbol{w}.$$

对 $\boldsymbol{w}$，我们可套用定理证明中的构造将其求出来，这里就不予介绍了.

练　习

1．齐次线性不等式组是否有无解情形？初等矩阵为什么样的矩阵时齐次线性不等式组只有 0 解？这种初等矩阵是在什么样的情况下产生的.

2．将例 2.1 中将 $x_1, x_2, x_3\geqslant 0$ 的限制去掉,试用初等矩阵方法求解.

3．怎样用初等矩阵方法解齐次线性不定方程组?

§2. 线性规划的转换

在这一节我们将介绍对于一个给定的线性规划问题，转换成什么样的形式才便于用初等矩阵方法求解？也可以说成是，对于初等矩阵方法来说,线性规划表示成什么样的形式才是标准形式？当然还应当给出把一般线性规划问题转换成标准形式的方法.

用初等矩阵方法求解的线性规划问题的标准形式：

(ELP)：极小化

$$s = \mathbf{c}^T \boldsymbol{x}, \tag{2.1}$$

满足于约束条件

$$\boldsymbol{d}^T \boldsymbol{x} = 1, \tag{2.2}$$

$$A\boldsymbol{x} \geqslant \mathbf{0}, \tag{2.3}$$

$$\boldsymbol{x} \geqslant \mathbf{0}. \tag{2.4}$$

其中 $\boldsymbol{d} = (d_1, d_2, \cdots, d_n)^T$ 为一给定的 n 维向量. A 为 $(m-1)\times n$ 矩阵. $\mathbf{c}$ 为 n 维目标函数系数向量.

自然，对于没有约束条件(2.2)的线性规划问题用初等矩阵方法也能求解,而且求解更方便. 但是这种形式并不一般化,所以我们宁可把(2.1)～(2.4)看成标准形式.

下面讨论如何把一个一般的线性规划问题转换成 (ELP).

我们知道,一个线性规划问题总可以写成问题 (A)：极小化

$$s = c_1x_1 + c_2x_2 + \cdots + c_nx_n, \tag{2.5}$$

满足于约束条件

$$\begin{aligned} a_{1,1}x_1 + a_{1,2}x_2 + \cdots + a_{1n}x_n &\geqslant b_1, \\ a_{2,1}x_1 + a_{2,2}x_2 + \cdots + a_{2n}x_n &\geqslant b_2, \\ \cdots\cdots \\ a_{m1}x_1 + a_{m2}x_2 + \cdots + a_{mn}x_n &\geqslant b_m, \end{aligned} \tag{2.6}$$

$$x_1, x_2, \cdots, x_n \geqslant 0. \tag{2.7}$$

其中 $b_i\,(i=1, 2, \cdots, m)$ 可正可负,也可为 0.

若有一个约束条件,是等式,如

$$a_{i1}x_1 + a_{i2}x_2 + \cdots + a_{in}x_n = b_i,$$

则我们可以用两个不等式来代替

$$a_{i1}x_1 + a_{i2}x_2 + \cdots + a_{in}x_n \geqslant b_i,$$

$$-a_{i1}x_1 - a_{i2}x_2 - \cdots - a_{in}x_n \geqslant -b_i.$$

在线性规划中一般不容许有

$$a_{k1}x_1 + a_{k2}x_2 + \cdots + a_{kn}x_n > b_k.$$

但若实际问题一定要求有这种要求时，我们宁可方便地用

$$a_{k1}x_1 + a_{k2}x_2 + \cdots + a_{kn}x_n \geqslant b_k$$

来代替，采用计算数学的近似手法，而不用纯数学的严格观点.

对于其他一些不符合 (ELP) 要求的数学形式，可以类似于讨论变换成 (SLP) 标准型时所采用的手法进行处理.

所以 (2.5)—(2.7) 所表示的线性规划问题是很一般的线性规划问题.

我们取

$$b_k = \max_{1\leqslant i\leqslant m}\{|b_i|\},$$

若 $b_k = 0$，则 (2.5)—(2.7) 所给出的线性规划问题就是特殊类型的 (ELP)，无须再变换. 因而假设 $b_k \neq 0$. 此时，把

$$\boldsymbol{a}_k^{\mathrm{T}}\boldsymbol{x} \geqslant b_k \tag{2.8}$$

看成第一个线性不等式，引进 $y_1 \geqslant 0$，把(2.8)改写成

$$\boldsymbol{a}_1^{\mathrm{T}}\boldsymbol{x} - y_1 = b_1.$$

将此等式两边同时除以 b_1 得

$$\frac{a_{1,1}}{b_1}x_1 + \frac{a_{1,2}}{b_1}x_2 + \cdots + \frac{a_{1n}}{b_1}x_n - \frac{1}{b_1}y_1 = 1.$$

对其余 $m-1$ 个齐次线性不等式引进变换

$$\left(a_{i1} - \frac{a_{1,1}}{b_1}b_i\right)x_1 + \left(a_{i2} - \frac{a_{1,2}}{b_1}b_i\right)x_2 + \cdots$$
$$+ \left(a_{in} - \frac{a_{1n}}{b_1}b_i\right)x_n + \frac{b_i}{b_1}y_1 \geqslant 0$$
$$(i = 2, 3, \cdots, m).$$

于是便得出了 (ELP) 标准型线性规划问题.

也就是首先将问题(A)改写成:

极小化

$$s = \mathbf{c}^T \boldsymbol{x},$$

满足于约束条件

$$\boldsymbol{a}_1^T \boldsymbol{x} = b_1,$$

$$A\boldsymbol{x} \geqslant \boldsymbol{b},$$

$$\boldsymbol{x} \geqslant \mathbf{0}.$$

其中

$$\boldsymbol{b} = (b_2, b_3, \cdots, b_m)^T,$$

$$A = \begin{pmatrix} \boldsymbol{a}_2^T \\ \boldsymbol{a}_3^T \\ \vdots \\ \boldsymbol{a}_m^T \end{pmatrix}.$$

于是引进变换,将问题改写成

(ELP): 极小化

$$s = \mathbf{c}^T \boldsymbol{x},$$

满足于约束条件

$$\frac{\boldsymbol{a}_1^T}{b_1} \boldsymbol{x} = 1,$$

$$TA\boldsymbol{x} \geqslant \mathbf{0},$$

$$\boldsymbol{x} \geqslant \mathbf{0}.$$

其中

$$T = \begin{pmatrix} \frac{-b_2}{b_1}, & 1, & 0, & \cdots, & 0 \\ \frac{-b_3}{b_1}, & 0, & 1, & \cdots, & 0 \\ & & \cdots\cdots & & \\ \frac{-b_m}{b_1}, & 0, & 0, & \cdots, & 1 \end{pmatrix}.$$

T 为 1 个 $(m-1) \times m$ 矩阵,后 $m-1$ 列为 1 个单位矩阵,第一

列为

$$\frac{-1}{b_1}(b_2, \cdots, b_m)^T.$$

而此时的 (ELP) 刚好是我们要求的标准形式.

§3. 解线性规划问题的初等矩阵方法

现在来讨论解 (ELP) 的初等矩阵方法. 如第一节所述 (ELP): 极小化

$$s = \boldsymbol{c}^T\boldsymbol{x},$$

满足于约束条件

$$\boldsymbol{d}^T\boldsymbol{x} = 1,$$
$$A\boldsymbol{x} \geqslant \boldsymbol{0},$$
$$\boldsymbol{x} \geqslant \boldsymbol{0}.$$

用定理 2.3, $A\boldsymbol{x} \geqslant \boldsymbol{0}$, $\boldsymbol{x} \geqslant \boldsymbol{0}$ 等价于 $\boldsymbol{x} = K(A)\boldsymbol{w}$, $\boldsymbol{w} \geqslant \boldsymbol{0}$. 将此 $\boldsymbol{x}$ 代入目标函数及约束条件 $\boldsymbol{d}^T\boldsymbol{x} = 1$ 中去，求出新问题为极小化

$$s = \boldsymbol{c}^T K(A)\boldsymbol{w},$$

满足于约束条件

$$\boldsymbol{d}^T K(A)\boldsymbol{w} = 1,$$
$$\boldsymbol{w} \geqslant \boldsymbol{0}.$$

于是将 (ELP) 变成只含有一个约束方程的线性规划问题. 其求解是容易的.

用分量的形式，我们把这一问题写成:

极小化

$$s = c_1x_1 + c_2x_2 + \cdots + c_Nx_N,$$

满足于约束条件

$$d_1x_1 + d_2x_2 + \cdots + d_Nx_N = 1,$$
$$x_1, x_2, \cdots, x_N \geqslant 0.$$

这个问题的最优解可以通过下述过程求取. 首先求

$$\frac{c_{j_1}}{d_{j_1}} = \cdots = \frac{c_{js}}{d_{js}} = \min_{\substack{d_j>0 \\ 1\leqslant j\leqslant N}} \left\{\frac{c_j}{d_j}\right\}.$$

于是下面 s 个向量都是这个问题的最优解，

$$\boldsymbol{x}^{(r)} = (x_1^{(r)}, x_2^{(r)}, \cdots, x_N^{(r)})^T,$$

其分量只有一个不等于 0，其余分量均为 0，即

$$x_j^{(r)} = \begin{cases} \dfrac{1}{d_{j_r}}, & \text{当} j = j_r, \\ 0, & \text{当 } j \neq j_r,\ j = 1, 2, \cdots, n. \end{cases}$$

令 $j_r = j_1, j_2, \cdots, j_s$ 便得出了 s 个最优解. 而且其全部最优解可以表示为

$$\bar{\boldsymbol{x}} = \sum_{r=1}^{s} \lambda_r \boldsymbol{x}^{(r)},$$

$$\sum_{r=1}^{s} \lambda_r = 1,$$

$$\lambda_r \geqslant 0 \quad (r = 1, 2, \cdots, s).$$

将此 $\boldsymbol{x}^{(r)}$ 代入

$$\boldsymbol{x} = K(A)\boldsymbol{x}^{(r)},$$

便求出了原问题的最优解，而将 $\bar{\boldsymbol{x}}$ 代入

$$\boldsymbol{x} = K(A)\bar{\boldsymbol{x}}$$

便得到了全部最优解的表达式.

把解线性规划问题的初等矩阵方法总结如下.

设要解的线性规划问题为

问题 (A)：极小化

$$s = c_1x_1 + c_2x_2 + \cdots + c_nx_n,$$

满足于约束条件

$$\begin{aligned} a_{1,1}x_1 + a_{1,2}x_2 + \cdots + a_{1n}x_n &\geqslant b_1, \\ a_{2,1}x_1 + a_{2,2}x_2 + \cdots + a_{2n}x_n &\geqslant b_2, \\ &\cdots\cdots \\ a_{m1}x_1 + a_{m2}x_2 + \cdots + a_{mn}x_n &\geqslant b_m, \\ x_1, x_2, \cdots, x_n &\geqslant 0. \end{aligned}$$

计算步骤为

1° 问题转换

引进 y，于是记

$$\boldsymbol{u}=(u_1,u_2,\cdots,u_n,u_{n+1})^T=(x_1,x_2,\cdots,x_n,y)^T.$$

使问题转化成

极小化

$$s=c_1u_1+c_2u_2+\cdots+c_nu_n,$$

满足于约束条件

$$a'_{1,1}u_1+a'_{1,2}u'_2+\cdots+a'_{1n}u_n+a'_{1n+1}u_{n+1}=1,$$
$$a'_{2,1}u_1+a'_{2,2}u_2+\cdots+a'_{2n}u_n+a'_{2n+1}u_{n+1}\geqslant 0,$$
$$\cdots\cdots$$
$$a'_{m1}u_1+a'_{m2}u_2+\cdots+a'_{mn}u_n+a'_{mn+1}u_{n+1}\geqslant 0.$$
$$u_1,u_2,\cdots,u_n,u_{n+1}\geqslant 0.$$

其中

$$a'_{1j}=\frac{a_{1j}}{b_1}\quad(j=1,2,\cdots,n),$$

$$a'_{1n+1}=\frac{-1}{b_1},$$

$$a'_{ij}=a_{ij}-\frac{b_i}{b_1}a_{1j}\ (i=2,3,\cdots,m;\ j=1,2,\cdots,n),$$

$$a'_{in+1}=\frac{-b_i}{b_1}\quad(i=2,3,\cdots,m).$$

变换之后，下面我们仍记 a'_{ij} 为 a_{ij}.

2° 求初等矩阵 $K(A)$

由第一节的定义可得

$$K(A)=K(\boldsymbol{\alpha}_2)K(\boldsymbol{\alpha}_3^{(1)})-K(\boldsymbol{\alpha}_m^{(m-2)}),$$
$$\boldsymbol{\alpha}_i^{(i-2)}=(K(\boldsymbol{\alpha}_{i-1}^{(i-3)}))^T\boldsymbol{\alpha}_i^{(i-3)}\quad(i=3,\cdots,m),$$

记

$$\boldsymbol{\alpha}_i^{(0)}=\boldsymbol{\alpha}_i\quad(i=2,\cdots,m).$$

对于向量

$$\boldsymbol{d}_i=(d_{i1},d_{i2},\cdots,d_{in+1})^T,$$

将

$$\mathscr{N}=\{1,2,\cdots,n,n+1\}$$

分成三个子集合

$$\mathscr{N}^{+}=\{l\,|\,d_{il}>0\}=\{l_1,l_2,\cdots,l_r\},$$

$$\mathscr{N}^{0}=\{h\,|\,d_{ih}=0\}=\{h_1,h_2,\cdots,h_s\},$$

$$\mathscr{N}^{-}=\{p\,|\,d_{ip}<0\}=\{p_1,p_2,\cdots,p_t\}.$$

对 $\mathscr{N}^{+}$, $\mathscr{N}^{\circ}$, $\mathscr{N}^{-}$ 再定义

$$\mathbf{e}^{l}=(0,\cdots,0,1,0,\cdots,0)^{T}$$

$$(l\in\mathscr{N}^{+}\text{ 或 }l\in\mathscr{N}^{\circ}),$$

其中 1 出现在第 l 个分量上.

$$\mathbf{e}^{l,p}=\left(0,\cdots,0,\frac{1}{d_{il}},0,\cdots,0,\frac{-1}{d_{ip}},0,\cdots,0\right)^{T}$$

$$(l<p,\ l\in\mathscr{N}^{+},\ p\in\mathscr{N}^{-}),$$

或

$$\mathbf{e}^{l,p}=\left(0,\cdots,0,\frac{-1}{d_{ip}},0,\cdots,0,\frac{1}{d_{il}},0,\cdots,0\right)^{T}$$

$$(p<l,\ l\in\mathscr{N}^{+},\ p\in\mathscr{N}^{-}).$$

其中 $\frac{1}{d_{il}}$ 出现在第 l 个分量上，$\frac{-1}{d_{ip}}$ 出现在第 p 个分量上. 得出

$$K(\boldsymbol{d}_i)=(\mathbf{e}^{l_1},\cdots,\mathbf{e}^{l_r},\mathbf{e}^{h_1},\cdots,\mathbf{e}^{h_s},\mathbf{e}^{l_1p_1},\cdots,\mathbf{e}^{l_rp_t}).$$

有了 $K(\boldsymbol{d}_i)$ 自然可以定义出 $K(A)$.

3° 形成并求解具有一个约束条件的线性规划问题

记

$$\mathbf{c}=(c_1,c_2,\cdots,c_n,0)^{T},$$

$$\boldsymbol{a}_1=(a_{1,1},a_{1,2},\cdots,a_{1n+1})^{T},$$

其中 a_{1j} 自然是变化后的 a_{1j}. 求

$$\boldsymbol{d}_1^{\mathrm{T}}=(d_{1,1},d_{1,2},\cdots,d_{1N})=\mathbf{c}^{T}K(A),$$

$$\boldsymbol{d}_2^{\mathrm{T}}=(d_{2,1},d_{2,2},\cdots,d_{2N})=\boldsymbol{a}_1^{\mathrm{T}}K(A).$$

于是形成问题 (B):

极小化

$$z = d_{1,1}w_1 + d_{1,2}w_2 + \cdots + d_{1N}w_N.$$

满足于约束条件

$$d_{2,1}w_1 + d_{2,2}w_2 + \cdots + d_{2N}w_N = 1,$$

$$w_1, w_2, \cdots, w_N \geqslant 0.$$

此问题的求解是容易的，求

$$\frac{d_{1j_1}}{d_{2j_1}} = \frac{d_{1j_2}}{d_{2j_2}} = \cdots = \frac{d_{1j_q}}{d_{2j_q}} = \min_{\substack{d_{2j}>0 \\ 1<j<N}} \left\{\frac{d_{1j}}{d_{2j}}\right\}.$$

若

$$d_{2j} \leqslant 0 \quad (j = 1, 2, \cdots, N)$$

则原线性规划问题无解.

因为问题(B)只有一个约束条件，而且约束条件右端为 $1>0$. 所以基本容许解应有一个分量为基本变量. 若我们取 $w_k > 0$; $w_j = 0$ $(j \neq k, j = 1, 2, \cdots, N)$, 则有

$$w_k = \frac{1}{d_{2k}},$$

此时判别数为

$$\sigma_j = d_{1j} - \frac{d_{1k}}{d_{2k}} d_{2j},$$

若所有 $\sigma_j \geqslant 0$ $(j = 1, 2, \cdots, N)$, 则求出了最优解. 若有

$$\sigma_{j_0} < 0, \ d_{2j_0} < 0,$$

则为无界解情形，也就是说当

$$\theta = \min_{\substack{d_{2j_0}>0 \\ 1<j<N}} \left\{\frac{d_{1j}}{d_{2j}}\right\};$$

时，有

$$\frac{d_{1j_0}}{d_{2j_0}} \leqslant \theta, \ d_{2j_0} < 0,$$

此时为无界解情形.

当最小值仅在一个 j_1 上达到时，我们将此

$$\boldsymbol{w} = \left(0, \cdots, 0, \frac{1}{d_{2j_1}}, 0, \cdots, 0\right)^T$$

代入

$$\boldsymbol{u} = K(A)\boldsymbol{w},$$

便求出了原问题的最优解，

$$x_j = u_j \quad (j = 1, 2, \cdots, n),$$

$$y = u_{n+1}.$$

若取最小值的足标不只一个时，则有

$$\boldsymbol{w}^* = \frac{\lambda_1}{d_{2j_1}}\boldsymbol{e}_{j_1} + \frac{\lambda_2}{d_{2j_2}}\boldsymbol{e}_{j_2} + \cdots + \frac{\lambda_q}{d_{2j_q}}\boldsymbol{e}_{j_q},$$

其中 λ_i 为满足

$$\sum_{i=1}^{q} \lambda_i = 1,$$

$$\lambda_i \geqslant 0 \quad (i = 1, 2, \cdots, q),$$

的任意一组数，是问题 (B) 的最优解；而且问题 (B) 的任一最优解都能表成这种形式．此处 $\boldsymbol{e}_j$ 为第 j 个单位向量．

将此 $\boldsymbol{w}^*$ 代入

$$\boldsymbol{u}^* = K(A)\boldsymbol{w}^* = \sum_{i=1}^{q} \frac{\lambda_i}{d_{2j_i}} K(A)\boldsymbol{e}_{j_i},$$

其中

$$\sum_{i=1}^{q} \lambda_i = 1,$$

$$\lambda_i \geqslant 0 \quad (i = 1, 2, \cdots, q),$$

便得出了问题 A 的全部最优解的表达式．

$$x_j^* = u_j^* \quad (j = 1, 2, \cdots, n),$$

$$y_1^* = u_{n+1}^*.$$

下页给出初等矩阵方法的框图．

例 2.1　求解线性规划问题：

极小化

$$s = -2x_1 - x_2 - 4x_3 - 5x_4,$$

满足于约束条件

$$x_1 + 2x_2 + 2x_3 + x_4 \leqslant 2,$$

$$2x_1 - x_2 + x_3 - x_4 \geqslant 1,$$
$$-x_1 + x_2 + 2x_3 - x_4 \geqslant 1,$$
$$x_1, x_2, x_3, x_4 \geqslant 0.$$

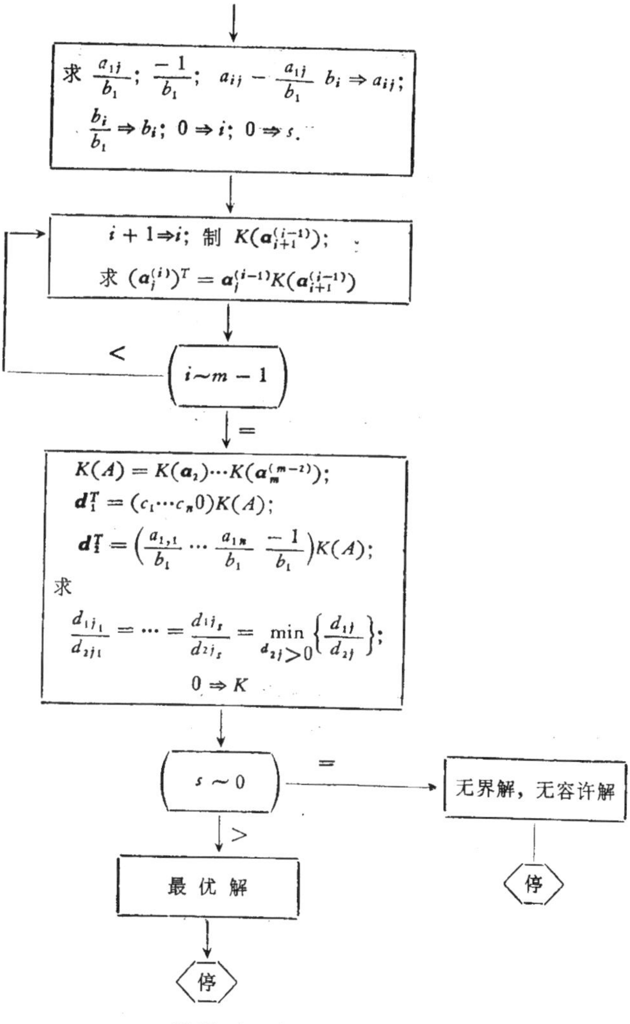

求 $\frac{a_{1j}}{b_1}$; $\frac{-1}{b_1}$; $a_{ij} - \frac{a_{1j}}{b_1} b_i \Rightarrow a_{ij}$;

$\frac{b_i}{b_1} \Rightarrow b_i$; $0 \Rightarrow i$; $0 \Rightarrow s$.

$i+1 \Rightarrow i$; 制 $K(\boldsymbol{a}_{i+1}^{(i-1)})$;

求 $(\boldsymbol{a}_j^{(i)})^T = \boldsymbol{a}_j^{(i-1)} K(\boldsymbol{a}_{i+1}^{(i-1)})$

$i \sim m-1$ （$<$ 返回；$=$ 继续）

$K(A) = K(\boldsymbol{a}_2) \cdots K(\boldsymbol{a}_m^{(m-2)})$;

$\boldsymbol{d}_1^T = (c_1 \cdots c_n 0) K(A)$;

$\boldsymbol{d}_2^T = \left(\frac{a_{1,1}}{b_1} \cdots \frac{a_{1n}}{b_1} \quad \frac{-1}{b_1}\right) K(A)$;

求

$$\frac{d_{1j_1}}{d_{2j_1}} = \cdots = \frac{d_{1j_s}}{d_{2j_s}} = \min_{d_{2j}>0} \left\{\frac{d_{1j}}{d_{2j}}\right\};$$

$0 \Rightarrow K$

$s \sim 0$ （$=$：无界解，无容许解 → 停；$>$：最优解 → 停）

图 11　初等矩阵法框图

用初等矩阵方法解算这一线性规划问题，对于第一个约束条

件我们引进 x_5，并将右端转换为 1，于是有

$$\frac{1}{2}x_1+x_2+x_3+\frac{1}{2}x_4+\frac{1}{2}x_5=1.$$

将其余两个不等式右端转换为 0，有

$$\frac{3}{2}x_1-2x_2\qquad-\frac{3}{2}x_4-\frac{1}{2}x_5\geqslant 0,$$

$$-\frac{3}{2}x_1\qquad+x_3-\frac{3}{2}x_4-\frac{1}{2}x_5\geqslant 0,$$

$$x_1,\ x_2,\ x_3,\ x_4,\ x_5\geqslant 0.$$

于是问题变成 (ELP) 形式：

极小化

$$s=-2x_1-x_2-x_3-5x_4,$$

满足于约束条件

$$\frac{1}{2}x_1+x_2+x_3+\frac{1}{2}x_4+\frac{1}{2}x_5=1,$$

及

$$\frac{3}{2}x_1-2x_2\qquad-\frac{3}{2}x_4-\frac{1}{2}x_5\geqslant 0,$$

$$-\frac{3}{2}x_1\qquad+x_3-\frac{3}{2}x_4-\frac{1}{2}x_5\geqslant 0,$$

$$x_1,\ x_2,\ x_3,\ x_4,\ x_5\geqslant 0.$$

我们对不等式的系数矩阵 A 做 $K(A)$.

$$A=\begin{pmatrix}\frac{3}{2} & -2 & 0 & \frac{-3}{2} & \frac{-1}{2}\\ \frac{-3}{2} & 0 & 1 & \frac{-3}{2} & \frac{-1}{2}\end{pmatrix}.$$

对应于第一个不等式约束条件系数向量

$$\boldsymbol{a}_2=\begin{pmatrix}\frac{3}{2} & -2 & 0 & \frac{-3}{2} & \frac{-1}{2}\end{pmatrix}^T$$

有

$$\mathcal{N}^+=\{1\},$$

$$\mathcal{N}^{\circ} = \{3\},$$

$$\mathcal{N}^{-} = \{2, 4, 5\}.$$

于是

$$K(\boldsymbol{a}_2) = \begin{pmatrix} 1 & 0 & \frac{2}{3} & \frac{2}{3} & \frac{2}{3} \\ 0 & 0 & \frac{1}{2} & 0 & 0 \\ 0 & 1 & 0 & 0 & 0 \\ 0 & 0 & 0 & \frac{2}{3} & 0 \\ 0 & 0 & 0 & 0 & 2 \end{pmatrix}.$$

将此 $K(\boldsymbol{a}_2)$ 作用于第二个不等式约束条件的系数向量

$$\boldsymbol{a}_3 = \begin{pmatrix} \frac{-3}{2} & 0 & 1 & \frac{-3}{2} & \frac{-1}{2} \end{pmatrix}^T$$

有

$$(\boldsymbol{a}_3^{(1)})^T = \boldsymbol{a}_3^T K(\boldsymbol{a}_2) = \begin{pmatrix} \frac{-3}{2} & 0 & 1 & \frac{-3}{2} & \frac{-1}{2} \end{pmatrix}$$

$$\times \begin{pmatrix} 1 & 0 & \frac{2}{3} & \frac{2}{3} & \frac{2}{3} \\ 0 & 0 & \frac{1}{2} & 0 & 0 \\ 0 & 1 & 0 & 0 & 0 \\ 0 & 0 & 0 & \frac{2}{3} & 0 \\ 0 & 0 & 0 & 0 & 2 \end{pmatrix}$$

$$= \begin{pmatrix} \frac{-3}{2} & 1 & -1 & -2 & -2 \end{pmatrix}.$$

对应此 $\boldsymbol{a}_3^{(1)}$，我们构造 $K(\boldsymbol{a}_3^{(1)})$，首先有

$$\mathcal{N}^{+} = \{2\},$$

$$\mathcal{N}^{\circ} = \phi,$$

$$\mathcal{N}^- = \{1, 3, 4, 5\}.$$

于是

$$K(\boldsymbol{a}_3^{(1)}) = \begin{pmatrix} 0 & \frac{2}{3} & 0 & 0 & 0 \\ 1 & 1 & 1 & 1 & 1 \\ 0 & 0 & 1 & 0 & 0 \\ 0 & 0 & 0 & \frac{1}{2} & 0 \\ 0 & 0 & 0 & 0 & \frac{1}{2} \end{pmatrix}.$$

有了 $K(\boldsymbol{a}_2)$, $K(\boldsymbol{a}_3^{(1)})$ 便可求出 $K(A)$.

$$K(A) = K(\boldsymbol{a}_2)K(\boldsymbol{a}_3^{(1)})$$

$$= \begin{pmatrix} 1 & 0 & \frac{2}{3} & \frac{2}{3} & \frac{2}{3} \\ 0 & 0 & \frac{1}{2} & 0 & 0 \\ 0 & 1 & 0 & 0 & 0 \\ 0 & 0 & 0 & \frac{2}{3} & 0 \\ 0 & 0 & 0 & 0 & 2 \end{pmatrix} \begin{pmatrix} 0 & \frac{2}{3} & 0 & 0 & 0 \\ 1 & 1 & 1 & 1 & 1 \\ 0 & 0 & 1 & 0 & 0 \\ 0 & 0 & 0 & \frac{1}{2} & 0 \\ 0 & 0 & 0 & 0 & \frac{1}{2} \end{pmatrix}$$

$$= \begin{pmatrix} 0 & \frac{2}{3} & \frac{2}{3} & \frac{1}{3} & \frac{1}{3} \\ 0 & 0 & \frac{1}{2} & 0 & 0 \\ 1 & 1 & 1 & 1 & 1 \\ 0 & 0 & 0 & \frac{1}{3} & 0 \\ 0 & 0 & 0 & 0 & 1 \end{pmatrix}.$$

将此 $K(A)$ 作用于目标函数系数有

$$\boldsymbol{d}_1^T = (\mathbf{c}^T \ \ 0)K(A) = (d_{1,1} \ \ d_{1,2} \cdots d_{1,5})$$

$$
= (-2 \quad -1 \quad -4 \quad -5 \quad 0)\begin{pmatrix} 0 & \frac{2}{3} & \frac{2}{3} & \frac{1}{3} & \frac{1}{3} \\ 0 & 0 & \frac{1}{2} & 0 & 0 \\ 1 & 1 & 1 & 1 & 1 \\ 0 & 0 & 0 & \frac{1}{3} & 0 \\ 0 & 0 & 0 & 0 & 1 \end{pmatrix}
$$

$$
= \left(-4 \quad -\frac{16}{3} \quad -\frac{35}{6} \quad -\frac{19}{3} \quad -\frac{14}{3}\right).
$$

$K(A)$ 作用于第一个约束条件系数向量，即作用于等式约束条件系数向量有

$$
\boldsymbol{d}_2^T = \boldsymbol{\alpha}_1^T K(A) = (d_{2,1} \quad d_{2,2} \quad d_{2,3} \quad d_{2,4} \quad d_{2,5})
$$

$$
= \left(\frac{1}{2} \quad 1 \quad 1 \quad \frac{1}{2} \quad \frac{1}{2}\right)
$$

$$
\times \begin{pmatrix} 0 & \frac{2}{3} & \frac{2}{3} & \frac{1}{3} & \frac{1}{3} \\ 0 & 0 & \frac{1}{2} & 0 & 0 \\ 1 & 1 & 1 & 1 & 1 \\ 0 & 0 & 0 & \frac{1}{3} & 0 \\ 0 & 0 & 0 & 0 & 1 \end{pmatrix}
$$

$$
= \left(1 \quad \frac{4}{3} \quad \frac{11}{6} \quad \frac{4}{3} \quad \frac{10}{6}\right).
$$

于是问题变成

极小化

$$
z = -4w_1 - \frac{16}{3}w_2 - \frac{35}{6}w_3 - \frac{19}{3}w_4 - \frac{14}{3}w_5,
$$

满足于约束条件

$$
w_1 + \frac{4}{3}w_2 + \frac{11}{6}w_3 + \frac{4}{3}w_4 + \frac{10}{6}w_5 = 1,
$$

$$
w_1,\ w_2,\ w_3,\ w_4,\ w_5 \geqslant 0.
$$

为了求出这一简单的线性规划问题的最优解，先对 $d_{2i}>0$ 的 i 求

$$\frac{d_{1,1}}{d_{2,1}}=-4,\quad \frac{d_{1,2}}{d_{2,2}}=-4,\quad \frac{d_{1,3}}{d_{2,3}}=\frac{-35}{11},$$

$$\frac{d_{1,4}}{d_{2,4}}=\frac{-19}{4},\quad \frac{d_{1,5}}{d_{2,5}}=\frac{-14}{5}.$$

其中最小的为

$$\frac{d_{1,4}}{d_{2,4}}=-\frac{19}{4}.$$

故最优解为

$$\boldsymbol{w}^*=\begin{pmatrix}0 & 0 & 0 & \frac{1}{d_{2,4}} & 0\end{pmatrix}^T$$
$$=\begin{pmatrix}0 & 0 & 0 & \frac{3}{4} & 0\end{pmatrix}^T.$$

并且最优解是唯一的．最优值为

$$z^*=\frac{-19}{4}.$$

用公式 $\boldsymbol{x}^*=K(A)\boldsymbol{w}^*$ 求出原来给定的线性规划问题的最优解

$$\boldsymbol{x}^*=K(A)\boldsymbol{w}^*=\begin{pmatrix}0 & \frac{2}{3} & \frac{2}{3} & \frac{1}{3} & \frac{1}{3}\\ 0 & 0 & \frac{1}{2} & 0 & 0\\ 1 & 1 & 1 & 1 & 1\\ 0 & 0 & 0 & \frac{1}{3} & 0\\ 0 & 0 & 0 & 0 & 1\end{pmatrix}\begin{pmatrix}0\\ 0\\ 0\\ \frac{3}{4}\\ 0\end{pmatrix}=\begin{pmatrix}\frac{1}{4}\\ 0\\ \frac{3}{4}\\ \frac{1}{4}\\ 0\end{pmatrix}.$$

最优值

$$s^*=-2\times\frac{1}{4}-4\times\frac{3}{4}-5\times\frac{1}{4}=-\frac{19}{4},$$

确实与 z^* 一致．

由初等矩阵方法的计算过程可以知道，它适用于具有不等式约束条件的线性规划问题．通过初等矩阵，把齐次线性不等式从

约束条件中变换掉，从而降低问题的阶，直到变成无约束极值问题或带有一个约束条件的简单线性规划问题．当然，转换成无约束极值问题是极为个别的情况．因而也可以把初等矩阵方法称为降阶法．

练　　习

1．用初等矩阵方法求解线性规划问题

极大化

$$s = x_1 + 2x_2 + 3x_3,$$

满足于约束条件

$$\begin{aligned} &x_1 \qquad\quad + x_3 \leqslant 5, \\ &x_1 + 2x_2 \qquad\quad \geqslant 8, \\ &x_1 + 2x_2 + 2x_3 = 10, \\ &x_1,\ x_2,\ x_3 \geqslant 0. \end{aligned}$$

2．什么样的问题最后会转化成无约束极值问题？请对这种问题加以讨论．

3．试讨论用初等矩阵方法解线性方程组的可能性．

§4. 大规模稀疏问题的初等矩阵法

约束条件系数矩阵为大规模稀疏矩阵的线性规划问题我们已经不是生疏的了．现在，再提出这个题目做一些讨论．在第一章中，主要讨论了矩阵 A 具有三种特殊结构时单纯形法的实现问题，介绍了分解原则及一般化上界法．这一节仍讨论那三种特殊结构类型的 A 以及初等矩阵方法如何实现．

首先讨论 A 具有第一种结构类型的线性规划问题．

极小化

$$s = \boldsymbol{c}_1^T\boldsymbol{x}_1 + \boldsymbol{c}_2^T\boldsymbol{x}_2 + \cdots + \boldsymbol{c}_n^T\boldsymbol{x}_n,$$

满足于约束条件

$$\begin{aligned} &A_1\boldsymbol{x}_1 + A_2\boldsymbol{x}_2 + \cdots \qquad + A_n\boldsymbol{x}_n = \boldsymbol{b}_0, \\ &B_1\boldsymbol{x}_1 \qquad\qquad\qquad\qquad\qquad = \boldsymbol{b}_1, \end{aligned}$$

$$B_2\boldsymbol{x}_2 \qquad\qquad = \boldsymbol{b}_2,$$

$$\cdots\cdots$$

$$B_n\boldsymbol{x}_n = \boldsymbol{b}_n,$$

$$\boldsymbol{x}_1, \boldsymbol{x}_2, \cdots, \boldsymbol{x}_n \geqslant \boldsymbol{0}.$$

其中 $\boldsymbol{c}_j$, $\boldsymbol{x}_j$ 均为 $n_j(j=1,2,\cdots,n)$ 维向量，$\boldsymbol{c}_j$ 为价值系数向量，它们是给定的向量，$\boldsymbol{x}_j$ 是未知向量. A_j 为约束条件中“关联”行部分未知向量的系数矩阵，其维数是 $m_0\times n_j$ $(j=1,2,\cdots,n)$. B_i 为约束条件中部分约束条件的系数矩阵，其维数为 $m_i\times n_i$ $(i=1,2,\cdots,n)$. $\boldsymbol{b}_i$ 为约束条件的右端向量，分别为 $m_i(i=1,2,\cdots,n)$ 维向量. A_j, B_j, $\boldsymbol{b}_0$, $\boldsymbol{b}_j$, $\boldsymbol{c}_j$ $(j=1,2,\cdots,n)$ 为已知量.

我们取出

$$B_i\boldsymbol{x}_i = \boldsymbol{b}_i$$

进行讨论. 记

$$\boldsymbol{b}_i = (b_1^{(i)}\ \ b_2^{(i)}\cdots b_{m_i}^{(i)})^{\mathrm{T}}.$$

若

$$b_j^{(i)} = 0\ \ (j=1,2,\cdots,m_i),$$

此时

$$B_i\boldsymbol{x}_i = 0.$$

我们记

$$B_i = \begin{pmatrix} b_{1,1}^{(i)} & b_{1,2}^{(i)} & \cdots & b_{1n_i}^{(i)} \\ b_{2,1}^{(i)} & b_{2,2}^{(i)} & \cdots & b_{2n_i}^{(i)} \\ & \cdots\cdots & & \\ b_{m_i1}^{(i)} & b_{m_i2}^{(i)} & \cdots & b_{m_in_i}^{(i)} \end{pmatrix},$$

$$\boldsymbol{x}_i = (x_1^{(i)}\ \ x_2^{(i)}\ \ x_3^{(i)}\cdots x_n^{(i)})^{\mathrm{T}}.$$

我们用两个不等式代替一个等式，如将

$$b_{k1}^{(i)}x_1^{(i)} + b_{k2}^{(i)}x_2^{(i)} + \cdots + b_{kn_i}^{(i)}x_{n_i}^{(i)} = 0$$

改写成

$$b_{k1}^{(i)}x_1^{(i)} + b_{k2}^{(i)}x_2^{(i)} + \cdots + b_{kn_i}^{(i)}x_{n_i}^{(i)} \geqslant 0,$$

$$-b_{k1}^{(i)}x_1^{(i)} - b_{k2}^{(i)}x_2^{(i)} - \cdots - b_{kn_i}^{(i)}x_{n_i}^{(i)} \geqslant 0.$$

也就是把

$$B_i\boldsymbol{x}_i = \boldsymbol{0}$$

改写成

$$\widetilde{B}_i\boldsymbol{x}_i = \begin{pmatrix} B_i \\ -B_i \end{pmatrix}\boldsymbol{x}_i \geqslant \boldsymbol{0}.$$

引用定理 2.2，条件

$$\widetilde{B}_i\boldsymbol{x}_i \geqslant \boldsymbol{0},$$

$$\boldsymbol{x}_i \geqslant \boldsymbol{0},$$

可以等价地写成

$$\boldsymbol{x}_i = K(\widetilde{B}_i)\boldsymbol{w},\ \ \boldsymbol{w} \geqslant \boldsymbol{0}.$$

若有某 $b_j^{(i)} \neq 0$，不妨设 $b_1^{(i)} \neq 0$，于是引进变换

$$\frac{b_{1j}^{(i)}}{b_1^{(i)}} \Rightarrow b_{1j}\ \ (j = 1, 2, \cdots, n_i),$$

$$b_{kj}^{(i)} - b_i^{(i)}b_{1j}^{(i)} \Rightarrow b_{kj}^{(i)}\ \ (k = 2, \cdots, m_i;\ j = 1,2,\cdots, n_i),$$

此式中之 b_{1j} 自然应是上面变化后的 b_{1j}. 于是第一个式子变成

$$b_{1,1}^{(i)}x_1^{(i)} + b_{1,2}^{(i)}x_2^{(i)} + \cdots + b_{1,n_i}^{(i)}x_{n_i}^{(i)} = 1,$$

其余各式变成

$$b_{k1}^{(i)}x_1^{(i)} + b_{k2}^{(i)}x_2^{(i)} + \cdots + b_{kn_i}^{(i)}x_{n_i}^{(i)} = 0\ \ (k = 2, \cdots, m_i).$$

此时我们记变换后的 B_i 从第二行开始 $m_i - 1$ 行组成的矩阵仍为 B_i，于是有

$$B_i\boldsymbol{x}_i = \boldsymbol{0}.$$

与前面一样，可以将其改写成

$$\widetilde{B}_i\boldsymbol{x}_i = \begin{pmatrix} B_i \\ -B_i \end{pmatrix}\boldsymbol{x}_i \geqslant \boldsymbol{0}.$$

若记

$$\bar{B}_i = (b_{1,1}^{(i)}b_{1,2}^{(i)}\cdots b_{1n_i}^{(i)})^T,$$

则对于 $b_1^{(i)} \neq 0$ 的一块约束可以等价的写成

$$\bar{B}_i^T K(\widetilde{B}_i)\boldsymbol{w}_i = 1,$$

$$\boldsymbol{x}_i = K(\widetilde{B}_i)\boldsymbol{w}_i,\ \ \boldsymbol{w}_i \geqslant \boldsymbol{0}.$$

我们可以引进

$$\delta_i = \begin{cases} 0, & \text{当 } b_j^{(i)} = 0 \ (j = 1, 2, \cdots n_i), \\ 1, & \text{其余情形}. \end{cases}$$

便可把前面的情形与现在这种情形统一起来，

$$\bar{B}_i K(\tilde{B}_i)\boldsymbol{w}_i = \delta_i, \ \delta_i = 0, 1,$$

$$\boldsymbol{x}_i = K(\tilde{B}_i)\boldsymbol{w}_i, \ \boldsymbol{w}_i \geqslant \boldsymbol{0}.$$

对约束条件中

$$B_i\boldsymbol{x}_i = \boldsymbol{0} \quad (i = 1, 2, \cdots, n)$$

也做上面考虑，于是把上面线性规划问题等价的写成

极小化

$$s = \boldsymbol{c}_1^T K(\tilde{B}_1)\boldsymbol{w}_1 + \boldsymbol{c}_2^T K(\tilde{B}_2)\boldsymbol{w}_2 + \cdots + \boldsymbol{c}_n^T K(\tilde{B}_n)\boldsymbol{w}_n,$$

满足于约束条件

$$A_1 K(\tilde{B}_1)\boldsymbol{w}_1 + A_2 K(\tilde{B}_2)\boldsymbol{w}_2 + \cdots + A_n K(\tilde{B}_n)\boldsymbol{w}_n = \boldsymbol{b}_0,$$

$$\bar{B}_i^T K(\tilde{B}_i)\boldsymbol{w}_i = \delta_i \quad (i = 1, 2, \cdots, n),$$

$$\boldsymbol{w}_i \geqslant \boldsymbol{0} \quad (i = 1, 2, \cdots, n).$$

求出此问题的最优解，若为

$$(\boldsymbol{w}^*)^T = ((\boldsymbol{w}_1^*)^T(\boldsymbol{w}_2^*)^T\cdots(\boldsymbol{w}_n^*)^T),$$

代入 $\boldsymbol{x}_i = K(\tilde{B}_i)\boldsymbol{w}_i$ 求出

$$\boldsymbol{x}_i^* = K(\tilde{B}_i)\boldsymbol{w}_i^* \quad (i = 1, 2, \cdots, n),$$

于是

$$(\boldsymbol{x}^*)^T = ((\boldsymbol{x}_1^*)^T(\boldsymbol{x}_2^*)^T\cdots(\boldsymbol{x}_n^*)^T)$$

为原来给定的线性规划问题的最优解.

原来要解的线性规划问题为 $m_0 + m_1 + \cdots + m_n$ 阶的问题，经过这样处理，真正求解的线性规划问题为 $m_0 + n$ 阶的问题. 但是，问题的维数一般来说有可能增加. 由于用单纯形方法求解线性规划问题时，阶数的高低对存储量的影响更大，所以这种处理手法还是很有效的. 在用初等矩阵方法求解这种类型的大规模线性规划问题时，对于每一个子块，我们只须求出 $K(\tilde{B}_i)$，然后求出 $\tilde{C}_i^T = c_i^T K(\tilde{B}_i)$ 及 $\bar{B}_i K(\tilde{B}_i)$，有了这些便可形成新的线性规划问题. 有了新的线性规划问题后，$K(\tilde{B}_i)$ 就可以暂时不用了. 直到求出 $\boldsymbol{w}_i^*$ 后求 $\boldsymbol{x}_i^*$ 时再用一次. 所以 $K(\tilde{B}_i)$ 也不必要存在快速

存储中,因而计算量和存储量都可以节省.

下面我们用初等矩阵法求解第一章介绍分解原则时所解算的例题.

例 2.2 求解线性规划问题

极大化

$$s = 4x_1 + 2x_2 + x_4 + x_5,$$

满足于约束条件

$$\begin{aligned} x_1 + 2x_2 &\leqslant 4, \\ 2x_1 + x_2 &\leqslant 6, \\ x_4 + x_5 &\leqslant 4, \\ 2x_4 + 4x_5 &\leqslant 10, \\ x_1 + 4x_2 + 4x_4 + 2x_5 &= 18, \\ x_1, x_2, x_4, x_5 &\geqslant 0. \end{aligned}$$

现在用初等矩阵方法求解.

首先把

$$\begin{aligned} x_1 + 2x_2 &\leqslant 4, \\ 2x_1 + x_2 &\leqslant 6, \\ x_1, x_2 &\geqslant 0, \end{aligned}$$

改写成

$$\frac{1}{4}x_1 + \frac{1}{2}x_2 + \frac{1}{4}x_3 = 1,$$

$$-\frac{1}{2}x_1 + 2x_2 + \frac{3}{2}x_3 \geqslant 0.$$

对应于不等式的初等矩阵

$$K(\widetilde{B}_1) = \begin{pmatrix} 0 & 0 & 2 & 2 \\ 1 & 0 & \frac{1}{2} & 0 \\ 0 & 1 & 0 & \frac{2}{3} \end{pmatrix}.$$

再把

$$x_4 + x_5 \leqslant 4,$$
$$2x_4 + 4x_5 \leqslant 10,$$

改写成

$$\frac{1}{4}x_4 + \frac{1}{4}x_5 + \frac{1}{4}x_6 = 1,$$
$$\frac{1}{2}x_4 - \frac{3}{2}x_5 + \frac{5}{2}x_6 \geqslant 0.$$

对应于不等式的初等矩阵

$$K(\tilde{B}_2) = \begin{pmatrix} 1 & 0 & 2 & 0 \\ 0 & 0 & \frac{2}{3} & \frac{2}{3} \\ 0 & 1 & 0 & \frac{2}{5} \end{pmatrix}.$$

于是线性规划问题改换成

极大化

$$s = 2w_1 + 9w_3 + 8w_4 + w_5 + \frac{10}{3}w_7 + \frac{2}{3}w_8,$$

满足于约束条件

$$\begin{aligned} 4w_1 \quad\quad + 4w_3 + 2w_4 + 4w_5 + \frac{28}{3}w_7 + \frac{4}{3}w_8 &= 18, \\ \frac{1}{2}w_1 + \frac{1}{4}w_2 + \frac{3}{4}w_3 + \frac{2}{3}w_4 \quad\quad\quad\quad &= 1, \\ + \frac{1}{4}w_5 + \frac{1}{4}w_6 + \frac{2}{3}w_7 + \frac{4}{15}w_8 &= 1. \end{aligned}$$
$$w_1, \cdots, w_8 \geqslant 0.$$

引入人工变量列出单纯形表格

为了节省，下面把人工变量列不列入单纯形表格

在第四表中，因为人工变量全部被替换出去，故而换上了原来目标函数的系数.

因为

$$\sigma_j \geqslant 0 \qquad (j = 1, 2, \cdots, 8),$$

表 2.2-1

			p_1	p_2	p_3	p_4	p_5	p_6	p_7	p_8	p_9	p_{10}	p_{11}
			0	0	0	0	0	0	0	0	-1	-1	-1
p_9	-1	18	4	0	4	2	4	0	$\frac{28}{3}$	$\frac{4}{3}$	1	0	0
p_{10}	-1	1	$\frac{1}{2}$	$\frac{1}{4}$	$\frac{3}{4}$	$\frac{2}{3}$	0	0	0	0	0	1	0
p_{11}	-1	1	0	0	0	0	$\frac{1}{4}$	$\frac{1}{4}$	$\left\langle \frac{2}{3} \right\rangle$	$\frac{4}{15}$	0	0	1
σ_j			$-\frac{9}{2}$	$-\frac{1}{4}$	$-\frac{19}{4}$	$-\frac{8}{3}$	$-\frac{17}{4}$	$-\frac{1}{4}$	$\boxed{-10}$	$-\frac{24}{15}$	0	0	0

表 2.2-2

			p_1	p_2	p_3	p_4	p_5	p_6	p_7	p_8
p_9	-1	4	4	0	$\langle 4 \rangle$	2	$\frac{1}{2}$	$-\frac{7}{2}$	0	$\frac{-36}{15}$
p_{10}	-1	1	$\frac{1}{2}$	$\frac{1}{4}$	$\frac{3}{4}$	$\frac{2}{3}$	0	0	0	0
p_7	0	$\frac{3}{2}$	0	0	0	0	$\frac{3}{8}$	$\frac{3}{8}$	1	$\frac{2}{5}$
σ_j			$-\frac{9}{2}$	$-\frac{1}{4}$	$\boxed{-\frac{19}{4}}$	$-\frac{8}{3}$	$-\frac{1}{2}$	$\frac{7}{2}$	0	$\frac{12}{5}$

表 2.2-3

			p_1	p_2	p_3	p_4	p_5	p_6	p_7	p_8
p_3	0	1	1	0	1	$\frac{1}{2}$	$\frac{1}{8}$	$-\frac{7}{8}$	0	$\frac{-9}{15}$
p_{10}	-1	$\frac{1}{4}$	$-\frac{1}{4}$	$\frac{1}{4}$	0	$\frac{7}{24}$	$-\frac{3}{32}$	$\left\langle \frac{21}{32} \right\rangle$	0	$\frac{9}{20}$
p_7	0	$\frac{3}{2}$	0	0	0	0	$\frac{3}{8}$	$\frac{3}{8}$	1	$\frac{2}{5}$
σ_j			$\frac{1}{4}$	$-\frac{1}{4}$	0	$\frac{-7}{24}$	$\frac{3}{32}$	$\boxed{-\frac{21}{32}}$	0	$\frac{-9}{20}$

表 2.2-4

			p_1	p_2	p_3	p_4	p_5	p_6	p_7	p_8
			2	0	9	8	1	0	$\frac{10}{3}$	$\frac{2}{3}$
p_3	9	$\frac{4}{3}$	$\frac{2}{3}$	$\frac{1}{3}$	1	$\frac{8}{9}$	0	0	0	0
p_6	0	$\frac{8}{21}$	$\frac{-8}{21}$	$\frac{8}{21}$	0	$\left\langle\frac{4}{9}\right\rangle$	$\frac{-1}{7}$	1	0	$\frac{24}{35}$
p_7	$\frac{10}{3}$	$\frac{19}{14}$	$\frac{1}{7}$	$\frac{-1}{7}$	0	$\frac{-1}{6}$	$\frac{3}{7}$	0	1	$\frac{1}{7}$
σ_j			$4\frac{10}{21}$	$2\frac{11}{21}$	0	$\boxed{\frac{-5}{9}}$	$\frac{3}{7}$	0	0	$-\frac{4}{21}$

表 2.2-5

			p_1	p_2	p_3	p_4	p_5	p_6	p_7	p_8
			2	0	9	8	1	0	$\frac{10}{3}$	$\frac{2}{3}$
p_3	9	$\frac{4}{7}$	$\frac{10}{7}$	$\frac{-9}{21}$	1	0	$\frac{2}{7}$	$\frac{-8}{9}$	0	$\frac{-48}{35}$
p_4	8	$\frac{6}{7}$	$\frac{-6}{7}$	$\frac{6}{7}$	0	1	$\frac{-9}{28}$	$\frac{9}{4}$	0	$\frac{54}{35}$
p_7	$\frac{10}{3}$	$\frac{3}{2}$	0	0	0	0	$\frac{3}{8}$	$\frac{3}{8}$	1	$\frac{2}{5}$
σ_j			4	3	0	0	$\frac{1}{4}$	$10\frac{5}{2}$	0	$\frac{2}{3}$

因而求出了最优解．最优解为

$$w_1^* = 0,\ w_2^* = 0,\ w_3^* = \frac{4}{7},\ w_4^* = \frac{6}{7},$$

$$w_5^* = 0,\ w_6^* = 0,\ w_7^* = \frac{3}{2},\ w_8^* = 0.$$

代入

$$\begin{pmatrix} x_1^* \\ x_2^* \\ x_3^* \end{pmatrix} = K(\widetilde{B}_1) \begin{pmatrix} w_1^* \\ w_2^* \\ w_3^* \\ w_4^* \end{pmatrix}$$

得

$$\begin{pmatrix} 0 & 0 & 2 & 2 \\ 1 & 0 & \frac{1}{2} & 0 \\ 0 & 1 & 0 & \frac{2}{3} \end{pmatrix} \begin{pmatrix} 0 \\ 0 \\ \frac{4}{7} \\ \frac{6}{7} \end{pmatrix} = \begin{pmatrix} \frac{20}{7} \\ \frac{2}{7} \\ \frac{4}{7} \end{pmatrix}.$$

代入

$$\begin{pmatrix} x_4^* \\ x_5^* \\ x_6^* \end{pmatrix} = K(\widetilde{B}_2) \begin{pmatrix} w_5^* \\ w_6^* \\ w_7^* \\ w_8^* \end{pmatrix}$$

得

$$\begin{pmatrix} 1 & 0 & 2 & 0 \\ 0 & 0 & \frac{2}{3} & \frac{2}{3} \\ 0 & 1 & 0 & \frac{2}{5} \end{pmatrix} \begin{pmatrix} 0 \\ 0 \\ \frac{3}{2} \\ 0 \end{pmatrix} = \begin{pmatrix} 3 \\ 1 \\ 0 \end{pmatrix}.$$

最优值为

$$s = 17,$$

与用分解算法求出的结果完全一致.

因为大型稀疏线性规划问题的约束条件系数矩阵A为 ii) 型特殊结构时,可与 iii) 型特殊结构同样处理,所以下面只讨论A为 iii) 型特殊结构的线性规划问题的初等矩阵解法.

问题为:

极小化

$$s = \boldsymbol{c}_0^T \boldsymbol{x}_0 + \boldsymbol{c}_1^T \boldsymbol{x}_1 + \cdots + \boldsymbol{c}_n^T \boldsymbol{x}_n, \tag{2.9}$$

满足于约束条件

$$
\begin{aligned}
&A_{0,0}\boldsymbol{x}_0 + A_{0,1}\boldsymbol{x}_1 + A_{0,2}\boldsymbol{x}_2 + \cdots + A_{0,n}\boldsymbol{x}_n = \boldsymbol{b}_0,\\
&A_{1,0}\boldsymbol{x}_0 + B_1\boldsymbol{x}_1 \qquad\qquad\qquad\qquad\quad = \boldsymbol{b}_1,\\
&A_{2,0}\boldsymbol{x}_0 \qquad\quad + B_2\boldsymbol{x}_2 \qquad\qquad\quad = \boldsymbol{b}_2,\\
&\qquad\qquad\cdots\cdots\\
&A_{n0}\boldsymbol{x}_0 \qquad\qquad\qquad\qquad + B_n\boldsymbol{x}_n = \boldsymbol{b}_n,
\end{aligned} \tag{2.10}
$$

$$
\boldsymbol{x}_0,\ \boldsymbol{x}_1,\ \cdots,\ \boldsymbol{x}_n \geqslant \boldsymbol{0}. \tag{2.11}
$$

首先取出

$$
A_{1,0}\boldsymbol{x}_0 + B_1\boldsymbol{x}_1 = \boldsymbol{b}_1,
$$

$$
\boldsymbol{x}_0,\ \boldsymbol{x}_1 \geqslant \boldsymbol{0}
$$

进行讨论．与前面一样，可以把它等价地写成

$$
\begin{pmatrix}\boldsymbol{x}_0\\ \boldsymbol{x}_1\end{pmatrix} = K_1\left(\begin{pmatrix}\widetilde{A}_{1,0} & \widetilde{B}_1\\ -\widetilde{A}_{1,0} & -\widetilde{B}_1\end{pmatrix}\right)\begin{pmatrix}\boldsymbol{w}_0\\ \boldsymbol{w}_1\end{pmatrix}, \tag{2.12}
$$

$$
(\overline{A}_{1,0}\ \ \overline{B}_1)K_1\left(\begin{pmatrix}\widetilde{A}_{1,0} & \widetilde{B}_1\\ -\widetilde{A}_{1,0} & -\widetilde{B}_1\end{pmatrix}\right)\begin{pmatrix}\boldsymbol{w}_0\\ \boldsymbol{w}_1\end{pmatrix} = \delta_1 \tag{2.13}
$$

各式定义可在前一段中找到，这里不再详细写出．

为了方便，把(2.8)分开记成

$$
\boldsymbol{x}_0 = \widetilde{K}_0\left(\begin{pmatrix}\widetilde{A}_{1,0} & \widetilde{B}_1\\ -\widetilde{A}_{1,0} & -\widetilde{B}_1\end{pmatrix}\right)\begin{pmatrix}\boldsymbol{w}_0\\ \boldsymbol{w}_1\end{pmatrix},
$$

$$
\boldsymbol{x}_1 = \widetilde{K}_1\left(\begin{pmatrix}\widetilde{A}_{1,0} & \widetilde{B}_1\\ -\widetilde{A}_{1,0} & -\widetilde{B}_1\end{pmatrix}\right)\begin{pmatrix}\boldsymbol{w}_0\\ \boldsymbol{w}_1\end{pmatrix},
$$

$$
\begin{pmatrix}\boldsymbol{w}_0\\ \boldsymbol{w}_1\end{pmatrix} \geqslant \boldsymbol{0}.
$$

将它们代入目标函数、行联结方程及 $A_{2,0}$ 之后各块的联结列中，得到新问题

极小化目标函数

$$
\begin{aligned}
s = {} & \boldsymbol{c}_0^{\mathrm{T}}\widetilde{K}_0\left(\begin{pmatrix}\widetilde{A}_{1,0} & \widetilde{B}_1\\ -\widetilde{A}_{1,0} & -\widetilde{B}_1\end{pmatrix}\right)\begin{pmatrix}\boldsymbol{w}_0\\ \boldsymbol{w}_1\end{pmatrix}\\
& + \boldsymbol{c}_1^{\mathrm{T}}\widetilde{K}_1\left(\begin{pmatrix}\widetilde{A}_{1,0} & \widetilde{B}_1\\ -\widetilde{A}_{1,0} & -\widetilde{B}_1\end{pmatrix}\right)\begin{pmatrix}\boldsymbol{w}_0\\ \boldsymbol{w}_1\end{pmatrix}\\
& + \boldsymbol{c}_2^{\mathrm{T}}\boldsymbol{x}_2 + \cdots + \boldsymbol{c}_n^{\mathrm{T}}\boldsymbol{x}_n,
\end{aligned}
$$

满足于约束条件

$$A_{0,0}\widetilde{K}_0\left(\begin{pmatrix}\widetilde{A}_{1,0} & \widetilde{B}_1\\ -\widetilde{A}_{1,0} & -\widetilde{B}_1\end{pmatrix}\right)\begin{pmatrix}\boldsymbol{w}_0\\ \boldsymbol{w}_1\end{pmatrix}$$

$$+\widetilde{A}_{0,1}\widetilde{K}_1\left(\begin{pmatrix}\widetilde{A}_{1,0} & \widetilde{B}_1\\ -\widetilde{A}_{1,0} & -\widetilde{B}_1\end{pmatrix}\right)\begin{pmatrix}\boldsymbol{w}_0\\ \boldsymbol{w}_1\end{pmatrix}$$

$$+A_{0,2}\boldsymbol{x}_2+\cdots+A_{0n}\boldsymbol{x}_n=\boldsymbol{b}_0$$

$$(\overline{A}_{1,0}\overline{B}_1)K_1\left(\begin{pmatrix}\widetilde{A}_{1,0} & \widetilde{B}_1\\ -\widetilde{A}_{1,0} & -\widetilde{B}_1\end{pmatrix}\right)\begin{pmatrix}\boldsymbol{w}_0\\ \boldsymbol{w}_1\end{pmatrix}=\delta_1,$$

$$A_{2,0}\widetilde{K}_0\left(\begin{pmatrix}\widetilde{A}_{1,0} & \widetilde{B}_1\\ -\widetilde{A}_{1,0} & -\widetilde{B}_1\end{pmatrix}\right)\begin{pmatrix}\boldsymbol{w}_0\\ \boldsymbol{w}_1\end{pmatrix}+B_2\boldsymbol{x}_2=\boldsymbol{b}_2,$$

$$\cdots\cdots$$

$$A_{n0}\widetilde{K}_0\left(\begin{pmatrix}\widetilde{A}_{1,0} & \widetilde{B}_1\\ -\widetilde{A}_{1,0} & -\widetilde{B}_1\end{pmatrix}\right)\begin{pmatrix}\boldsymbol{w}_0\\ \boldsymbol{w}_1\end{pmatrix}+B_n\boldsymbol{x}_n=\boldsymbol{b}_n,$$

$$\boldsymbol{w}_0,\ \boldsymbol{w}_1,\ \boldsymbol{x}_2,\ \cdots,\ \boldsymbol{x}_n\geqslant 0.$$

把其中右端为 $\boldsymbol{b}_0$ 的一组与右端为 δ_1 的一个方程看成行联结方程，把 $(\boldsymbol{w}_0^T, \boldsymbol{w}_1^T)^T$ 记成 $\boldsymbol{x}_1^{(1)}$，并记 $\boldsymbol{x}_i^{(1)}=\boldsymbol{x}_i(i=2, \cdots, n)$. 于是引进相应的新的记号得出新的线性规划问题:
极小化

$$s=(\mathbf{c}_1^{(1)})^T\boldsymbol{x}_1^{(1)}+(\mathbf{c}_2^{(1)})^T\boldsymbol{x}_2^{(1)}+\cdots+(\mathbf{c}_n^{(1)})^T\boldsymbol{x}_n^{(1)},$$

满足于约束条件

$$\begin{aligned}
&A_{0,1}^{(1)}\boldsymbol{x}_1^{(1)}+A_{0,2}^{(1)}\boldsymbol{x}_2^{(1)}+\cdots+A_{0n}^{(1)}\boldsymbol{x}_n^{(1)}=\boldsymbol{b}_0^{(1)},\\
&A_{2,1}^{(1)}\boldsymbol{x}_1^{(1)}+B_2\boldsymbol{x}_2^{(1)}=\boldsymbol{b}_2,\\
&\cdots\cdots\\
&A_{n1}^{(1)}\boldsymbol{x}_1^{(1)}+B_n\boldsymbol{x}_n^{(1)}=\boldsymbol{b}_n,
\end{aligned}$$

$$\boldsymbol{x}_1^{(1)},\ \boldsymbol{x}_2^{(1)},\ \cdots,\ \boldsymbol{x}_n^{(1)}\geqslant \mathbf{0}.$$

限于篇幅,就不一一写出他们之间的变化关系了.

于是对于这一问题，又可利用上面的处理方式，反复这个过程,处理 n 次后得出线性规划问题:
极小化

$$s=(\mathbf{c}_n^{(n)})^T\boldsymbol{x}_n^{(n)}$$

满足于约束条件

$$A_{0n}^{(n)}x_n^{(n)} = b_0^{(n)},$$

$$x_n^{(n)} \geqslant 0.$$

这是一个 m_0+n 阶线性规划问题. 自然，其维数一般是比原问题要大一些.

对此问题求出最优解 $(x_n^{(n)})^*$. 把 $(x_n^{(n)})^*$ 代入

$$\begin{pmatrix}(x_{n-1}^{(n-1)})^*\\(x_n^{(n-1)})^*\end{pmatrix} = K_n\left(\begin{pmatrix}\widetilde{A}_{n1}^{(n-1)} & \widetilde{B}_n\\-\widetilde{A}_{n1}^{(n-1)} & -\widetilde{B}_n\end{pmatrix}\right)(x_n^{(n)})^*$$

求出

$$x_n^* = (x_n^{(n-1)})^*,$$

将 $(x_{n-1}^{(n-1)})^*$ 代入

$$\begin{pmatrix}(x_{n-2}^{(n-2)})^*\\(x_{n-1}^{(n-2)})^*\end{pmatrix} = K_{n-1}\left(\begin{pmatrix}\widetilde{A}_{n1}^{(n-2)} & \widetilde{B}_{n-1}\\-\widetilde{A}_{n1}^{(n-2)} & -\widetilde{B}_{n-1}\end{pmatrix}\right)(x_{n-1}^{(n-1)})^*$$

求出

$$x_{n-1}^* = (x_{n-1}^{(n-2)})^*,$$

依此继续下去，求出

$$\begin{pmatrix}x_0^*\\x_1^*\end{pmatrix} = K_1\left(\begin{pmatrix}\widetilde{A}_{1,0} & \widetilde{B}_1\\-\widetilde{A}_{1,0} & -\widetilde{B}_1\end{pmatrix}\right)(x_1^{(1)})^*$$

$$= K_1\left(\begin{pmatrix}\widetilde{A}_{1,0} & \widetilde{B}_1\\-\widetilde{A}_{1,0} & -\widetilde{B}_1\end{pmatrix}\right)\begin{pmatrix}w_0\\w_1\end{pmatrix},$$

于是

$$x_0^*,\ x_1^*,\ \cdots,\ x_n^*$$

为所求的全部最优解.

§5. 解线性规划的迭代法

前一章介绍了单纯形法，本章前几节介绍了初等矩阵方法.这两个方法，从计算数学的观点来看都属于直接法. 在这一节中介绍解线性规划问题的迭代法.

解线性规划问题的迭代法是对约束条件系数矩阵逐列进行处

理的方法．与单纯形法，初等矩阵方法对比，他们三者各自有自己的鲜明特色．迭代法可以利用在计算机外存较大的机型上，可将迭代法用于高维线性规划问题的求解．但我们在试算中发现其收敛速度太慢，所以不拟在本书中详细介绍，只是在理论上作粗略的讨论，然后给出迭代公式．

问题（A）：极小化

$$z = c_1x_1 + c_2x_2 + \cdots + c_nx_n, \tag{2.14}$$

满足于约束条件

$$\begin{aligned} a_{1,1}x_1 + a_{1,2}x_2 + \cdots + a_{1n}x_n &= b_1, \\ a_{2,1}x_1 + a_{2,2}x_2 + \cdots + a_{2n}x_n &= b_2, \\ \cdots\cdots & \\ a_{m1}x_1 + a_{m2}x_2 + \cdots + a_{mn}x_n &= b_m, \end{aligned} \tag{2.15}$$

$$\underline{x}_j \leqslant x_j \leqslant \bar{x}_j \quad (j = 1, 2, \cdots, n). \tag{2.16}$$

与前面一样，其中 $x_j (j = 1, 2, \cdots, n)$ 为未知量，是向量 $\boldsymbol{x}$ 的分量．$\bar{x}_j$, $\underline{x}_j$ 分别是 x_j 的上、下界．

定理 2.3. 令 $Q'(\mathbf{c})$ 为问题(A)最优解形成的有界闭凸多面体，$Q'(\tilde{\mathbf{c}})$ 为将问题(A)中用 $\tilde{\mathbf{c}}$ 代替 $\mathbf{c}$ 形成的线性规划问题的最优解形成的有界闭凸多面体，此时存在 $\delta_c > 0$ 使得当

$$\|\mathbf{c} - \tilde{\mathbf{c}}\| \leqslant \delta_c \ (\mathbf{c}, \tilde{\mathbf{c}} \in R^n)$$

时，有

$$Q'(\tilde{\mathbf{c}}) \subset Q'(\mathbf{c}).$$

证　用 $\boldsymbol{x}^{(1)}, \boldsymbol{x}^{(2)}, \cdots, \boldsymbol{x}^{(s)}$ 表示 $Q'(\mathbf{c})$ 的顶点，于是对任意 $\boldsymbol{x} \in Q'(\mathbf{c})$ 有

$$\begin{gathered} \boldsymbol{x} = \sum_{k=1}^{s} \lambda_k \boldsymbol{x}^{(k)}, \\ \sum_{k=1}^{s} \lambda_k = 1, \\ \lambda_k \geqslant 0 \quad (k = 1, 2, \cdots, s). \end{gathered} \tag{2.17}$$

则

$$\mathbf{c}^T\boldsymbol{x} = \sum_{k=1}^{s} \lambda_k \mathbf{c}^T \boldsymbol{x}^{(k)} \geqslant \min_k \{\mathbf{c}^T \boldsymbol{x}^{(k)}\}.$$

若有

$$\mathbf{c}^T\boldsymbol{x}^{(\bar{k})} > \min_k\{\mathbf{c}^T\boldsymbol{x}^{(k)}\}, \quad \lambda_{\bar{k}} > 0,$$

则有

$$\mathbf{c}^T\boldsymbol{x} > \min_k\{\mathbf{c}^T\boldsymbol{x}^{(k)}\},$$

因此

$$\boldsymbol{x} \notin Q'(\mathbf{c}).$$

这说明(2.13)中只有对应 $\mathbf{c}^T\boldsymbol{x}^{(k)}$ 为极小值的 $\lambda_k \neq 0$，其余的 $\lambda_k = 0$ 才有 $\boldsymbol{x} \in Q'(\mathbf{c})$. 因此 $Q'(\mathbf{c})$ 是问题(A)的容许集合 Q' 中使 $\mathbf{c}^T\boldsymbol{x}^{(k)}$ 达到极小值的顶点展成的闭凸多面体. 现将 Q' 的顶点依下述规则排序

$$\mathbf{c}^T\boldsymbol{x}^{(1)} = \mathbf{c}^T\boldsymbol{x}^{(2)} = \cdots = \mathbf{c}^T\boldsymbol{x}^{(s)} < \mathbf{c}^T\boldsymbol{x}^{(s+1)} \leqslant \cdots \leqslant \mathbf{c}^T\boldsymbol{x}^{(p)}.$$

若 $s = p$，则 $Q'(c)$ 与 Q' 一致，所以此时定理 2.3 是对的.

如果 $s \neq p$，只能是 $s < p$，此时令

$$\delta_c = \frac{\mathbf{c}^T\boldsymbol{x}^{(s+1)} - \mathbf{c}^T\boldsymbol{x}^{(s)}}{2d}.$$

其中 d 为 Q' 的直径，为

$$d = \max\{\|\boldsymbol{x} - \boldsymbol{y}\| \mid \boldsymbol{x}, \boldsymbol{y} \in Q'\}.$$

令

$$s + 1 \leqslant r \leqslant p,$$

对

$$\tilde{\mathbf{c}} \in R^n, \quad \|\mathbf{c} - \tilde{\mathbf{c}}\| \leqslant \delta_c$$

有

$$\begin{aligned}
\tilde{\mathbf{c}}^T\boldsymbol{x}^{(r)} - \tilde{\mathbf{c}}^T\boldsymbol{x}^{(s)} &= [\mathbf{c}^T\boldsymbol{x}^{(r)} - \mathbf{c}^T\boldsymbol{x}^{(s)} + (\tilde{\mathbf{c}} - \mathbf{c})^T(\boldsymbol{x}^{(r)} - \boldsymbol{x}^{(s)})] \\
&\geqslant \mathbf{c}^T\boldsymbol{x}^{(s+1)} - \mathbf{c}^T\boldsymbol{x}^{(s)} - \|\tilde{\mathbf{c}} - \mathbf{c}\|\|\boldsymbol{x}^{(r)} - \boldsymbol{x}^{(s)}\| \\
&\geqslant \mathbf{c}^T\boldsymbol{x}^{(s+1)} - \mathbf{c}^T\boldsymbol{x}^{(s)} - \frac{\mathbf{c}^T\boldsymbol{x}^{(s+1)} - \mathbf{c}^T\boldsymbol{x}^{(s)}}{2d}\|\boldsymbol{x}^{(r)} - \boldsymbol{x}^{(s)}\| \\
&\geqslant \frac{1}{2}(\mathbf{c}^T\boldsymbol{x}^{(s+1)} - \mathbf{c}^T\boldsymbol{x}^{(s)}) > 0.
\end{aligned}$$

由此得出，当 $r \geqslant s + 1$ 时有

$$\tilde{\mathbf{c}}^T\boldsymbol{x}^{(r)} > \tilde{\mathbf{c}}^T\boldsymbol{x}^{(s)}. \tag{2.18}$$

与 $Q'(\mathbf{c})$ 一样，$Q'(\tilde{\mathbf{c}})$ 也是使 $\tilde{\mathbf{c}}^T\boldsymbol{x}^{(k)}$ 达到最小值的 $\boldsymbol{x}^{(k)}$ 展成的闭凸多面体，由(2.18)可知 $\mathbf{c}^T\boldsymbol{x}^{(k)}$ 达到最小值的 $\boldsymbol{x}^{(k)}$ 的个数 q 一定有 $q \leqslant s$. 由此推出

$$Q'(\tilde{\mathbf{c}}) \subset Q'(\mathbf{c}).$$

证毕.

问题 (B)：极小化

$$z^{\triangle} = c_1^{\triangle}x_1 + c_2^{\triangle}x_2 + \cdots + c_n^{\triangle}x_n,$$

满足于约束条件

$$\begin{aligned}
&a_{1,1}x_1 + a_{1,2}x_2 + \cdots + a_{1n}x_n = b_1, \\
&a_{2,1}x_1 + a_{2,2}x_2 + \cdots + a_{2n}x_n = b_2, \\
&\cdots\cdots \\
&a_{m1}x_1 + a_{m2}x_2 + \cdots + a_{mn}x_n = b_m, \\
&\underline{x}_j \leqslant x_j \leqslant \bar{x}_j \quad (j = 1, 2, \cdots, n).
\end{aligned}$$

对问题 (A) 与问题 (B) 可找到 $\delta_c > 0$，使得当

$$\|\mathbf{c} - \mathbf{c}^{\triangle}\| \leqslant \delta_c$$

时，问题 (B) 的最优解一定是问题 (A) 的最优解.

问题(C)：找 $\boldsymbol{x}^\sigma$ 满足(2.15)，(2.16)，且对一切满足(2.15)，(2.16)的 $\boldsymbol{x}$ 有

$$(\mathbf{c} + \sigma B\boldsymbol{x}^\sigma)^T\boldsymbol{x}^\sigma \leqslant (\mathbf{c} + \sigma B\boldsymbol{x}^\sigma)^T\boldsymbol{x}.$$

其中 B 为给定的 n 阶方阵. σ 为某一正数.

定理 2.4. 如果 B 为 n 阶实正定方阵，亦即对所有 $\boldsymbol{x}$ 均满足

$$(B\boldsymbol{x})^T\boldsymbol{x} \geqslant \gamma\|\boldsymbol{x}\|^2, \ (\gamma \text{ 为一正数})$$

那么，若问题(A)存在解 $\boldsymbol{x}^*$，对任意 $\sigma > 0$，有 $\boldsymbol{x}^\sigma$ 为问题(C)的解，且满足

$$\|\boldsymbol{x}^\sigma\| \leqslant \frac{\|B\|}{\gamma}\|\boldsymbol{x}^*\|.$$

证　于约束条件(2.15)，(2.16)中增加约束条件

$$\sum_{j=1}^{n} |x_j| \leqslant \frac{\sqrt{n}}{\gamma}\|B\|\|\boldsymbol{x}^*\| + 1. \tag{2.19}$$

这样，据不动点原理就保证了有 $\boldsymbol{x}^\sigma$ 存在，满足

$$(\mathbf{c} + \sigma B\boldsymbol{x}^\sigma)^T\boldsymbol{x}^\sigma \leqslant (\mathbf{c} + \sigma B\boldsymbol{x}^\sigma)^T\boldsymbol{x},$$

对所有满足(2.15),(2.16),(2.19)的 $\boldsymbol{x}$. 关于这一点的详细叙述和证明从略.

$\boldsymbol{x}^*$ 也满足(2.19). 事实上,因为

$$\sum_{j=1}^{n}|x_j^*| \leqslant \sqrt{n}\|\boldsymbol{x}^*\|,\ \|B\| \geqslant \gamma,$$

所以

$$\sum_{j=1}^{n}|x_j^*| \leqslant \sqrt{n}\ \|\boldsymbol{x}^*\| < \frac{\sqrt{n}}{\gamma}\|B\|\|\boldsymbol{x}^*\| + 1.$$

因为 x^* 满足(2.15),(2.16),(2.19),故有

$$(\mathbf{c} + \sigma B\boldsymbol{x}^\sigma)^T\boldsymbol{x}^\sigma \leqslant (\mathbf{c} + \sigma B\boldsymbol{x}^\sigma)^T\boldsymbol{x}^*.$$

因为 $\boldsymbol{x}^*$ 为问题 (A) 的最优解, $\boldsymbol{x}^\sigma$ 也满足(2.15),(2.16)故有

$$\mathbf{c}^T\boldsymbol{x}^* \leqslant \mathbf{c}^T\boldsymbol{x}^\sigma,$$

于是有

$$\mathbf{c}^T\boldsymbol{x}^\sigma + \sigma(B\boldsymbol{x}^\sigma)^T\boldsymbol{x}^\sigma \leqslant \mathbf{c}^T\boldsymbol{x}^* + \sigma(B\boldsymbol{x}^\sigma)^T\boldsymbol{x}^*,$$

$$(Bx^\sigma)^T\boldsymbol{x}^\sigma \leqslant (B\boldsymbol{x}^\sigma)^T\boldsymbol{x}^\sigma,$$

进一步有

$$\gamma\|\boldsymbol{x}^\sigma\|^2 \leqslant (B\boldsymbol{x}^\sigma)^T\boldsymbol{x}^\sigma \leqslant (B\boldsymbol{x}^\sigma)^T\boldsymbol{x}^* \leqslant \|B\|\|\boldsymbol{x}^\sigma\|\|\boldsymbol{x}^*\|,$$

$$\|\boldsymbol{x}^\sigma\| \leqslant \frac{\|B\|}{\gamma}\|\boldsymbol{x}^*\|.$$

现在要证明对于满足(2.15),(2.16)但不满足(2.19)的 $\boldsymbol{x}$ 也有

$$(\mathbf{c} + \sigma B\boldsymbol{x}^\sigma)^T\boldsymbol{x}^\sigma \leqslant (\mathbf{c} + \sigma B\boldsymbol{x}^\sigma)^T\boldsymbol{x}.$$

$\boldsymbol{x}$ 不满足(2.19)即

$$\sum_{j=1}^{n}|x_j| > \frac{\sqrt{n}}{\gamma}\|B\|\|\boldsymbol{x}^*\| + 1.$$

又

$$\sum_{j=1}^{n}|x_j^\sigma| \leqslant \sqrt{n}\ \|\boldsymbol{x}^\sigma\| \leqslant \sqrt{n}\frac{\|B\|}{\gamma}\|\boldsymbol{x}^*\|,$$

由这两个不等式得出

$$\Delta = \sum_{j=1}^{n}|x_j| - \sum_{j=1}^{n}|x_j^\sigma| > \frac{\sqrt{n}}{\gamma}$$

$$\cdot \|B\|\|\boldsymbol{x}^*\| + 1 - \frac{\sqrt{n}}{\gamma}\|B\|\|\boldsymbol{x}^*\| = 1.$$

令

$$\lambda = \frac{1}{\Delta},$$

则

$$0 < \lambda < 1.$$

设

$$\boldsymbol{x}^\Delta = \lambda \boldsymbol{x} + (1-\lambda)\boldsymbol{x}^\sigma,$$

可知 $\boldsymbol{x}^\Delta$ 也满足(2.11),(2.12),又

$$\sum_{j=1}^n |x_j^\Delta| \leqslant \sum_{j=1}^n (\lambda|x_j| + (1-\lambda)|x_j^\sigma|)$$

$$= \lambda\left(\sum_{j=1}^n |x_j| - \sum_{j=1}^n |x_j^\sigma|\right) + \sum_{j=1}^n |x_j^\sigma|$$

$$= 1 + \sum_{j=1}^n |x_j^\sigma|$$

$$\leqslant 1 + \sqrt{n}\frac{\|B\|}{\gamma}\|\boldsymbol{x}^*\|.$$

也就是说 $\boldsymbol{x}^\Delta$ 满足新增加的约束条件(2.15),于是有

$$(\mathbf{c} + \sigma B\boldsymbol{x}^\sigma)^T\boldsymbol{x}^\sigma \leqslant (\mathbf{c} + \sigma B\boldsymbol{x}^\sigma)^T\boldsymbol{x}^\Delta,$$

将 $\boldsymbol{x}^\Delta = \lambda\boldsymbol{x} + (1-\lambda)\boldsymbol{x}^\sigma$ 代入上式有

$$(\mathbf{c} + \sigma B\boldsymbol{x}^\sigma)^T\boldsymbol{x}^\sigma \leqslant \lambda(\mathbf{c} + \sigma B\boldsymbol{x}^\sigma)^T\boldsymbol{x} + (1-\lambda)(\mathbf{c} + \sigma B\boldsymbol{x}^\sigma)^T\boldsymbol{x}^\sigma,$$

即

$$(\mathbf{c} + \sigma B\boldsymbol{x}^\sigma)^T\boldsymbol{x}^\sigma \leqslant \lambda(\mathbf{c} + \sigma B\boldsymbol{x}^\sigma)^T\boldsymbol{x} + (\mathbf{c} + \sigma B\boldsymbol{x}^\sigma)^T\boldsymbol{x}^\sigma - \lambda(\mathbf{c} + \sigma B\boldsymbol{x}^\sigma)^T\boldsymbol{x}^\sigma.$$

注意 $\lambda > 0$，由此得出

$$(\mathbf{c} + \sigma B\boldsymbol{x}^\sigma)^T\boldsymbol{x}^\sigma \leqslant (\mathbf{c} + \sigma B\boldsymbol{x}^\sigma)^T\boldsymbol{x}.$$

这便证明了对满足(2.15),(2.16)但不满足(2.19)的 $\boldsymbol{x}$ 也满足

$$(\mathbf{c} + \sigma B\boldsymbol{x}^\sigma)^T\boldsymbol{x}^\sigma \leqslant (\mathbf{c} + \sigma B\boldsymbol{x}^\sigma)^T\boldsymbol{x},$$

由此推出 $\boldsymbol{x}^\sigma$ 就是问题 (C) 的解.

定理 2.4 告诉我们，只要问题 (A) 有有界解，则问题 (C) 也一定有有界解.

定理 2.5. 在定理 2.3 的假设下，有下面结论

i) $\sigma>0$，问题 (C) 的解唯一；

ii) $\sigma>0$，问题 (C) 的解连续地依赖于 σ，

iii) 若 $0<\sigma<\bar{\sigma}$，则 $\boldsymbol{c}^T\boldsymbol{x}^\sigma\leqslant\boldsymbol{c}^T\boldsymbol{x}^{\bar{\sigma}}$；

iv) 存在 $\sigma_0>0$，使得当 $\sigma\leqslant\sigma_0$ 时求出的向量 $\boldsymbol{x}^\sigma$ 都是问题 (A) 的解与 σ 取值无关.

证 i) 若对 $\sigma>0$ 有 $\boldsymbol{x}^\sigma$，$\boldsymbol{x}^{\sigma\Delta}$ 两个解，则有

$$(\boldsymbol{c}+\sigma B\boldsymbol{x}^\sigma)^T\boldsymbol{x}^\sigma\leqslant(\boldsymbol{c}+\sigma B\boldsymbol{x}^\sigma)^T\boldsymbol{x}^{\sigma\Delta},$$

$$(\boldsymbol{c}+\sigma B\boldsymbol{x}^{\sigma\Delta})^T\boldsymbol{x}^{\sigma\Delta}\leqslant(\boldsymbol{c}+\sigma B\boldsymbol{x}^{\sigma\Delta})^Tx^\sigma.$$

由此得出

$$\boldsymbol{c}^T\boldsymbol{x}^\sigma+(\sigma B\boldsymbol{x}^\sigma)^T\boldsymbol{x}^\sigma+\boldsymbol{c}^Tx^{\sigma\Delta}+(\sigma B\boldsymbol{x}^{\sigma\Delta})^T\boldsymbol{x}^{\sigma\Delta}$$
$$\leqslant\boldsymbol{c}^T\boldsymbol{x}^{\sigma\Delta}+(\sigma B\boldsymbol{x}^\sigma)^T\boldsymbol{x}^{\sigma\Delta}+\boldsymbol{c}^T\boldsymbol{x}^\sigma+(\sigma B\boldsymbol{x}^{\sigma\Delta})^Tx^\sigma.$$

即

$$(\sigma B\boldsymbol{x}^\sigma)^T\boldsymbol{x}^\sigma+(\sigma B\boldsymbol{x}^{\sigma\Delta})^T\boldsymbol{x}^{\sigma\Delta}\leqslant(\sigma B\boldsymbol{x}^\sigma)^T\boldsymbol{x}^{\sigma\Delta}+(\sigma B\boldsymbol{x}^{\sigma\Delta})^T\boldsymbol{x}^\sigma.$$

由此得出

$$(B\boldsymbol{x}^\sigma)^T(\boldsymbol{x}^\sigma-\boldsymbol{x}^{\sigma\Delta})-(B\boldsymbol{x}^{\sigma\Delta})^T(\boldsymbol{x}^\sigma-\boldsymbol{x}^{\sigma\Delta})$$
$$=(B(\boldsymbol{x}^\sigma-\boldsymbol{x}^{\sigma\Delta}))^T(\boldsymbol{x}^\sigma-\boldsymbol{x}^{\sigma\Delta})\leqslant 0.$$

由于 B 正定，因而只能有 $\|\boldsymbol{x}^\sigma-\boldsymbol{x}^{\sigma\Delta}\|=0$，即

$$\boldsymbol{x}^\sigma=\boldsymbol{x}^{\sigma\Delta}.$$

ii) 取 $\sigma,\sigma'>0$，与 i) 一样有

$$\sigma'(B\boldsymbol{x}^{\sigma'})^T\boldsymbol{x}^{\sigma'}+\sigma(B\boldsymbol{x}^\sigma)^T\boldsymbol{x}^\sigma\leqslant\sigma'(B\boldsymbol{x}^{\sigma'})^T\boldsymbol{x}^\sigma+\sigma(B\boldsymbol{x}^\sigma)^T\boldsymbol{x}^{\sigma'}.$$

即

$$0\leqslant\sigma'(B\boldsymbol{x}^{\sigma'})^T(\boldsymbol{x}^\sigma-\boldsymbol{x}^{\sigma'})-\sigma(B\boldsymbol{x}^\sigma)^T(\boldsymbol{x}^\sigma-\boldsymbol{x}^{\sigma'})$$
$$=(\sigma'-\sigma)(B\boldsymbol{x}^{\sigma'})^T(\boldsymbol{x}^\sigma-\boldsymbol{x}^{\sigma'})$$
$$-\sigma(B(\boldsymbol{x}^\sigma-\boldsymbol{x}^{\sigma'}))^T(\boldsymbol{x}^\sigma-\boldsymbol{x}^{\sigma'}).$$

由此得出

$$\sigma(B(\boldsymbol{x}^\sigma-\boldsymbol{x}^{\sigma'}))^T(\boldsymbol{x}^\sigma-\boldsymbol{x}^{\sigma'})\leqslant(\sigma'-\sigma)(B\boldsymbol{x}^{\sigma'})^T(\boldsymbol{x}^\sigma-\boldsymbol{x}^{\sigma'}),$$

$$\sigma\gamma\|\boldsymbol{x}^\sigma-\boldsymbol{x}^{\sigma'}\|^2\leqslant|\sigma'-\sigma|\|B\|\|\boldsymbol{x}^{\sigma'}\|\|\boldsymbol{x}^\sigma-\boldsymbol{x}^{\sigma'}\|,$$

$$\|\boldsymbol{x}^{\sigma}-\boldsymbol{x}^{\sigma'}\| \leqslant \frac{\|B\|}{\sigma\gamma}\|\boldsymbol{x}^{\sigma'}\|\,|\sigma'-\sigma| \leqslant \frac{\|B\|^2\|\boldsymbol{x}^*\|}{\sigma\gamma^2}|\sigma'-\sigma|.$$

这便是所要证明的.

iii) 对 $\sigma, \bar{\sigma}$ 有

$$(\mathbf{c}+\sigma B\boldsymbol{x}^{\sigma})^T\boldsymbol{x}^{\sigma} \leqslant (\mathbf{c}+\sigma B\boldsymbol{x}^{\sigma})^T\boldsymbol{x}^{\bar{\sigma}},$$
$$(\mathbf{c}+\bar{\sigma} B\boldsymbol{x}^{\bar{\sigma}})^T\boldsymbol{x}^{\bar{\sigma}} \leqslant (\mathbf{c}+\bar{\sigma} B\boldsymbol{x}^{\bar{\sigma}})^T\boldsymbol{x}^{\sigma}.$$

上式乘以 $\bar{\sigma}$, 下式乘以 σ 相加有

$$\begin{aligned}&\bar{\sigma}\mathbf{c}^T\boldsymbol{x}^{\sigma}+\bar{\sigma}(\sigma B\boldsymbol{x}^{\sigma})^T\boldsymbol{x}^{\sigma}+\sigma\mathbf{c}^T\boldsymbol{x}^{\bar{\sigma}}+\sigma(\bar{\sigma}B\boldsymbol{x}^{\bar{\sigma}})^T\boldsymbol{x}^{\bar{\sigma}}\\ &\leqslant \bar{\sigma}\mathbf{c}^T\boldsymbol{x}^{\bar{\sigma}}+\bar{\sigma}(\sigma B\boldsymbol{x}^{\sigma})^T\boldsymbol{x}^{\bar{\sigma}}+\sigma\mathbf{c}^T\boldsymbol{x}^{\sigma}+\sigma(\bar{\sigma}B\boldsymbol{x}^{\bar{\sigma}})^T\boldsymbol{x}^{\sigma}.\end{aligned}$$

由此得出

$$\begin{aligned}&\bar{\sigma}\sigma(B\boldsymbol{x}^{\sigma})^T\boldsymbol{x}^{\sigma}+\bar{\sigma}\sigma(B\boldsymbol{x}^{\bar{\sigma}})^T\boldsymbol{x}^{\bar{\sigma}}-\bar{\sigma}\sigma(B\boldsymbol{x}^{\sigma})^T\boldsymbol{x}^{\bar{\sigma}}-\bar{\sigma}\sigma(B\boldsymbol{x}^{\bar{\sigma}})^T\boldsymbol{x}^{\sigma}\\ &\quad=\bar{\sigma}\sigma(B(\boldsymbol{x}^{\sigma}-\boldsymbol{x}^{\bar{\sigma}}))^T(\boldsymbol{x}^{\sigma}-\boldsymbol{x}^{\bar{\sigma}})\\ &\quad\leqslant \bar{\sigma}\mathbf{c}^T(\boldsymbol{x}^{\bar{\sigma}}-\boldsymbol{x}^{\sigma})+\sigma\mathbf{c}^T(\boldsymbol{x}^{\sigma}-\boldsymbol{x}^{\bar{\sigma}})\\ &\quad=(\sigma-\bar{\sigma})(\mathbf{c}^T\boldsymbol{x}^{\sigma}-\mathbf{c}^T\boldsymbol{x}^{\bar{\sigma}}).\end{aligned}$$

即

$$0 \leqslant \bar{\sigma}\sigma(B(\boldsymbol{x}^{\sigma}-\boldsymbol{x}^{\bar{\sigma}}))^T(\boldsymbol{x}^{\sigma}-\boldsymbol{x}^{\bar{\sigma}}) \leqslant (\sigma-\bar{\sigma})(\mathbf{c}^T\boldsymbol{x}^{\sigma}-\mathbf{c}^T\boldsymbol{x}^{\bar{\sigma}}).$$

由此得出 $(\sigma-\bar{\sigma})$ 与 $(\mathbf{c}^T\boldsymbol{x}^{\sigma}-\mathbf{c}^T\boldsymbol{x}^{\bar{\sigma}})$ 同号.

iv) 当 σ 足够小时，据定理 2.3 可知问题 (C) 的解便是问题 (A) 的解. 事实上,如 $\delta_{\mathbf{c}}^0$ 为定理 2.3 中所给定的值. 则取

$$\sigma_0=\frac{\gamma}{\|B\|^2\|\boldsymbol{x}^*\|}\delta_{\mathbf{c}}^0$$

便有

$$\begin{aligned}\|\mathbf{c}-(\mathbf{c}+\sigma B\boldsymbol{x}^{\sigma})\| &= \sigma\|B\boldsymbol{x}^{\sigma}\| \leqslant \sigma\|B\|\|\boldsymbol{x}^{\sigma}\|\\ &\leqslant \sigma\frac{\|B\|}{\gamma}\|\boldsymbol{x}^*\| \leqslant \delta_{\mathbf{c}}^0,\end{aligned}$$

只要

$$\sigma \leqslant \sigma_0.$$

证完.

下面我们针对问题 (C) 介绍迭代方法的计算过程. 根据线性规划的对偶性质,可以认为如有解 $\boldsymbol{x}^{\sigma}$ 满足(2.15),(2.16)又有 $\boldsymbol{v}^{\sigma}$

值满足

$$\boldsymbol{p}_j^T\boldsymbol{v}^\sigma \leqslant c_j + \sigma(B\boldsymbol{x}^\sigma)_j, \text{ 当 } x_j^\sigma = \underline{x}_j \text{ 时},$$
$$\boldsymbol{p}_j^T\boldsymbol{v}^\sigma = c_j + \sigma(B\boldsymbol{x}^\sigma)_j, \text{ 当 } \underline{x}_j < x_j^\sigma < \bar{x}_j \text{ 时},$$
$$\boldsymbol{p}_j^T\boldsymbol{v}^\sigma \geqslant c_j + \sigma(B\boldsymbol{x}^\sigma)_j, \text{ 当 } x_j^\sigma = \bar{x}_j \text{ 时}.$$

则 $\boldsymbol{x}^\sigma$ 即为问题 (C) 的最优解.

为了求出满足如此条件的 $\boldsymbol{x}^\sigma$ 及 $\boldsymbol{v}^\sigma$，我们于问题(C)中取

$$B = R\widetilde{B}_1 + \widetilde{B}_2.$$

此处

$$\widetilde{B}_1 = \begin{pmatrix} \|\boldsymbol{p}_1\|^2 & & & 0 \\ & \|\boldsymbol{p}_2\|^2 & & \\ & & \ddots & \\ 0 & & & \|\boldsymbol{p}_n\|^2 \end{pmatrix},$$

$$\widetilde{B}_2 = \begin{pmatrix} 0 & & & & 0 \\ & 0 & & & \\ & & \ddots & & \\ \boldsymbol{p}_i^T\boldsymbol{p}_j & & & \ddots & \\ & & & & 0 \end{pmatrix},$$

$$R = \begin{pmatrix} r_1 & & & 0 \\ & r_2 & & \\ & & \ddots & \\ 0 & & & r_n \end{pmatrix}.$$

可以证明当 $r_j > \dfrac{1}{2}$ $(j = 1, 2, \cdots, n)$ 时，B 为正定矩阵. 其中 $\boldsymbol{p}_j$ 是约束条件系数列向量.

下面列出迭代公式

1° 取初始向量

$$\boldsymbol{v}_0^\sigma,$$

令

$$\boldsymbol{u}_{0,0} = \boldsymbol{v}_0^\sigma.$$

2° 对 $\boldsymbol{u}_{k,0} = \boldsymbol{v}_k^0$ 进行第 k 次迭代

3°

$$x_j^{\sigma k}=\begin{cases}\underline{x}_j, & 当\ x_j\leqslant \underline{x}_j,\\ x_j, & 当\ \underline{x}_j<x_j<\bar{x}_j,\\ \bar{x}_j, & 当\ x_j\geqslant \bar{x}_j.\end{cases}$$

其中

$$x_j=\frac{\boldsymbol{u}_{k,j-1}^T\boldsymbol{p}_j-c_j}{r_j\sigma\|\boldsymbol{p}_j\|^2},$$

$$\boldsymbol{u}_{kj}=\boldsymbol{u}_{k,j-1}-\sigma x_j^{\sigma k}\boldsymbol{p}_j\quad (j=1,2,\cdots,n)$$

4° $\boldsymbol{v}_{k+1}^{\sigma}=\boldsymbol{u}_{kn}+\sigma\boldsymbol{p}.$

注意,此处 $\boldsymbol{p}$ 为约束条件右端向量,即

$$\boldsymbol{p}=(b_1,b_2,\cdots,b_m)^T,$$

其中 k 为迭代次数.

我们不对收敛性等方面做严格的论证，只对方法的合理性略作说明.

由

$$\boldsymbol{u}_{kj}=\boldsymbol{u}_{k,j-1}-\sigma x_j^{\sigma k}\boldsymbol{p}_j,$$

$$\boldsymbol{u}_{k,0}=\boldsymbol{v}_k^{\sigma},$$

有

$$\boldsymbol{u}_{k,j-1}=\boldsymbol{v}_k^{\sigma}-\sigma\sum_{r=1}^{j-1}x_r^{\sigma k}\boldsymbol{p}_r,$$

代入 x_j 的表达式有

$$x_j=\frac{\left(\boldsymbol{v}_k^{\sigma}-\sigma\sum_{r=1}^{j-1}x_r^{\sigma k}\boldsymbol{p}_r\right)^T\boldsymbol{p}_j-c_j}{r_j\sigma\|\boldsymbol{p}_j\|^2}.$$

分三种情形讨论.

当 $x_j\leqslant \underline{x}_j$ 时,取 $x_j^{\sigma k}=\underline{x}_j$, 此时自然也有 $x_j\leqslant x_j^{\sigma k}$, 即

$$\left(\boldsymbol{v}_k^{\sigma}-\sigma\sum_{r=1}^{j-1}x_r^{\sigma k}\boldsymbol{p}_r\right)^T\boldsymbol{p}_j-c_j\leqslant r_j\sigma\|\boldsymbol{p}_j\|^2x_j^{\sigma k},$$

$$(\boldsymbol{v}_k^{\sigma})^T\boldsymbol{p}_j\leqslant c_j+r_j\sigma\|\boldsymbol{p}_j\|^2x_j^{\sigma k}+\sigma\sum_{r=1}^{j-1}x_j^{\sigma k}\boldsymbol{p}_r^T\boldsymbol{p}_j$$

$$=c_j+\sigma(B\boldsymbol{x}^{\sigma k})_j.$$

送 r_j ($j=1,2,\cdots,n$); $0\Rightarrow K$; $0\Rightarrow M$;
$\sigma_0\Rightarrow\sigma$; 送 v_0^σ; 求 $\|p_j\|^2$ ($j=1,\cdots,n$)
$0\Rightarrow j$; $u_{k,0}\Rightarrow v_k^\sigma$
$j+1\Rightarrow j$
$x_j=\frac{(u_{k,j-1})^T p_j-c_j}{r_j\sigma\|p_j\|^2}$
$x_j\sim\bar{x}_j$
>
$\bar{x}_j\Rightarrow x_j^k$
⩽
$x_j\sim\underline{x}_j$
<
$\underline{x}_j\Rightarrow x_j^k$
⩾
$x_j\Rightarrow x_j^k$
$u_{k,j}=u_{k,j-1}-\sigma x_j^k p_j$
$j\sim n$
<
=
$v_{k+1}^\sigma=u_{k,n}+\sigma p$; $K+1\Rightarrow K$;
$\|v_k^\sigma-v_{k-1}^\sigma\|\Rightarrow p_w$
$v_k^\sigma\Rightarrow v_{k-1}^\sigma$
>
$p_w\sim\varepsilon$
⩽
$M\sim 0$
=
$x^k\Rightarrow x$; $\alpha\sigma\Rightarrow\sigma$
$0\Rightarrow K$; $M+1\Rightarrow M$
≠
$\|x-x^k\|\Rightarrow p_w$
$p_w\sim\varepsilon_2$
⩾
<
最优解
停

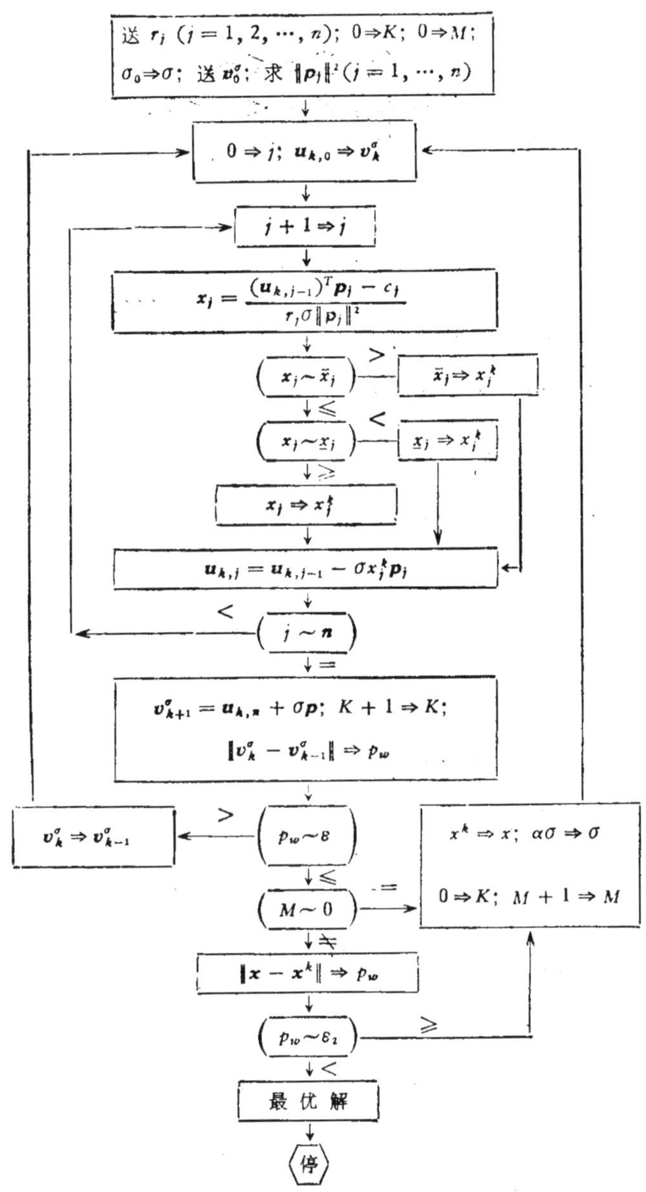

图 12. 迭代法框图

当 $x_j \geqslant \bar{x}_j$ 时,取 $x_j^{\sigma k} = \bar{x}_j$, 此时可推出

$$\left(\boldsymbol{v}_k^\sigma - \sigma \sum_{r=1}^{j-1} x_r^{\sigma k} \boldsymbol{p}_r\right)^T \boldsymbol{p}_j - c_j \geqslant r_j \sigma \|\boldsymbol{p}_j\|^2 x_j^{\sigma k},$$

$$(\boldsymbol{v}_k^\sigma)^T \boldsymbol{p}_j \geqslant c_j + \sigma(B\boldsymbol{x}^{\sigma k})_j.$$

当 $\underline{x}_j < x_j < \bar{x}_j$ 时,可推出有

$$(\boldsymbol{v}_k^\sigma)^T \boldsymbol{p}_j = c_j + \sigma(B\boldsymbol{x}^{\sigma k})_j.$$

因此这样迭代求出的 $\boldsymbol{x}^\sigma$ 及 $\boldsymbol{v}^\sigma$ 满足最优性判别条件.

由

$$\boldsymbol{v}_{k+1}^\sigma = \boldsymbol{u}_{kn} + \sigma \boldsymbol{p},$$
$$\boldsymbol{u}_{kj} = \boldsymbol{u}_{k,j-1} - \sigma x_j^{\sigma k} \boldsymbol{p}_j,$$
$$\boldsymbol{u}_{k,0} = \boldsymbol{v}_k^\sigma,$$

有

$$\boldsymbol{v}_{k+1}^\sigma = \boldsymbol{v}_k^\sigma - \sigma \sum_{r=1}^{n} x_r^{\sigma k} \boldsymbol{p}_r + \sigma \boldsymbol{p}.$$

当

$$\boldsymbol{v}_{k+1}^\sigma = \boldsymbol{v}_k^\sigma$$

时便有

$$\sum_{r=1}^{n} x_r^{\sigma k} \boldsymbol{p}_r = \boldsymbol{p}_0$$

因而 $\boldsymbol{x}^\sigma$ 便是问题 (C) 的最优解,从而说明迭代关系是合理的. 但可惜的是 $\boldsymbol{v}_k^\sigma$ 的收敛速度很慢. 而且对 σ 收敛了,还要把 σ 减小再迭代,直到 σ 减小后对 $\boldsymbol{x}^\sigma$ 无影响时为止. 所以计算量是很大的.

前页给出了迭代法的框图. 因为收敛慢,所以就不举数值例子了.

第三章　特殊类型线性规划问题

在这一章中将介绍三种特殊类型的线性规划问题：生产组织与管理中的线性规划问题、运输问题、分配问题．这些问题，不但在求解时可以采用特殊的计算方法，而且在客观实践中有其广泛的应用．

§1. 生产组织与管理中的线性规划问题及其解法

我们以实例引进数学模型．

例 3.1　假定某工厂有 m 种机床，我们要在这 m 种机床上生产 n 种零件．为了讨论简单，假设每种机床都可以生产这几种零件中的任何一种．所考虑的问题是在一个生产周期中，如在一天中，怎样安排生产使产值最高？下面的数据都与生产周期有关，都考虑在一个生产周期内，此后不再一一说明．设第 i 种机床生产第 j 种零件的效率为 d_{ij}．为了使所生产的零件配套，要求零件之间的数量关系有一定比例，如第一种零件生产一个时，第 j 种零件要产 b_j 个 $(j=1, 2, \cdots, n)$，$b_1=1$．我们设第 i 种机床生产第 j 种零件所安排的时间与整个生产周期时间的比值为 x_{ij}．希望生产的零件尽可能多．于是整个问题可以表述为如下的数学规划问题．

极大化

满足于约束条件

$$\sum_{j=1}^{n} x_{ij}=1 \qquad (i=1, 2, \cdots, m), \tag{3.1}$$

$$\sum_{i=1}^{m} d_{ij}x_{ij}=z_j \qquad (j=1, 2, \cdots, n), \tag{3.2}$$

$$s = \frac{z_j}{b_j} \quad (j = 1, 2, \cdots, n), \tag{3.3}$$

$$x_{ij} \geqslant 0 \quad (i = 1, 2, \cdots, m;\ j = 1, 2, \cdots, n).$$

其中 $b_1 = 1$.

约束条件 (3.1) 表示第 i 种机床在整个生产周期中不间断的生产各种零件. (3.2)表示各种机床生产第 j 种零件的总数.(3.3)表示各种零件的生产数量应按预先给定的比例关系生产.

为了讨论方便,对上述问题略做修改.

令

$$y_j = \frac{z_j}{b_j} \quad (j = 1, 2, \cdots, n),$$

$$a_{ij} = \frac{d_{ij}}{b_j} \quad (i = 1, 2, \cdots, m;\ j = 1, 2, \cdots, n).$$

代入(3.2),(3.3),于是问题转化为

问题 (I): 极大化

$$y_1$$

满足于约束条件

$$\sum_{j=1}^{n} x_{ij} = 1 \quad (i = 1, 2, \cdots, m), \tag{3.4}$$

$$\sum_{i=1}^{m} a_{ij}x_{ij} = y_j \quad (j = 1, 2, \cdots, n), \tag{3.5}$$

$$y_1 = y_j \quad (j = 1, 2, \cdots, n), \tag{3.6}$$

$$x_{ij} \geqslant 0 \ (i = 1, 2, \cdots, m;\ j = 1, 2, \cdots, n).$$

有时,由于生产条件的限制,还要加上一些约束条件. 比如对电量消耗加以限制, 要求在整个生产周期内各种机床生产各种零件的总电量消耗有一限值. 设第 i 种机床生产第 j 种零件每一生产周期所耗用的电量为 c_{ij}, 在整个生产周期该工厂电量消耗不得超过 c. 此约束条件是

$$\sum_{i=1}^{m} \sum_{j=1}^{n} c_{ij}x_{ij} \leqslant c. \tag{3.7}$$

增加了约束条件(3.7)的问题称为问题 (II)，我们把问题 (II) 完整地陈述如下.

问题 (II)：极大化

$$x_0 = y_1$$

满足于约束条件

$$\sum_{j=1}^{n} x_{ij} = 1 \qquad (i = 1, 2, \cdots, m),$$

$$\sum_{i=1}^{m} a_{ij} x_{ij} = y_j \qquad (j = 1, 2, \cdots, n),$$

$$\sum_{j=1}^{n} \sum_{i=1}^{m} c_{ij} x_{ij} \leqslant c,$$

$$y_1 = y_j \qquad (j = 1, 2, \cdots, n),$$

$$x_{ij} \geqslant 0 \qquad (i = 1, 2, \cdots, m;\ j = 1, 2, \cdots, n).$$

这里为了讨论方便，做了每一种机床都能生产各种零件的假设,即

$$a_{ij} > 0 \qquad (i = 1, 2, \cdots, m;\ j = 1, 2, \cdots, n),$$

事实上,完全可以假定

$$a_{ij} \geqslant 0 \qquad (i = 1, 2, \cdots, m;\ j = 1, 2, \cdots, n).$$

以上问题 (I)、问题 (II) 便是我们所要讨论的一类特殊类型的线性规划问题.

下面介绍计算方法. 首先讨论问题 (I) 的计算方法.

把问题 (I) 写成第一章的一般线性规划问题:

极大化

$$s = \mathbf{c}^T \mathbf{x},$$

满足于约束条件

$$A\mathbf{x} = \mathbf{b},$$

$$\mathbf{x} \geqslant \mathbf{0}.$$

其中

$$\mathbf{x} = (x_0 x_{1,1} \cdots x_{m1} x_{1,2} \cdots x_{m2} \cdots\cdots x_{1n} \cdots x_{mn})^T,$$

$$\mathbf{c} = (1\ 0\ 0 \cdots 0)^T,$$

$$A=\begin{pmatrix} 0 & 1 & 0\cdots 0 & 1 & 0\cdots 0\cdots\cdots 1 & 0\cdots 0\\ 0 & 0 & 1\cdots 0 & 0 & 1\cdots 0\cdots\cdots 0 & 1\cdots 0\\ & & & \cdots\cdots & & \\ 0 & 0 & 0\cdots 1 & 0 & 0\cdots 1\cdots\cdots 0 & 0\cdots 1\\ -1 & a_{1,1} & a_{2,1}\cdots a_{m1} & 0 & 0\cdots 0\cdots\cdots 0 & 0\cdots 0\\ -1 & 0 & 0\cdots 0 & a_{1,2} & a_{2,2}\cdots a_{m2}\cdots\cdots 0 & 0\cdots 0\\ & & & \cdots\cdots & & \\ -1 & 0 & 0\cdots 0 & 0 & 0\cdots 0\cdots\cdots a_{1n} & a_{2n}\quad a_{mn} \end{pmatrix},$$

$$\boldsymbol{b}=(1\ 1\cdots 1\ 0\ 0\ 0\cdots 0).$$

其中 $\boldsymbol{x}$, $\boldsymbol{c}$ 为 $mn+1$ 维向量，A 为 $(m+n)\times mn$ 矩阵，$\boldsymbol{b}$ 为 $m+n$ 维向量,分量中前 m 个为 1 后 n 个为 0.

由线性规划的对偶理论知道,若 x^* 是问题 (I) 的最优基本容许解,则存在

$$\boldsymbol{\pi}=(\theta_1\theta_2\cdots\theta_m\lambda_1\lambda_2\cdots\lambda_n)^T,$$

在此处称 λ_j 为解乘数,满足

$$\sigma_{ij}=\theta_i-a_{ij}\lambda_j\geqslant 0\quad(i=1,2,\cdots,m;\ j=1,2,\cdots,n).\tag{3.8}$$

而且 $x_{ij}>0$ 只能出现在 $\sigma_{ij}=0$ 的位置上．为了求得满足(3.8)的 θ_i, λ_j $(i=1,2,\cdots,m;\ j=1,2,\cdots,n)$, 对一组 $\lambda_j(j=1,2,\cdots,n)$ 只要选择

$$\theta_i=\max_{1\leqslant j\leqslant n}\{a_{ij}\lambda_j\}\qquad(i=1,2,\cdots,m).$$

此时明显地有

$$\sigma_{ij}=\theta_i-a_{ij}\lambda_j\geqslant 0\quad(i=1,2,\cdots,m;\ j=1,2,\cdots,n).$$

若记

$$\mathscr{I}_j=\{i|\sigma_{ij}=0\}\qquad(j=1,2,\cdots,n),$$

$$\mathscr{J}_i=\{j|\sigma_{ij}=0\}\qquad(i=1,2,\cdots,m),$$

要能求出 x_{ij} 满足

$$\sum_{j\in\mathscr{J}_i}x_{ij}=1\quad(i=1,2,\cdots,m),\tag{3.9}$$

$$\sum_{i\in\mathscr{I}_j}a_{ij}x_{ij}=y_j\quad(j=1,2,\cdots,n),\tag{3.10}$$

$$y_1 = y_j \quad (j = 1, 2, \cdots, n), \tag{3.11}$$

$$x_{ij} \geqslant 0 \quad (i = 1, 2, \cdots, m;\ j = 1, 2, \cdots, n). \tag{3.12}$$

则此时求出的 x_{ij} 为最优解. 但有时并不能找到满足这些条件的 x_{ij}，为此须调整 $\lambda_1, \lambda_2, \cdots, \lambda_n$，从而改变 $\mathscr{I}_j$ 及 $\mathscr{J}_i$. 为了解决如何调整 $\lambda_1, \lambda_2, \cdots, \lambda_n$，我们给出问题 (I′)，并建立下述性质.

问题 (I′)：极大化

$$z$$

满足于约束条件

$$\sum_{j=1}^{n} x_{ij} = 1 \qquad (i = 1, 2, \cdots, m),$$

$$\sum_{i=1}^{m} a_{ij}x_{ij} = z_j \qquad (j = 1, 2, \cdots, n),$$

$$z \leqslant z_j \qquad (j = 1, 2, \cdots, n),$$

$$x_{ij} \geqslant 0 \qquad (i = 1, 2, \cdots, m;\ j = 1, 2, \cdots, n).$$

定理 3.1. 问题 (I) 的最大值 y_1^* 与问题 (I′) 的最大值 z^* 相等. 同时，若问题 (I) 的最优解为 $\boldsymbol{x}^*$，则 $\boldsymbol{x}^*$ 也是问题 (I′) 的最优解；反之，若 $\boldsymbol{x}^*$ 是问题 (I′) 的最优解，则 $\boldsymbol{x}^*$ 也是问题 (I) 的最优解.

证 设 $\boldsymbol{x}^* = (x_{ij}^*)$ 为问题 (I) 的最优解，即

$$\sum_{i=1}^{m} a_{ij}x_{ij}^* = y_j^* \qquad (j = 1, 2, \cdots, n),$$

$$y_1^* = y_2^* = \cdots = y_n^*.$$

那么也有

$$y_1^* \leqslant y_j^* \qquad (j = 1, 2, \cdots, n).$$

设问题 (I′) 的最优值为 z^*，由问题 (I′) 的定义有

$$z_1^* \leqslant z^*.$$

再来证明一定有 $z^* = z_1^*$. 因为 z^* 是问题 (I′) 的最优值，可以断言，此时一定有 $z_1^* = z_2^* = \cdots = z_n^* = z^*$. 否则有

$$z^* = z_l^*,$$

$$z^* < z_k^*,$$

即

$$z_l^* < z_k^*.$$

记

$$\mathscr{I}_k = \{i | x_{ik} > 0\},$$

于是对 $i_0 \in \mathscr{I}_k$，令 $\theta > 0$ 满足

$$x'_{i_0k} = x_{i_0k} - a_{i_0k}\theta,$$
$$z'_l = z_l^* + a_{i_0k}\theta.$$

此时因假设 $a_{i_0k}, a_{i_0l} > 0$ 及 $\theta > 0$,故有 $z'_k < z_k^*$, $z'_l > z_l^*$.

对所有满足 $z^* = z_j^*$ 的各 j 均做上面处理,于是有 z^* 上升,这与 z^* 是最优值相矛盾. 因而可知一定有

$$z^* = z_1^* = z_2^* = \cdots = z_n^*.$$

至于问题 (I) 与问题 (I′) 的一致性，由上面的结论可直接看出.

上面证明中利用了 $a_{ij} > 0$ $(i = 1,2,\cdots,m;\ j = 1,2,\cdots,n)$,事实上,没有这种假设也是容易证明的. 只需在考虑时取另外一列 a_{ih} $(i = 1, 2, \cdots, m)$ 便可以使 z_k^* 下降，z_h^* 可变可不变，但是由 z_h^* 的变化可以使 z_l^* 再上升. 即通过中间量 z_h^*，使 z_k^* 变化引起 z_h^* 变化，z_h^* 的变化引起 z_l^* 上升. 证明道理与上面的证明一致.

定理 3.2. 问题 (I′) 的最大值一定存在.

证　由于

$$z_j = \sum_{i=1}^m a_{ij}x_{ij} \qquad (j = 1, 2, \cdots, n),$$

$$\sum_{j=1}^n x_{ij} = 1 \qquad (i = 1, 2, \cdots, m),$$

$$x_{ij} \geqslant 0 \qquad (i = 1,2,\cdots, m;\ j = 1, 2, \cdots, n),$$

所以

$$z_j = \sum_{i=1}^m a_{ij}x_{ij} \leqslant \sum_{i=1}^m a_{ij} \qquad (j = 1, 2,\cdots, n),$$

亦即 z_j 有界．又 $z=\min\limits_{1\leqslant j\leqslant n}\{z_j\}$，推出 z 也有界．同时可知 z 的集合是闭的，于是可以得出结论，z 的最大值一定存在．

上面两条性质及其证明事实上指出了当我们求出 $\lambda_1, \lambda_2, \cdots, \lambda_n$ 后，求不出满足(3.9)—(3.11)的 x_{ij} 时，调整 λ_j 的途径．调整是选出 z_j 中最小者，如为 z_l，增大 λ_l，使某 $i_0 \in \mathscr{I}_l$ 在这一 i_0 行中使 $\lambda_l a_{i_0 l}$ 成为与同一 i_0 的 $\lambda_k a_{i_0 k}$ 一致，$\lambda_k a_{i_0 k}$ 是对应 λ_k 中的最大者．这样便可增大 z_l 值．

下面给出(3.9)—(3.12)的具体解法．

首先由

$$\sum_{j\in\mathscr{J}_i} x_{ij}=1 \qquad (i=1, 2, \cdots, m)$$

可知，对 $\mathscr{J}_i$ 中只有一个元素的各行，可直接求出有

$$x_{ij}=1.$$

对于 $\mathscr{J}_i$ 中多于一个元素的行，例如为

$$\mathscr{J}_{i_0}=\{j_1, j_2, \cdots, j_p\}$$

可以从

$$\begin{aligned}
&\sum_{i\in\mathscr{I}_{j_1}} a_{ij_1}x_{ij_1}=\sum_{i\in\mathscr{I}_{j_2}} a_{ij_2}x_{ij_2},\\
&\sum_{i\in\mathscr{I}_{j_1}} a_{ij_1}x_{ij_1}=\sum_{i\in\mathscr{I}_{j_3}} a_{ij_3}x_{ij_3},\\
&\cdots\cdots\\
&\sum_{i\in\mathscr{I}_{j_1}} a_{ij_1}x_{ij_1}=\sum_{i\in\mathscr{I}_{j_p}} a_{ij_p}x_{ij_p},\\
&\sum_{j\in\mathscr{J}_{i_0}} x_{i_0 j}=1,
\end{aligned} \tag{3.13}$$

这 p 个方程中解出 p 个未知数 $x_{i_0j_1}, \cdots, x_{i_0j_p}$ 来．当所有 $x_{i_0j_1}, x_{i_0j_2}, \cdots, x_{i_0j_p}\geqslant 0$ 时，就是我们所要求的解．当不满足 $x_{i_0j_1}, x_{i_0j_2}, \cdots, x_{i_0j_p}\geqslant 0$ 时，设 $x_{i_0j}<0$，我们可以放弃(3.13)中的等式要求，取 $x_{i_0j}=0$．总之，最后可求出满足 $x_{i_0j_1}, x_{i_0j_2}, \cdots,$

$x_{i_0 j_p} \geqslant 0, \sum_{j \in \mathscr{J}_{i_0}} x_{i_0 j} = 1$ 的 $x_{i_0 j}$.

总结上述讨论,得出如下计算方案.

解乘数法计算方案. 列出 a_{ij} 表.

表 3.1

$a_{1,1}$	$a_{1,2}$	$\cdots$	a_{1n}
$a_{2,1}$	$a_{2,2}$	$\cdots$	a_{2n}
	$\cdots\cdots$		
a_{m1}	a_{m2}	$\cdots$	a_{mn}

1° 求出

$$p = \sum_{i=1}^{m} \sum_{j=1}^{n} a_{ij},$$

也可以用一个给定的数代替 p.

$$a_i = \sum_{i=1}^{m} a_{ij} \quad (j = 1, 2, \cdots, m),$$

取

$$\lambda_j^{(0)} = \frac{p}{a_j} \quad (j = 1, 2, \cdots, n).$$

2° 求出

$$\lambda_1^{(k)} a_{i1}, \lambda_2^{(k)} a_{i2}, \cdots, \lambda_n^{(k)} a_{in} \quad (i = 1, 2, \cdots, m),$$

对每一个 i 的 n 个乘积中找出其中最大的值. 所有最大的值的足标集合记为 $\mathscr{J}_i$. 有了 $\mathscr{J}_i$ 之后,对每一个 j, 再找出

$$\mathscr{I}_j = \{i | j \in \mathscr{J}_i\}.$$

3° 求解 x_{ij} 满足

$$\sum_{j \in \mathscr{J}_i} x_{ij} = 1 \quad (i = 1, 2, \cdots, m),$$

$$\sum_{i \in \mathscr{I}_j} a_{ij} x_{ij} = y_j \quad (j = 1, 2, \cdots, n),$$

$$y_1 = y_j \quad (j = 1, 2, \cdots, n),$$

$$x_{ij} \geqslant 0 \ (i = 1, 2, \cdots, m; \ j = 1, 2, \cdots, n).$$

求解中若没有 x_{ij} 满足这些条件时,我们放松(3.6)对 $y_1 = y_j(j =$

$1, 2, \cdots, n)$ 的要求．即用如下计算过程实现．对

$$j \in \mathscr{J}_i$$

仅为 $\mathscr{J}_i$ 中的唯一元素时取

$$x_{ij} = 1.$$

当 $\mathscr{J}_i$ 中不只一个元素时，如为 $\mathscr{J}_i = \{j_1, j_2, \cdots, j_p\}$，求解

$$\sum_{i \in \mathscr{I}_{j_1}} a_{ij_1} x_{ij_1} = \sum_{i \in \mathscr{I}_{j_2}} a_{ij_2} x_{ij_2},$$

$$\sum_{i \in \mathscr{I}_{j_1}} a_{ij_1} x_{ij_1} = \sum_{i \in \mathscr{I}_{j_3}} a_{ij_3} x_{ij_3},$$

$$\cdots\cdots$$

$$\sum_{i \in \mathscr{I}_{j_1}} a_{ij_1} x_{ij_1} = \sum_{i \in \mathscr{I}_{j_p}} a_{ij_p} x_{ij_p},$$

$$\sum_{j \in \mathscr{J}_i} x_{ij} = 1.$$

若求出的 $x_{ij} \geqslant 0$，则转入 4°，否则令 $x_{ij} < 0$ 的 x_{ij} 取 0 值，再求解，直到求出 $x_{ij} \geqslant 0$ 为止．

4°　利用 3° 中求出的 x_{ij}，再求

$$z_j = \sum_{i=1}^{m} a_{ij} x_{ij} \quad (j = 1, 2, \cdots, n).$$

若

$$z_1 = z_2 = \cdots = z_n$$

则求出了最优解，计算停止；否则求

$$\theta = \min\{z_1, z_2, \cdots, z_n\},$$

$$\mathscr{J} = \{j \mid z_j = \theta\}.$$

在 $l \in \mathscr{J}$ 的列中求

$$\frac{\lambda_l a_{i_0 l}}{\lambda_{j_0} a_{ij_0}} = \max_{1 \leqslant i \leqslant m} \left\{ \frac{\lambda_l a_{il}}{\lambda_{ji} a_{ij_2}} \right\},$$

也就是说把第 l 列固定，用第一个元素 $\lambda_l a_{1l}$，除这一行 $\lambda_1 a_{1,1}$，$\lambda_2 a_{1,2}$，$\cdots$，$\lambda_n a_{1n}$ 中最大的值（记为 $\lambda_{j_1} a_{1j_1}$），这些值一共有 m 个，

从中找出最大者．也就是在 $\lambda_l a_{il}$ 这一列中找出与最大值 $\lambda_j a_{ij}$ 相距最近的 $\lambda_l a_{il}$ 的所在行来．此时取新的

$$\lambda_i = \frac{a_{i_0 j_0}}{a_{i_0 l}} \lambda_{j_0}.$$

其余 λ_j 不变，再转到 2° 继续计算．当要求多于一半的 λ_j 增大时，也可以把其余的 λ_j 减少来实现．

下面举一数值例子具体介绍方法如何实现．

例 3.1　我们要在 3 台机床上生产三种零件．各种零件以相等的数量进行生产．设第一台机床生产三种零件的效率分别为 105，107，64；第 2 台机床生产三种零件的效率分别为 56，66，38；第 3 台机床生产三种零件的效率分别为 56，83，53．问怎样分配机床的生产使生产的零件套数最多．

首先列出 a_{ij} 表

表 3.2

105	56	56
107	66	83
64	38	53

取

$$p = 100,$$

求出

$$a_j = \sum_{i=1}^{m} a_{ij},$$

$$a_1 = 276, \ a_2 = 160, \ a_3 = 192.$$

于是由

$$\lambda_j^{(0)} = \frac{p}{a_j},$$

得

$$\lambda_1^{(0)} = 3.62, \ \lambda_2^{(0)} = 6.25, \ \lambda_3^{(0)} = 5.21.$$

第一次迭代表格

表 3.3-1

λ_j	3.62	6.25	5.21
$\lambda_j a_{ij}$	⟨381⟩ 388 231	349 412 237	292 ⟨432⟩ ⟨276⟩
$a_{ij}x_{ij}$	105×1 107×0 64×0	56×0 66×0 38×0	56×0 83×1 53×1
z_j	105	0	136

上表中 $\lambda_j a_{ij}$ 部份，记上"⟨ ⟩"号者为该行的最大值. 因为每行只有一个最大值，故取 $x_{1,1}=1$，$x_{3,2}=1$，$x_{3,3}=1$. 求出 z_1，z_2，z_3，其中 $z_2=0$ 最小. 我们必须提高 λ_2，于是由公式

$$\frac{\lambda_2 a_{i2}}{\lambda_{i_j} a_{i j_i}},$$

列出

$$\frac{349}{381}=0.91,\quad \frac{412}{432}=0.95,\quad \frac{237}{276}=0.82.$$

其中最大者为 $\frac{412}{432}=0.95$. 由公式

$$\lambda_2'=\frac{\lambda_{i_0}a_{i_0 j_0}}{a_{i_0 l}},$$

得出

$$\lambda_2'=\frac{432}{66}=6.54.$$

求出新的表格(见表3.3-2).

其中因 $\mathscr{J}_1=\{1\}$，故 $x_{1,1}=1$，及 $\mathscr{J}_3=\{3\}$，$x_{3,3}=1$. 而 $\mathscr{J}_2=\{2,3\}$，列出方程

$$a_{2,2}x_{2,2}=a_{2,3}x_{2,3}+a_{3,3}x_{3,3},$$
$$x_{2,2}+x_{2,3}=1.$$

将 $x_{3,3}=1$ 代入，有

表 3.3-2

λ_j	3.62	6.54	5.21
$\lambda_j a_{ij}$	⟨381⟩ 388 231	365 ⟨432⟩ 249	292 ⟨432⟩ ⟨276⟩
$a_{ij}x_{ij}$	105×1 107×0 64×0	56×0 66×0.915 38×0	56×0 83×0.085 53×1
z_j	105	60.2	60.2

$$66x_{3,2}=83x_{2,3}+53,$$

$$x_{2,2}+x_{2,3}=1.$$

求出

$$x_{2,2}=0.915>0,\ x_{2,3}=0.085>0,$$

于是填入上表,求出 z_j.

因为有 $z_1=105$, $z_2=z_3=60.2$, 故应提高 λ_2, λ_3, 但降低 λ_1 也与提高 λ_2, λ_3 的作用一样. 自然希望在第一行中除 $\lambda_1 a_{1,1}$ 外还有别的项能达到最大的值. 于是由于

$$\frac{292}{381}<\frac{365}{381},$$

因而取

$$\lambda_1'=\frac{\lambda_2 a_{2,1}}{a_{1,1}}=3.48.$$

表 3.3-3

λ_j	3.48	6.56	5.21
$\lambda_j a_{ij}$	⟨365⟩ 372 222	⟨365⟩ ⟨432⟩ 249	292 ⟨432⟩ ⟨276⟩
$a_{ij}x_{ij}$	105×0.67 107×0 64×0	56×0.33 66×0.785 38×0	56×0 83×0.215 53×1
z_j	70.8	70.8	70.8

此时列出新的表格(见表3.3-3)

其中 $\mathscr{J}_3=\{3\}$，故 $x_{3,3}=1$. $\mathscr{J}_1=\{1,2\}$，$\mathscr{J}_2=\{2,3\}$，列出方程

$$a_{1,1}x_{1,1}=a_{1,2}x_{1,2}+a_{2,2}x_{2,2},$$
$$a_{1,2}x_{1,2}+a_{2,2}x_{2,2}=a_{2,3}x_{2,3}+a_{3,3}x_{3,3},$$
$$x_{1,1}+x_{1,2}=1,$$
$$x_{2,1}+x_{2,3}=1,$$

将 $x_{3,3}=1$ 代入得

$$105x_{1,1}=56x_{1,2}+66x_{2,2},$$
$$56x_{1,2}+66x_{2,2}=83x_{2,3}+53,$$
$$x_{1,1}+x_{1,2}=1,$$
$$x_{2,2}+x_{2,3}=1.$$

解之，有

$$x_{3,3}=1,\ x_{1,1}=0.67,\ x_{1,2}=0.33,$$
$$x_{2,2}=0.785,\ x_{2,3}=0.215.$$
$$z_1=z_2=z_3=70.8.$$

因而求出了最优解与最优值.

对于问题(II)的解法，可类似于问题(I)的解法做相应的讨论. 但此时增加了一个约束条件，因而解乘数也要增加一个. 将它记为 u，此 u 对应于约束条件 $R=\sum_{i=1}^{m}\sum_{j=1}^{n}c_{ij}x_{ij}$. 相对应的，$u=0$，只要当 $R\leqslant c$；$u\neq 0$，只要当 $R=c$. 也就是说，一组 $\lambda_1,\lambda_2,\cdots,\lambda_n,u$ 称为问题(II)的解乘数，我们代替前面求 λ_ja_{ij} 中最大者，采用

$$\lambda_ja_{ij}-uc_{ij}$$

中最大者.

事实上，如果找到了一组解乘数 $\lambda_1,\lambda_2,\cdots,\lambda_n$，对每一 i 取 $\lambda_ja_{ij}-uc_{ij}$ 最大者使得 $x_{ij}^*>0$，否则使 $x_{ij}^*=0$，而且求出的 x_{ij}^* 满足约束条件. 我们记 $\lambda_ja_{ij}-uc_{ij}$ 取最大值为 t_i，于是

$$\sum_{j=1}^{n} \lambda_j z_j^* - u \sum_{i=1}^{m} \sum_{j=1}^{n} c_{ij} x_{ij}^*$$

$$= \sum_{i=1}^{m} \sum_{j=1}^{n} \lambda_j a_{ij} x_{ij}^* - \sum_{i=1}^{m} \sum_{j=1}^{n} u c_{ij} x_{ij}^*$$

$$= \sum_{i=1}^{m} \sum_{j=1}^{n} t_i x_{ij}^* = \sum_{i=1}^{m} t_i.$$

而对任意一组满足约束条件的 x_{ij} 有

$$\sum_{j=1}^{n} \lambda_j z - u \sum_{i=1}^{m} \sum_{j=1}^{n} c_{ij} x_{ij}$$

$$= \sum_{i=1}^{m} \sum_{j=1}^{n} (\lambda_j a_{ij} - u c_{ij}) x_{ij}$$

$$\leqslant \sum_{i=1}^{m} \sum_{j=1}^{n} t_i x_{ij} = \sum_{i=1}^{m} t_i.$$

由 R 及 u 的关系可知有

$$z \leqslant z^*$$

故 z^* 为最优值.

§2. 运输问题及其解法

设有某物资,有产地 m 个,记为 $A_1, A_2, \cdots, A_m$, 产量分别为 $a_1, a_2, \cdots, a_m$; 有销地 n 个, 记为 $B_1, B_2, \cdots, B_n$, 销量分别为 $b_1, b_2, \cdots, b_n$. 记产地 A_i 到销地 B_j 的计价距离为 c_{ij}. 问怎样的运输方案使运输费用最少.

记从产地 A_i 到销地 B_j 的运输量为 x_{ij}, 于是可以形成线性规划问题:

问题 (I) 极小化

$$s = \sum_{i=1}^{m} \sum_{j=1}^{n} c_{ij} x_{ij}, \tag{3.14}$$

满足于约束条件

$$\sum_{i=1}^{m} x_{ij} = b_j \ (j = 1, 2, \cdots, n), \tag{3.15}$$

$$\sum_{j=1}^{n} x_{ij} = a_i \ (i = 1, 2, \cdots, m), \tag{3.16}$$

$$x_{ij} \geqslant 0 \ (i = 1, 2, \cdots, m;\ j = 1, 2, \cdots, n).$$

当 $a_i(i = 1, 2, \cdots, m)$, $b_j(j = 1, 2, \cdots, n)$ 满足条件

$$\sum_{i=1}^{m} a_i = \sum_{j=1}^{n} b_j \tag{3.17}$$

时，特别称为平衡的运输问题. 这里只限于研究平衡的运输问题.

2.1. 位 势 法

下面我们介绍解运输问题的计算方法. 因为运输问题解法很多，这里只介绍解运输问题的位势法. 本来可以从单纯形法出发来介绍位势法，但是为了使用方便，还是从另一角度出发来介绍位势法.

定理 3.3. 对于任给两组数 $u_1, u_2, \cdots, u_m$; $v_1, v_2, \cdots, v_n$ 形成新的问题

问题 (I′) 极小化

$$\tilde{s} = \sum_{i=1}^{m} \sum_{j=1}^{n} c'_{ij} x_{ij}$$

$$= \sum_{i=1}^{m} \sum_{j=1}^{n} (c_{ij} - u_i - v_j) x_{ij},$$

满足于约束条件

$$\sum_{j=1}^{n} x_{ij} = a_i \qquad (i = 1, 2, \cdots, m),$$

$$\sum_{i=1}^{m} x_{ij} = b_j \qquad (j = 1, 2, \cdots, n),$$

$$x_{ij} \geqslant 0 \ (i = 1, 2, \cdots, m;\ j = 1, 2, \cdots, n),$$

$$\sum_{i=1}^{m} a_i = \sum_{j=1}^{n} b_j.$$

则 $\boldsymbol{x}^*$ 是问题 (I) 的最优解，它也一定是问题 (I′) 的最优解；反之亦然.

证　若 $\boldsymbol{x}^* = (x_{1,1}^* \cdots x_{1n}^* x_{2,1}^* \cdots x_{2n}^* \cdots x_{m1}^* \cdots x_{mn}^*)^T$ 是问题(I′)的最优解，则将其代入目标函数有

$$\begin{aligned}\tilde{s}^* &= \sum_{i=1}^{m}\sum_{j=1}^{n} c'_{ij}x_{ij}^* \\ &= \sum_{i=1}^{m}\sum_{j=1}^{n} [c_{ij} - (u_i + v_j)]x_{ij}^* \\ &= \sum_{i=1}^{m}\sum_{j=1}^{n} c_{ij}x_{ij}^* - \sum_{i=1}^{m}\sum_{j=1}^{n} u_i x_{ij}^* \\ &\quad - \sum_{i=1}^{m}\sum_{j=1}^{n} v_j x_{ij}^* \\ &= \sum_{i=1}^{m}\sum_{j=1}^{n} c_{ij}x_{ij}^* - \sum_{i=1}^{m} u_i a_i - \sum_{j=1}^{n} v_j b_j. \end{aligned} \tag{3.18}$$

设 $\boldsymbol{x} = (x_{1,1} \cdots x_{1n} x_{2,1} \cdots x_{2n} \cdots x_{m1} \cdots x_{mn})^T$ 为问题 (I′) 的任意一个容许解，可以类似地推出

$$\tilde{s} = \sum_{i=1}^{m}\sum_{j=1}^{n} c_{ij}x_{ij} - \sum_{i=1}^{m} u_i a_i - \sum_{j=1}^{n} v_j b_j. \tag{3.19}$$

注意，若 $\boldsymbol{x}$ 是问题 (I′) 的容许解，则它也是问题 (I) 的容许解，反之亦然. 由(3.18)及(3.19)得出

$$\tilde{s} - \tilde{s}^* = \sum_{i=1}^{m}\sum_{j=1}^{n} c_{ij}x_{ij} - \sum_{i=1}^{m}\sum_{j=1}^{n} c_{ij}x_{ij}^* = s - s^*.$$

因而对目标函数的比较 (I) 与 (I′) 也是一致的. 所以问题 (I) 与问题 (I′) 的最优解是一致的.

定理 3.4. 若有 $u_1^*, u_2^*, \cdots, u_m^*$; $v_1^*, v_2^*, \cdots, v_n^*$; $x_{1,1}^*, \cdots, x_{1n}^*, x_{2,1}^*, \cdots, x_{2n}^*, \cdots, x_{m1}^*, \cdots, x_{mn}^*$ 满足

$$\sum_{i=1}^{n} x_{ij}^* = a_i \ (i = 1, 2, \cdots, m),$$

$$\sum_{j=1}^{m} x_{ij}^* = b_j \ (j = 1, 2, \cdots, n),$$

$$c_{ij}^* = c_{ij} - (u_i + v_j) \geqslant 0$$
$$(i = 1, 2, \cdots, m;\ j = 1, 2, \cdots, n),$$
$$c_{ij}^* x_{ij}^* = 0 \quad (i = 1, 2, \cdots, m;\ j = 1, 2, \cdots, n),$$
$$x_{ij}^* \geqslant 0 \quad (i = 1, 2, \cdots, m;\ j = 1, 2, \cdots, n).$$

则此 x_{ij}^* 为问题 (I) 的最优解.

定义 3.1. 我们称满足

$$c_{ij}^* = c_{ij} - (u_i + v_j)\ (i = 1, 2, \cdots, m;\ j = 1, 2, \cdots, n),$$
$$c_{ij}^* x_{ij}^* = 0\ (i = 1, 2, \cdots, m;\ j = 1, 2, \cdots, n),$$

的 $u_i, v_j\,(i = 1, 2, \cdots, m;\ j = 1, 2, \cdots, n)$ 为位势.

现在来证明定理 3.4.

证 我们以 c_{ij}^* 为目标函数系数形成问题 (I′), 于是任何满足约束条件的 x_{ij} 均有

$$s = \sum_{i=1}^{m} \sum_{j=1}^{n} c_{ij}^* x_{ij} \geqslant 0$$

而 x_{ij}^* 满足所有约束条件,由 $c_{ij}^* x_{ij}^* = 0\ (i = 1, 2, \cdots, m;\ j = 1, 2, \cdots, n)$, 可知有

$$s^* = \sum_{i=1}^{m} \sum_{j=1}^{n} c_{ij}^* x_{ij}^* = 0.$$

故有

$$s \geqslant s^*.$$

所以 x_{ij}^* 是问题 (I′) 的最优解. 根据定理 3.3, x_{ij}^* 也是问题 (I) 的最优解.

有了一组满足 $c^* \geqslant 0$ 的位势 $u_1^*, u_2^*, \cdots, u_m^*;\ v_1^*, v_2^*, \cdots, v_n^*$ 就解出了运输问题, 因而求解运输问题可化归为求一组具有一定特性的位势的问题.

定义 3.2. 对任何 $x_{ij} \geqslant 0$ 满足约束条件(3.15),(3.16)的解, 我们定义

$$\mathscr{M} = \{(i, j) \mid x_{ij} > 0\}$$

称 $\mathscr{M}$ 为解方案, 而每一对 $(i, j) \in \mathscr{M}$ 我们称为一个方案点.

定义 3.3. 若经过适当排列的一组偶数个点 (i_0, j_0), $(i_1,$

$j_1), \cdots, (i_p, j_p)$ 满足

$$\begin{aligned}&i_0 = i_1, \ j_1 = j_2,\\&i_2 = i_3, \ j_3 = j_4,\\&\cdots\cdots\\&i_{p-1} = i_p, \ j_p = j_0\end{aligned}$$

时,或满足

$$\begin{aligned}&j_0 = j_1, \ i_1 = i_2,\\&j_2 = j_3, \ i_3 = i_4,\\&\cdots\cdots\\&j_{p-1} = j_p, \ i_p = i_0\end{aligned}$$

时，则称 $(i_0, j_0), (i_1, j_1), \cdots, (i_p, j_p)$ 这一组偶数个点为一条闭迴路.

定义 3.4. 若解方案 $\mathscr{M}$ 中不含有闭迴路,我们称为基本解方案.

定义 3.5. 当基本解方案中刚好有 $m+n-1$ 个方案点时，我们称为非退化的基本解方案.

在后面我们将指出,对退化的情形,可以补足 $m+n-1$ 个方案点,使它们仍不含有闭迴路. 所以后面讨论基本解方案时,总假定有 $m+n-1$ 个不含有闭迴路的方案点.

下面介绍一个抹点过程. 设有一组点 $\mathscr{M} = \{(i_1, j_1), (i_2, j_2), \cdots, (i_p, j_p)\}$，当某 i_k 作为点的第一个标号在$\mathscr{M}$中只出现一次时,便把 (i_k, j_k) 从$\mathscr{M}$中抹掉，称为行抹点. 同样，当某 j_h 作为点的第二个标号在$\mathscr{M}$中只出现一次时,便把(i_h, j_h)从$\mathscr{M}$中抹掉,称为列抹点. 对$\mathscr{M}$进行“行抹点”再进行“列抹点”，再进行“行抹点”,……直到相邻的两次“行抹点”、“列抹点”抹不到点时为止,自然再也抹不掉点了,称为一个抹点过程.

明显地,抹点过程有两种结局: 一种是把全组$\mathscr{M}$中的点都抹掉,另一种是余下的点都在闭迴路上.

我们举两例介绍抹点过程.

例 3.2 设有一组点 $\mathscr{M} = \{M_1(1,1), M_2(1,2), M_3(2,2),$

$M_4(2,3)$，$M_5(3,3)$，$M_6(3,4)$，$M_7(3,5)$，$M_8(4,5)\}$. 将这些点在平面上画出是

表 3.4

	$j=1$	2	3	4	5
$i=1$	M_1○	M_2○			
2		M_3○	M_4○		
3			M_5○	M_6○	M_7○
4					M_8○

现在开始抹点. 因为 M_8 的 $i_8=4$，在 $\mathscr{M}$ 的 8 个点中作为第一个标号只出现一次，因而抹掉. 也就是在第四行中只有一个点，才被抹掉. 一次行抹点完成. 再进行列抹点，首先看 M_1，$j_1=1$ 在 $\mathscr{M}$ 没被抹掉的 7 个点中 1 作为第二个标号只出现一次，因而抹掉. 也就是说在没抹掉的 $\mathscr{M}$ 的 7 个点中第一列只有一个点，所以它才被抹掉. 同理抹掉 M_6. 虽然在原来 $\mathscr{M}$ 的 8 个点中 M_7 所在列有两点，但因 M_8 已被抹掉，所以此时第五列也只有 M_7 一个点，也将其抹掉. 此时 $\mathscr{M}$ 中只剩下 M_2，M_3，M_4，M_5 等 4 个点了.

再进行行抹点抹掉 M_2，M_5，再进行列抹点抹掉 M_3，M_4. 抹点过程结束

表 3.5

	$j=1$	2	3	4	5
$i=1$	↓2 ○	$\xrightarrow{3}$○			
2		↓4 ○	↓4 ○		
3			$\xrightarrow{3}$○	↓2 ○	↓2 ○
4					$\xrightarrow{1}$○

其中“$\xrightarrow{i}$○”表示第 i 遍抹点，并且为行抹点时抹掉的点. “$\overset{\downarrow i}{○}$”

表示第 i 遍抹点，并且为列抹点时抹掉的点.

例 3.3　在上列中加上一点 $M_9(3, 1)$，即整个 $\mathscr{M}=\{M_1(1, 1), M_2(1, 2), M_3(2, 2), M_4(2, 3), M_5(3, 3), M_6(3, 4), M_7(3, 5), M_8(4, 5), M_9(3, 1)\}$.

类似于上面的抹点过程，得出下面结果.

表 3.6

	$j=$ 1	2	3	4	5
$i=1$	○	○			
2		○	○		
3	△		○	↓2 ○	↓2 ○
4					1 →○

得出一条闭迴路为

$M_1(1, 1), M_2(1, 2), M_3(2, 2), M_4(2, 3), M_5(3, 3), M_6(3, 1)$.

对应非退化的基本解方案

$$(i_1, j_1), (i_2, j_2), \cdots, (i_{m+n-1}, j_{m+n-1}),$$

列出如下方程

$$\begin{aligned} u_{i_1}+v_{j_1}&=c_{i_1j_1}, \\ u_{i_2}+v_{j_2}&=c_{i_2j_2}, \\ &\cdots\cdots \\ u_{i_{n+m-1}}+v_{j_{n+m-1}}&=c_{i_{n+m-1}j_{n+m-1}}. \end{aligned} \tag{3.20}$$

其中 u_i, v_j 为未知数. 因为问题有 m 个发点，故 $i_1, i_2, \cdots, i_{n+m-1}$ 只能取 m 个值，也就是说未知数 u_i 一共有 m 个；同理，未知数 v_j 一共有 n 个. 也就是说未知数 u_i, v_j 一共有 $m+n$ 个. 而(3.20)中方程一共有 $m+n-1$ 个. 如果(3.20)的 $m+n$ 个行向量是线性无关的，那么它的自由度仅为 1，所以只要给定一个 u_i，或一

个 v_j 值,则(3.20)式的解就唯一. 下面就来证明,当 u_i, 或 v_j 中给定一个时, 这 $m+n-1$ 个方程 $m+n-1$ 个未知数的解唯一.

定理 3.5. 在方程(3.20)中, 给定一个 u_i, 或者给定一个 v_j, 于是剩下的 $m+n-1$ 个未知量由这 $m+n-1$ 个方程唯一确定.

证 我们只须证明 u_i, v_j 的系数行向量是线性无关的, 因而系数矩阵的秩为 $m+n-1$. 假若这些行向量是线性相关的, 记行向量

$$\boldsymbol{e}^{ij}=(0\cdots 0\ 1\ 0\cdots 0\ 0\cdots 0\ 1\ 0\cdots 0)^T.$$

其中第一个 1 出现在第 i 个分量上,第二个 1 出现在第 $m+j$ 个分量上. 于是有不全为 0 的 $\alpha_1, \alpha_2, \cdots, \alpha_{m+n-1}$ 满足

$$\alpha_1\boldsymbol{e}^{i_1j_1}+\alpha_2\boldsymbol{e}^{i_2j_2}+\cdots+\alpha_{m+n-1}\boldsymbol{e}^{i_{m+n-1}j_{m+n-1}}=0. \tag{3.21}$$

因为 $(i_1, j_1), (i_2, j_2), \cdots, (i_{m+n-1}, j_{m+n-1})$ 中不含有闭迴路, 所以我们可以用抹点过程将这 $m+n-1$ 个点全部抹光. 如当抹掉 M_k 点时, 设 (i_k, j_k) 的 i_k 在点组$\mathscr{M}$中作为第一个标号只有一个,于是(3.21)中第 i_k 个方程为

$$0\alpha_1+0\alpha_2+\cdots+0\alpha_{k-1}+\alpha_k+0\alpha_{k+1}+\cdots\\+0\alpha_{m+n-1}=0,$$

即

$$\alpha_k=0.$$

如因 (i_l, j_l) 的 j_l 在点组$\mathscr{M}$中作为第二个标号只有一个被抹掉时,于是(3.21)中第 $m+j_l$ 个方程为

$$0\alpha_1+0\alpha_2+\cdots+0\alpha_{l-1}+\alpha_l+0\alpha_{l+1}+\cdots\\+0\alpha_{m+n-1}=0,$$

即

$$\alpha_l=0.$$

用抹点过程,每抹掉一个点得出一个系数 $\alpha_r=0$. 因为这 $m+n-1$ 个点不含有闭迴路,所以它们被抹点过程所抹光,因而 $\alpha_r=0$ $(r=1, 2, \cdots, m+n-1)$ 结论得证.

于是对于任何一个基本解方案，在给定，例如 $u_1 = 1$ 时，便可唯一地确定地解出 $u_2, \cdots, u_m$；$v_1, v_2, \cdots, v_n$. 而任意一个基本容许解对应确定的目标函数 s，所以在给定 $u_1 = 1$ 的情况下也可以认为 $\boldsymbol{u}, \boldsymbol{v}$ 唯一地对应了一个 s.

当给定一组基本容许解 x_{ij} 时，我们便可以用上述方式求出 u_i, v_j. 此时他们自然满足

$$\sum_{i=1}^{m} x_{ij} = b_j \qquad (j = 1, 2, \cdots, n),$$

$$\sum_{j=1}^{n} x_{ij} = a_i \qquad (i = 1, 2, \cdots, m),$$

$$c'_{ij}x'_{ij} = 0 \ (i = 1, 2, \cdots, m;\ j = 1, 2, \cdots, n).$$

$$x_{ij} \geqslant 0 \ (i = 1, 2, \cdots, m;\ j = 1, 2, \cdots, n).$$

若也有 $c'_{ij} \geqslant 0 \ (i = 1, 2, \cdots, m;\ j = 1, 2, \cdots, n)$,

则求出了最优解.

当然应该讨论不满足 $c'_{ij} \geqslant 0 \ (i = 1, 2, \cdots, m;\ j = 1, 2, \cdots, n)$ 的情况.

设有 $c'_{i_0j_0} < 0$，将 (i_0, j_0) 加入基本解方案中，于是一共有 $m + n$ 个点.

定理 3.6. 当在 m 行 n 列上有 $m + n$ 个点时，这 $m + n$ 个点中一定有闭迴路存在.

证 在上面抹点过程中，把进行"行抹点"时每抹掉一个点看作把点的所在行也抹掉；进行"列抹点"时每抹掉一个点看做是把点的所在列也抹掉. 于是利用抹点过程，每抹掉一点也就同时抹掉了一行，或者抹掉了一列. 如果没有闭迴路存在于这 $m + n$ 个点中，当抹掉 $m + n - 2$ 个点时，就一定只剩下一行一列. 这一行一列相交处只能有一个点，而点只抹掉 $m + n - 2$ 个，故还剩两个点，引出矛盾. 所以这 $m + n$ 个点中一定有闭迴路存在.

还可以断言，若 $m + n - 1$ 个点中不包含闭迴路时，加上一个点，这 $m + n$ 个点一定只含有一个闭迴路. 其证明很简单，我们不予详述.

利用抹点过程，将这 $m+n$ 个点中闭迴路以外的点去掉. 此时新加点 (i_0, j_0) 一定在闭迴路中. 记 (i_0, j_0) 为第一点. 在闭迴路中找第一个标号刚好与 i_0 一致的点，记 i 为 (i_1, j_1). 顺序下去，在闭迴路中找第二个标号与 j_1 一致的点，记之为 (i_2, j_2). 如此做下去，一般找到 (i_{2k-1}, j_{2k-1}) 时，下一个点是找另一个第二个标号与 j_{2k-1} 一致的点，记为 (i_{2k}, j_{2k}). 当找到 (i_{2h}, j_{2h}) 时，下一个点是找另一个第一个标号与 i_{2h} 一致的点，记为 (i_{2h+1}, j_{2h+1}). 一直到闭迴路上最末一个点 (i_p, j_p)，有 $j_p = j_0$，得出整个闭迴路. 把闭迴路上的方案点称为**拐点**，它们是：

$$(i_0, j_0) \qquad (i_1, j_1) \qquad i_0 = i_1$$

$$j_1 = j_2,$$

$$(i_2, j_2) \qquad (i_3, j_3) \qquad i_2 = i_3$$

$$j_3 = j_4$$

$$(i_4, j_4) \qquad (i_5, j_5) \qquad i_4 = i_5$$

$$\cdots\cdots$$

$$(i_{p-1}, j_{p-1}) \qquad (i_p, j_p) \qquad i_{p-1} = i_p$$

$$j_p = j_0$$

定义 3.6. 在上表中左面一列称为**偶数拐点**；右面一列称为**奇数拐点**.

前例中有

表 3.7

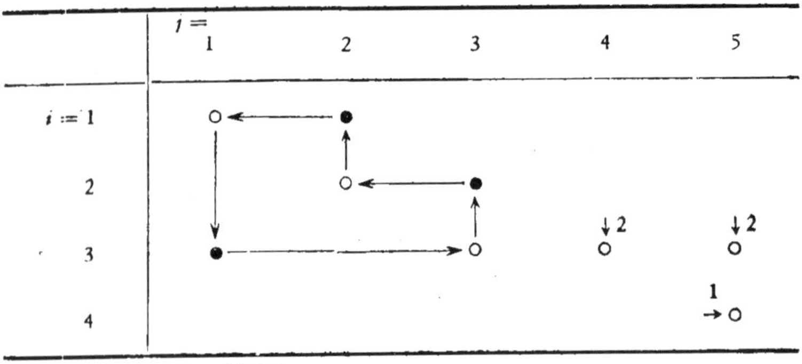

	$j=$ 1	2	3	4	5
$i=1$	○ ←	●			
2	↓	↑ ○ ←	●		
3	● →		↑ ○	↓2 ○	↓2 ○
4					1 → ○

●：偶拐点，○：奇拐点.

求

$$\theta = \min_{k=1,3,\cdots,p} \{x_{i_k j_k}\} = x_{\hat{i}\hat{j}}.$$

实行变换

$$x'_{i_k j_k} \Leftarrow x_{i_k j_k} + \theta \quad (k = 0, 2, \cdots, p-1),$$
$$x'_{i_k j_k} \Leftarrow x_{i_k j_k} - \theta \quad (k = 1, 3, \cdots, p).$$

把 $(\hat{i}, \hat{j})$ 从基本解方案中去掉,得出新的基本解方案,仍为 $m+n-1$ 个点.

定理 3.7. 记变换前的目标函数值为 s, 变换后的目标函数值为 s', 则实行上述变换后应有

$$s' = s + c'_{i_0 j_0}\theta.$$

证

$$\begin{aligned} s' - s &= \sum_{i=1}^{m}\sum_{j=1}^{n} c_{ij}x'_{ij} - \sum_{i=1}^{m}\sum_{j=1}^{n} c_{ij}x_{ij} \\ &= \sum_{k=0,2,\cdots,p-1} c_{i_k j_k}\theta - \sum_{k=1,\cdots,p} c_{i_k j_k}\theta \\ &= \theta\left(\sum_{k=0,2,\cdots,p-1} c_{i_k j_k} - \sum_{k=1,\cdots,p} c_{i_k j_k}\right) \\ &= \theta\left[c_{i_0 j_0} + \sum_{k=2,\cdots,p-1} (u_{i_k} + v_{j_k}) \right. \\ &\quad \left. - \sum_{k=1,\cdots,p} (u_{i_k} + v_{j_k})\right], \end{aligned}$$

此处注意 $i_0 = i_1, i_2 = i_3, \cdots, i_{p-1} = i_p$, 及 $j_1 = j_2, j_3 = j_4, \cdots j_p = j_0$ 于是上式为

$$\begin{aligned} s' - s &= \theta[c_{i_0 j_0} - (u_{i_0} + v_{j_p})] = \theta[c_{i_0 j_0} - (u_{i_0} + v_{j_0})] \\ &= c'_{i_0 j_0}\theta. \end{aligned}$$

性质证完.

引用这一性质,当 $c'_{i_0 j_0} < 0$ 时,只要 $\theta > 0$ 时就一定有 $s' < s$. 因为对一给定的通常的运输问题其最优值是确定的,所以一定可以经若干次迭代求出最优解 x^*_{ij}. 对应于这个基本解方案,可求出在 $u^*_1 = 1$ 意义下唯一确定的 $u^*_1, \cdots, u^*_m, v^*_1, v^*_2, \cdots, v^*_n$ 使

x_{ij}^* 与这组 $u_i^*, v_j^*(i=1,2,\cdots,m;\ j=1,2,\cdots,n)$ 满足定理 3.4 中的条件.

位势法计算步骤归纳如下.

假定已经有了一个基本容许解 x_{ij},我们将在后面介绍初始基本容许解的求法. 计算过程由下述 5 步组成

1° 给定 $u_1=1$, 利用

$$v_j = c_{ij} - u_i \tag{3.22}$$

对方案点上的 c_{ij} 及已知的 u_i 求出 v_j. 再利用

$$u_i = c_{ij} - v_j \tag{3.23}$$

对方案点上的 c_{ij} 及已知 v_j 求出 u_i. 反复用公式(3.22),(3.23),据方案点不含有闭迴路,及抹点过程,可知能全部求出 $u_1, u_2, \cdots, u_m;\ v_1, v_2, \cdots, v_n$. 而且在 $u_1=1$ 的情况下它们是唯一确定的.

2° 求判别数

$$c'_{ij} = c_{ij} - (u_i + v_j)\ (i=1,2,\cdots,m;\ j=1,2,\cdots,n).$$

3° 求

$$c'_{i_0j_0} = \min_{\substack{1\leqslant i\leqslant m\\1\leqslant j\leqslant n}} \{c'_{ij}\}.$$

若

$$c'_{i_0j_0} \geqslant 0,$$

则求出了最优解. 停止运算. 若

$$c'_{i_0j_0} < 0,$$

转入 4°.

4° 将 (i_0, j_0) 引入方案, 利用抹点过程抹去闭迴路以外的点,并找出闭迴路上的拐点为

$$\begin{array}{cc}(i_0, j_0) & (i_1, j_1)\\(i_2, j_2) & (i_3, j_3)\\ \multicolumn{2}{c}{\cdots\cdots}\\(i_{p-1}, j_{p-1}) & (i_p, j_p).\end{array}$$

求出

$$\theta = \min_{k=1,3,\cdots,p} \{x_{i_k j_k}\} = x_{\hat{i}\hat{j}}.$$

5° 求出新的基本容许解值，

$$x'_{i_k j_k} \Leftarrow x_{i_k j_k} + \theta \qquad (k = 0, 2, \cdots, p-1),$$
$$x'_{i_k j_k} \Leftarrow x_{i_k j_k} - \theta \qquad (k = 1, 3, \cdots, p).$$

因为 $x'_{\hat{i}\hat{j}} = x_{\hat{i}\hat{j}} - \theta = 0$，故将 $(\hat{i}, \hat{j})$ 从基本方案中去掉，得一新的基本解方案．再转到 1°.

2.2. 初始方案的给出

下面介绍几个初始基本容许运输方案的求取方法．因为初始解的好坏对运算量的影响很大，所以我们多介绍几种方法．当然大家自己完全可以构造出另外一些用起来方便的初始解产生方法．

1） 西北角方法

这个方法大家已经不生疏了，因为在介绍初等矩阵方法时曾用过它．这个方法很简单，但因只考虑 a_i, b_j，而没有考虑 c_{ij}，所以得出的方案不一定很好，但若重排 c_{ij} 表，也就是调一调收、发点各自的排列顺序，这个方法也可以得到一个较好的初始运输方案．

首先比较 a_1, b_1，有两种可能性，只考虑两种可能性是为了处理退化情形．

$a_1 \geqslant b_1$．此时取 $x_{1,1} = b_1$．改变问题为 $a'_1 \Leftarrow a_1 - x_{1,1}$，$a'_i \Leftarrow a_i$ $(i = 2, \cdots, m)$． $b'_1 \Leftarrow b_1 - x_{1,1} = 0$，将第一列，即 $j = 1$ 去掉．$b'_j \Leftarrow b_j$ $(j = 2, \cdots, n)$．于是问题化成只有 m 行，$n-1$ 列的问题了．

$a_1 < b_1$．取 $x_{1,1} = a_1$．改变问题为 $a'_1 \Leftarrow a_1 - x_{1,1} = 0$，将第一行去掉．$a'_i = a_i$ $(i = 2, \cdots, m)$．$b'_1 \Leftarrow b_1 - x_{1,1}$，$b'_j \Leftarrow b_j$ $(j = 2, \cdots, n)$．于是问题化成只有 $m-1$ 行 n 列的问题了．

当第一种情形有 $a_1 = b_1$ 时，即退化情形，把它并入 $a_1 > b_1$ 的情形就防止了退化时方案点少于 $m+n-1$ 的情形，下面一定会在第一行上补上一个 $x_{1,j} = 0$ 的方案点，即保证最后得出

$m+n-1$ 个方案点.

依次继续做下去,每次去掉一行或一列，到最后一点，同时去掉一行和一列,所以一共可以得出 $m+n-1$ 个方案点，定出初始方案.

例 3.4　求解下述运输问题.

$$a_1=1,\quad a_2=9,\quad a_3=4;$$

$$b_1=3,\quad b_2=2,\quad b_3=4,\quad b_4=5.$$

因为西北角方法与 c_{ij} 无关,所以不必给出 c_{ij} 表.

为了明显起见,我们在一个表中列出全部计算过程,“( )”标出计算过程.

表 3.8

	B_1	B_2	B_3	B_4	a_i
A_1	1(1)				1, 0
A_2	2(2)	2(3)	4(4)	1(5)	9, 7, 5, 1, 0
A_3				4(6)	4, 0
b_j	3, 2, 0	2, 0	4, 0	5, 4, 0	

(1) $b_1>a_1$, 定 $x_{1,1}=1$, $a_1\Leftarrow 0$, $b_1\Leftarrow 3-1=2$;

(2) $a_2>b_1$, 定 $x_{2,1}=2$, $b_1\Leftarrow 0$, $a_2\Leftarrow 9-2=7$;

(3) $a_2>b_2$, 定 $x_{2,2}=2$, $b_2\Leftarrow 0$, $a_2\Leftarrow 7-2=5$;

(4) $a_2>b_3$, 定 $x_{2,3}=4$, $b_3\Leftarrow 0$, $a_2\Leftarrow 5-4=1$;

(5) $b_4>a_2$, 定 $x_{2,4}=1$, $a_2\Leftarrow 0$, $b_4\Leftarrow 5-1=4$;

(6) $b_4=a_3$, 定 $x_{3,4}=4$, $a_3\Leftarrow 0$, $b_4\Leftarrow 0$.

2)　全局最小元素法

在西北角方法中不考虑 c_{ij} 的大小,而总是考虑表的西北角处 x_{ij} 的取值. 现在介绍全局最小元素法. 这个方法不是考虑最西北角处 x_{ij} 的取值,而是考虑 x_{hk} 的取值，(h,k) 如下确定

$$c_{hk}=\min_{\substack{1\leqslant i\leqslant m\\1\leqslant j\leqslant n}}\{c_{ij}\}.$$

由 a_h, b_k 的值来确定 x_{hk} 的取值. 与西北角方法一样，定出一个

x_{ij} 后将抹掉一行或一列. 也分两种情形:

$a_h \geqslant b_k$, 取 $x_{hk} = b_k$, $a_h' \Leftarrow a_h - b_k$, $b_k' \Leftarrow 0$. 将第 k 列抹掉,后面求 c_{ij} 最小值时也不考虑 $c_{ik}\,(i = 1,2,\cdots,m)$了.

$a_h < b_k$, 取 $x_{hk} = a_h$, $a_h' \Leftarrow 0$, $b_k' \Leftarrow b_k - x_{hk}$. 将第 h 行抹掉,后面求 c_{ij} 最小值时也不考虑 $c_{hj}\,(j = 1,2,\cdots,m)$了.

在去掉一行或去掉一列的 c_{ij} 中再找全局最小元素. 自然,去掉的行或列在后面就不考虑了,直到求出初始解为止.

例 3.5

表 3.9

	B_1	B_2	B_3	B_4	a_i
A_1	8	7	⟨3⟩ [1] (3)	2	1, 0
A_2	4	⟨7⟩ [1] (6)	⟨5⟩ [3] (5)	⟨1⟩ [5] (1)	9, 4, 1, 0
A_3	⟨2⟩ [3] (2)	⟨4⟩ [1] (4)	9	6	4, 1, 0
b_j	3, 0	2, 1, 0	4, 3, 0	5, 0	

表中 (k) 表示计算顺序, $\langle c_{ij}\rangle$ 表示方案点的 c_{ij}, $\boxed{x}$ 表示基本容许解的变量值.

下面对计算过程加以说明.

(1) 全局最小元素为 $c_{2,4} = 1$,加上"⟨ ⟩",求出 $x_{2,5} = 5$,加上"□". $b_4' \Leftarrow 0$, $a_2' \Leftarrow 9 - 5 = 4$. 将第四列去掉.

(2) 全局最小元素为 $c_{3,1} = 2$, 求出 $x_{3,1} = 3$, $b_1' \Leftarrow 0$, $a_3' \Leftarrow 4 - 3 = 1$. 将第一列去掉.

(3) 全局最小元素为 $c_{1,3} = 3$, 求出 $x_{1,3} = 1$, $a_1' \Leftarrow 0$, $b_3' \Leftarrow 4 - 1 = 3$. 将第一行去掉.

(4) 全局最小元素为 $c_{3,2} = 4$, 求出 $x_{3,2} = 1$, $b_2' \Leftarrow 2 - 1 = 1$, $a_3' \Leftarrow 0$. 将第三行去掉.

(5) 全局最小元素为 $c_{2,3}=5$，求出 $x_{2,3}=3$，$b_3'\Leftarrow 0$，$a_2'\Leftarrow 4-3=1$. 将第三列去掉.

(6) 最后只剩下一点 $c_{2,2}$，定出 $x_{2,2}=1$，$a_2'\Leftarrow 0$，$b_2'\Leftarrow 0$. 将第二列，第二行去掉.

3) 用最小 c_{ij} 与次小 c_{ij} 差最大定行的最小元素法

代替求全局最小元素 c_{ij} 求每行中最小的 c_{ij} 与次小的 c_{ij} 之差，于是每行有一差值，找出其中最大者定出一行，在这一行中找出最小元素 c_{ij}. 定出 c_{ij} 后，作法与全局最小元素法相一致. 去掉一行或一列后，再按行最小次小差最大定行，按行最小 c_{ij} 确定列求下去.

2.3. 位势法计算实例

在这一小节中介绍如何用位势法求解运输问题.

例 3.6 求解下述运输问题

表 3.10-1

c_{ij}	B_1	B_2	B_3	B_4	a_i
A_1	8	7	3	2	1
A_2	4	7	5	1	9
A_3	2	4	9	6	4
b_j	3	2	4	5	14

由上面全局最小元素法给出的初始方案为

表 3.10-2

	B_1	B_2	B_3	B_4	a_i
A_1			1		1
A_2		1	3	5	9
A_3	3	1			4
b_j	3	2	4	5	

下面里程表上加"〈 〉"标出方案点,并求出位势

表 3.10-3

	B_1	B_2	B_3	B_4	u_i
A_1	8	7	〈3〉	2	1
A_2	4	〈7〉	〈5〉	〈1〉	3
A_3	〈2〉	〈4〉	9	6	0
v_j	2	4	2	−2	

u_i, v_j 的求法是.

给出

$$u_1 = 1,$$

于是

$$u_1 + v_3 = c_{1,3} \Rightarrow v_3 = c_{1,3} - u_1 = 3 - 1 = 2.$$

有了 v_3, 便有

$$u_2 + v_3 = c_{2,3} \Rightarrow u_2 = c_{2,3} - v_3 = 5 - 2 = 3.$$

$$u_2 + v_2 = c_{2,2} \Rightarrow v_2 = c_{2,2} - u_2 = 7 - 3 = 4,$$

$$u_2 + v_4 = c_{2,4} \Rightarrow v_4 = c_{2,4} - u_2 = 1 - 3 = -2.$$

$$v_2 + u_3 = c_{3,2} \Rightarrow u_3 = c_{3,2} - v_2 = 4 - 4 = 0.$$

最后

$$v_1 + u_3 = c_{3,1} \Rightarrow v_1 = c_{3,1} - u_3 = 2 - 0 = 2.$$

求判别数. 即利用

$$c'_{ij} = c_{ij} - (u_i + v_j),$$

求出 c'_{ij} 称为判别数

表 3.10-4

	B_1	B_2	B_3	B_4	u_i
A_1	$8-(1+3)=4$	$7-(1+4)=2$	0	$2-(1-2)=3$	1
A_2	$\langle 4-(2+3)=-1\rangle$	0	0	0	3
A_3	0	0	$9-(2+0)=7$	$6-(-2+0)=8$	0
v_j	2	4	2	−2	

其中 $c'_{2,1} = -1 < 0$，故将(2,1)作为方案点．把它放入方案点集合中，并求闭迴路，为：

表 3.10-5

	B_1	B_2	B_3	B_4
A_1			1	
A_2	△	1	3	5
A_3	3	1		

求出奇数拐点中运量最小者，即

$$\theta = \min\{1, 3\} = 1, \ (\hat{i}, \hat{j}) = (2, 2).$$

进行调整

$$x_{2,1} \Leftarrow 0 + 1 = 1,$$
$$x_{3,2} \Leftarrow 1 + 1 = 2,$$
$$x_{2,2} \Leftarrow 1 - 1 = 0,$$
$$x_{3,1} \Leftarrow 3 - 1 = 2.$$

把点 $(\hat{i}, \hat{j}) = (2, 2)$ 从方案点集合中去掉．得出：

表 3.10-6

	B_1	B_2	B_3	B_4
A_1			1	
A_2	1		3	5
A_3	2	2		

$$s = 1 \times 3 + 1 \times 4 + 3 \times 5 + 5 \times 1 + 2 \times 2 + 2 \times 4 = 39.$$

下面对新的解方案求出位势：

表 3.10-7

	B_1	B_2	B_3	B_4	u_i
A_1	8	7	[3]	2	1
A_2	[4]	7	[5]	[1]	3
A_3	[2]	[4]	9	6	1
v_j	1	3	2	-2	

求出判别数并填入下表

表 3.10-8

	B_1	B_2	B_3	B_4	u_i
A_1	6	3	0	3	1
A_2	0	1	0	0	3
A_3	0	0	6	7	1
v_j	1	3	2	-2	

因为

$$c'_{ij} \geqslant 0 \quad (i = 1, 2, 3;\ j = 1, 2, 3, 4)$$

所以此时求出的解是最优解.

2.4. 关于运输问题解法的进一步讨论

求解运输问题的计算方法，除了我们这里所介绍的位势法之外，还有如图上作业法、原来-对偶单纯形法、解加数法等等. 但是，在计算机上实现，我们认为位势法较为方便. 近年来，由于所考虑的运输问题规模很大，在位势法的实现上也有一些工作，如分块算法，我们总觉得还不够方便，下面介绍一种计算方案.

另外，考虑到同一种物资在不同运输周期，往往收发点不变，而且收发量的变化也往往有一定的规律性. 所以人们在不利用电子计算机制订运输方案的时候，从前一周期的方案出发订出下一周期的运输方案总会得到一些方便. 我们利用这种考虑由前一周期的最优运输方案出发给出下一周期的初始运输方案. 事实上这种初始方案也确实可以收到较好的效果.

对所讨论的运输问题,不妨设

$$n > m.$$

由于基本解方案点共有 $m+n-1$ 个,所以平均每列有方案点

$$\frac{m+n-1}{n} = 1 + \frac{m-1}{n} < 2.$$

因此有理由说,有一个或两个方案点的列应该是占多数. 现在分析作为列上一个或两个方案点进入基本解方案时其 c_{ij} 应满足什么条件. 对最优解 x_{ij}^* 应有

$$s^* = \sum_{i=1}^{m} \sum_{j=1}^{n} c_{ij} x_{ij}^*.$$

任取一 j_0 列应有

$$\sum_{i=1}^{m} c_{ij_0} x_{ij_0}^* = s^* - \sum_{j \neq j_0} \sum_{i=1}^{m} c_{ij} x_{ij}^*.$$

设 $\bar{s}$ 为 s^* 的上界估值, $\underline{s}_{j_0}$ 为 $\sum_{j \neq j_0} \sum_{i=1}^{m} c_{ij} x_{ij}^*$ 的下界估值,有

$$\sum_{i=1}^{m} c_{ij_0} x_{ij_0}^* \leqslant \bar{s} - \underline{s}_{j_0}.$$

于是当 j_0 列只有一个方案点时,对应此方案点的 c_{ij_0} 应满足

$$c_{ij_0} \leqslant \frac{\bar{s} - \underline{s}_{j_0}}{b_{j_0}}.$$

当 j_0 列有两个方案点时,如记为 (i_1, j_0), (i_2, j_0), 那么,应有

$$c_{i_1 j_0} x_{i_1 j_0}^* + c_{i_2 j_0} x_{i_2 j_0}^* \leqslant \bar{s} - \underline{s}_{j_0},$$

即

$$c_{i_1 j_0} \frac{x_{i_1 j_0}^*}{b_{j_0}} + c_{i_2 j_0} \frac{x_{i_2 j_0}^*}{b_{j_0}} \leqslant \frac{\bar{s} - \underline{s}_{j_0}}{b_{j_0}}.$$

我们取

$$b'_{j_0} = \min\{x^*_{i_1j_0}, x^*_{i_2j_0}\},$$

$$\underline{c}_{j_0} = \min_{1\leqslant i\leqslant m}\{c_{ij_0}\},$$

便有

$$c_{i_2j_0} \leqslant \frac{\bar{s} - \underline{s}_{j_0}}{b'_{j_0}} - \underline{c}_{j_0}.$$

如果，类似地定义 $\underline{s}$ 及 $\bar{s}_{j_0}$，又可以对 c_{ij_0} 给出另外两个下界估计.

这些式子中要求对 $\underline{s}$，$\bar{s}$，$\underline{s}_{j_0}$，$\bar{s}_{j_0}$ 进行估计，这是可以在计算中设法给出的. 但是，这样做程序较为复杂，而且计算量也大，所以我们希望找一种易于实现的方案. 如将每列中 c_{ij} 按值的大小排列得相对集中一些. 例如对第 j 列，考虑 $\underline{i}_j$ 到 $\bar{i}_j$ 两足标中对应的一段 c_{ij}，或两段 c_{ij}，对这些 c_{ij}，求出最优方案. 当求出最优方案后再检查看对所有 c_{ij} 是否都满足最优性判别条件，若满足，则求出了整个问题的最优解；若不满足，则把不满足最优性判别条件的 c_{ij} 对应的点引入基本解方案，再对部份 c_{ij} 进行调整，直到最优.

实际上，这样做思想很简单，程序实现也与原来位势法的程序差不多. 在数据整理上，只要设法使每列的 c_{ij} 尽量按大小集中就可以了. 但是这种并不复杂的安排既可节省存储，又可大大减少运算量.

考虑某种物资的运输问题，由于在不同周期往往收发点相同，这就为求运输方案的初始基本容许解提供了方便. 下面介绍如何从上一运输周期求出的最优基本解方案，给出下一运输周期的初始方案.

设所考虑的两个阶段的运输问题：

问题 (I)：极小化

$$s = \sum_{i=1}^{m}\sum_{j=1}^{n} c_{ij}x_{ij},$$

满足于约束条件

$$\sum_{i=1}^{m} x_{ij} = b_j^{(1)} \qquad (j = 1, 2, \cdots, n),$$

$$\sum_{j=1}^{n} x_{ij} = a_i^{(1)} \qquad (i = 1, 2, \cdots, m),$$

$$x_{ij} \geqslant 0 \quad (i = 1, 2, \cdots, m;\ j = 1, 2, \cdots, n),$$

$$\sum_{i=1}^{m} a_i = \sum_{j=1}^{n} b_j.$$

问题 (II)：极小化

$$s = \sum_{i=1}^{m} \sum_{j=1}^{n} c_{ij} x_{ij},$$

满足于约束条件

$$\sum_{i=1}^{m} x_{ij} = b_j^{(2)} \qquad (j = 1, 2, \cdots, n),$$

$$\sum_{j=1}^{n} x_{ij} = a_i^{(2)} \qquad (i = 1, 2, \cdots, m),$$

$$x_{ij} \geqslant 0 \ (i = 1, 2, \cdots, m;\ j = 1, 2, \cdots, n),$$

$$\sum_{i=1}^{m} a_i^{(2)} = \sum_{j=1}^{n} b_j^{(2)}.$$

设对问题 (I) 求出了最优解 $x_{ij}^{(1)}$，记其方案点为：

$$(i_1, j_1), (i_2, j_2), \cdots, (i_{m+n-1}, j_{m+n-1}).$$

因为这 $m+n-1$ 个点不含有闭迴路，所以我们可以用抹点过程把它们全部抹光. 每抹掉一点时，把这一点作为最小元素法求初始解时定出的最小元，像最小元素法一样求出 x_{ij}，划掉行或划掉列将问题变小. 于是把方案点抹光后便求出了一个部份初始方案.

然后对余下的收发量所对应的行、列，列出 c_{ij} 表. 再按全局最小元素法补上一点，此时与原来 $m+n-1$ 个点一起共有 $m+n$ 个点，再用位势法的手段调整使仍留 $m+n-1$ 个方案点. 如此继续下去，求出初始方案.

对此容易证明，在一些情况下对问题 (II) 如此求出的初始解为最优解．对此，这里不作详细讨论了．

§3. 分配问题

这一节研究另一种实践中常常碰到的特殊类型线性规划问题——分配问题．首先介绍数学模型，然后介绍计算方法．

3.1. 分配问题的描述与性质

假定有 n 个人，n 种工作．不同的人作不同的工作支出不一样．设第 i 个人做第 j 种工作支出为 c_{ij}，问怎样分配这些人的工作使总支出最少？

令 x_{ij} 表示第 i 个人做第 j 种工作的代表符号，具体定义

$$x_{ij}=\begin{cases}1, & \text{表示第 } i \text{ 个人做第 } j \text{ 种工作,}\\ 0, & \text{表示第 } i \text{ 个人不做第 } j \text{ 种工作.}\end{cases}$$

于是问题可描述成：

极小化

$$s=\sum_{i=1}^{m}\sum_{j=1}^{n}c_{ij}x_{ij}, \tag{3.24}$$

满足于约束条件

$$\begin{aligned}&\sum_{i=1}^{n}x_{ij}=1 \qquad (j=1,2,\cdots,n),\\ &\sum_{j=1}^{n}x_{ij}=1 \qquad (i=1,2,\cdots,n),\end{aligned} \tag{3.25}$$

还应有一个要求，即 x_{ij} 只能取 0 或取 1，而不能取别的值．因而这是一类特殊的线性规划问题．

与本章 § 2 比较，如果在运输问题中取 $m=n$，$a_i=b_j=1$ $(i=1,2,\cdots,n;\ j=1,2,\cdots,n)$，此时形式上得到了与我们本节所讨论的数学一致的问题，只是在分配问题中要求 x_{ij} 只能取 0，1 值罢了．事实上，我们用解运输问题的方法可以来解分配问题．但这和用解一般线性规划问题的方法来解运输问题一样，未

免在计算上浪费很大，所以和建立解运输问题的特殊算法一样，我们也要构造分配问题的特殊算法.

在讨论算法之前，我们先作一些理论上的讨论.

设问题 (I):

极小化

$$s=\sum_{i=1}^{n}\sum_{j=1}^{n}c_{ij}x_{ij}, \tag{3.26}$$

满足于约束条件

$$\begin{aligned}&\sum_{i=1}^{n}x_{ij}=1 \qquad (j=1,2,\cdots,n),\\&\sum_{j=1}^{n}x_{ij}=1 \qquad (i=1,2,\cdots,n),\end{aligned} \tag{3.27}$$

$$x_{ij}\text{ 取 0 或 1.}$$

对任意一组 $u_i\quad(i=1,2,\cdots,n)$; $v_j\quad(j=1,2,\cdots,n)$ 形成问题 (II): 极小化

$$w=\sum_{i=1}^{n}\sum_{j=1}^{n}c'_{ij}x_{ij}$$

满足于约束条件

$$\sum_{i=1}^{n}x_{ij}=1 \qquad (j=1,2,\cdots,n),$$

$$\sum_{j=1}^{n}x_{ij}=1 \qquad (i=1,2,\cdots,n).$$

$$x_{ij}\text{ 取 0 或 1.}$$

其中问题 (II) 与问题 (I) 的 c'_{ij} 与 c_{ij} 之间满足关系式

$$c'_{ij}=c_{ij}-(u_i+v_j)\quad(i=1,2,\cdots,n;\ j=1,2,\cdots,n). \tag{3.28}$$

定理 3.8. 若 x^*_{ij} 为问题 (I) 的最优解，则 x^*_{ij} 也是问题 (II) 的最优解；反之亦然.

证　设 $x^*_{ij}(i=1,2,\cdots,n;\ j=1,2,\cdots,n)$ 为问题 (I) 的最优解，对问题 (II) 的任意容许解 x_{ij}，记

$$s^* = \sum_{i=1}^{n} \sum_{j=1}^{n} c_{ij} x_{ij}^*,$$

$$s = \sum_{i=1}^{n} \sum_{j=1}^{n} c_{ij} x_{ij};$$

$$w^* = \sum_{i=1}^{n} \sum_{j=1}^{n} c'_{ij} x_{ij}^*,$$

$$w = \sum_{i=1}^{n} \sum_{j=1}^{n} c'_{ij} x_{ij}.$$

于是有

$$\begin{aligned} w^* &= \sum_{i=1}^{n} \sum_{j=1}^{n} c'_{ij} x_{ij}^* \\ &= \sum_{i=1}^{n} \sum_{j=1}^{n} [c_{ij} - (u_i + v_j)] x_{ij}^* \\ &= s^* - \sum_{i=1}^{n} u_i - \sum_{j=1}^{n} v_j. \end{aligned}$$

类似地有

$$w = s - \sum_{i=1}^{n} u_i - \sum_{j=1}^{n} v_j.$$

得出

$$w - w^* = s - s^*.$$

由于 x_{ij}^* 是问题 (I) 的最优解，所以对任意满足条件的 x_{ij} 均有 $s - s^* \geq 0$，于是 $w - w^* \geq 0$，也就是说 x_{ij}^* 也是问题 (II) 的最优解. 性质的另一部分同理可证.

定理 3.9. 若所有 $c'_{ij} \geq 0$，而 x_{ij}^* 又满足问题 (I) 的约束条件，且有

$$c'_{ij} x_{ij}^* = 0 \ (i = 1, 2, \cdots, n;\ j = 1, 2, \cdots, n), \tag{3.29}$$

则此 x_{ij}^* 为问题 (I) 的最优解.

证明从略.

我们的问题是如何找出 u_i，v_j 使由 $c'_{ij} = c_{ij} - (u_i + v_j)$ 得出的 c'_{ij} 在每行每列上都有 0. 这是求解问题所必不可少的. 此

时并没有最后解决问题．因为确实有每行每列都有 0 的 c_{ij} 表，但却找不到 x_{ij} 使满足性质(3.27)及(3.28)．所以，我们希望 0 的位置的分布符合一定要求，使可以找出 x_{ij} 满足(3.27)及(3.29)．

我们把抹掉一行，或抹掉一列，抹掉的 0 称为同线．同时这一行或这一列的元素也称为同线． 同线的元素称为被一条线覆盖．

定理 3.10． 设 c_{ij} 表上的 0 可以用 k 条线覆盖，令 $\underline{c}_{ij}$ 为未被覆盖的 c_{ij} 的最小值．如果我们把未被覆盖的各行 c_{ij} 每一个都减去这个 $\underline{c}_{ij}$，而被覆盖的各列 c_{ij} 每一个都加上这个 $\underline{c}_{ij}$， 于是得出的 c'_{ij} 中除了那些即在被覆盖的行上，又在被覆盖的列上的 0 元素外，其他各处 0 元素不变．而且原来 c_{ij} 总和为 s，新表 c'_{ij} 总和为 s'，有

$$s - s' = n(n-k)\underline{c}_{ij}.$$

这一性质是不难证明的． 它虽然是那样简单，但却提供了一个很有用的方法．我们使用这个方法可对 c_{ij} 表进行变换，使 0 元素加多． 由前面定理 3.9 可以看出，我们要求解分配问题就是设法使 $x_{ij}=1$ 的位置分配在 $c'_{ij}=0$ 的位置上．而且每一行每一列只能分配一个点使 $x_{ij}=1$．如果我们能按这一原则分配 n 个 1 时，问题就解决了．为此，我们作定义．

定义 3.7． c_{ij} 表中那些 0，它们所占的位置 (i,j) 有 $x_{ij}=1$，称为已分配 0，记为 0^*．

因为 0^* 的个数一定不大于 n，又知当 0^* 的个数刚好是 n 时问题就解决了． 所以对给定的 c_{ij}，我们总希望 0^* 的个数尽可能的多．

定义 3.8． 当给定一个 c_{ij} 表时，分配了 k 个 0^*，而且 0^* 的个数不可能再多了，我们称这种分配对这份 c_{ij} 表来说是最大分配，k 是最大分配数．

定理 3.11． 若 k 是 c_{ij} 表的最大分配数，则一定有 k 条线，它们将 c_{ij} 表的 0 全部覆盖．

证 因为 k 是最大分配数，因而任何未被分配的 0 一定与某

一被分配的 0^* 同行或同列，我们可以用一条线把这个 0^* 覆盖．这样每抹掉一个 0^* 便提供一条覆盖线． 0^* 有 k 个，因而用 k 条线将全部 0 覆盖．

为了给出这个性质另一个构造性的证明，我们提供一种方式来建立 0^* 与线之间的关系．

给定一个 c_{ij} 表，我们总可以对每行的元素实行变化

$$c'_{ij} = c_{ij} - \underline{c}_i \quad (i = 1, 2, \cdots, n;\ j = 1, 2, \cdots, n).$$

其中

$$\underline{c}_i = \min_{1 \leqslant j \leqslant n} \{c_{ij}\} \qquad (i = 1, 2, \cdots, n).$$

于是 c'_{ij} 每行都至少有一个 0 元素． 若每列都有一个 0 元素便停止，否则我们仍记 c'_{ij} 为 c_{ij}，再实行变化

$$c'_{ij} = c_{ij} - \underline{c}_j \quad (i = 1, 2, \cdots, n;\ j = 1, 2, \cdots, n).$$

其中

$$\underline{c}_j = \min_{1 \leqslant i \leqslant n} \{c_{ij}\} \qquad (j = 1, 2, \cdots, n).$$

实行这两个变化后，我们便得出了每行，每列都有 0 的 c_{ij} 表．

下面我们介绍对这张表如何对其 0 进行分配，从而得到最大分配表．

1° 对每一行足标 j 最小的 0 进行考虑，当这个列没有分配 0，即没有 0^* 时，便分配这个位置以 $x_{ij} = 1$，即将此 0 记以 0^*，例如

$$c_{ij} = \begin{pmatrix} 3 & 0^* & 1 & 1 \\ 3 & 4 & 0^* & 0 \\ 3 & \boxed{0} & 2 & 2 \\ 0^* & 0 & 1 & 2 \end{pmatrix}.$$

其中第一行只有一个 $c_{1,2} = 0$，第二列无 0^*，故分配 0^* 在(1，2)处． 第二行 0 最小的足标为 $c_{2,3} = 0$，而第三列无 0^*，故分配 0^* 在(2,3)处． 第三行只有一个 $c_{3,2} = 0$，但第二列中于(1，2)处已有 0^*，故不能分配． 第四列只标最小的 0 为 $c_{4,1} = 0$，而第一列无 0^*，故分配 0^* 在(4，1)处． 1° 步结束．

2° 其次,在每一列上逐一查找,若每一列上都有一个 0^*,则问题解决,否则,记没有 0^* 的列为备选列,找到一个备选列便转入 3°.

3° 在备选列 j_0 上找 0, 设 0 在 i_1 行, 若 i_1 行 0^* 在 j_1 列, 再沿 j_1 列找 0, 于是有

$$
\begin{array}{ll}
0 & \text{在}\ (i_1, j_0)\ \text{处}, \\
0^* & \text{在}\ (i_1, j_1)\ \text{处}, \\
0 & \text{在}\ (i_2, j_1)\ \text{处}, \\
0^* & \text{在}\ (i_2, j_2)\ \text{处}, \\
 & \vdots \\
0 & \text{在}\ (i_p, j_{p-1})\ \text{处}, \\
0^* & \text{在}\ (i_p, j_p)\ \text{处}, \\
0 & \text{在}\ (i_{p+1}, j_p)\ \text{处}, \\
 & \vdots
\end{array}
$$

这一组 $0, 0^*, 0, \cdots$, 有两种终止可能:一种是当找到在 (i_{p+1}, j_p) 处的 0 之后同一 i_{p+1} 行找不到 0^*. 此时以 0 结尾, 故 0 比 0^* 多一个. 共有奇数个点. 另一种是找到在 (i_p, j_p) 处的 0^* 之后, 在同一 j_p 列找不到 0. 此时以 0^* 结尾, 故 0 与 0^* 一样多, 有偶数个点. 对第一种情形,我们把这一组中的 $0, 0^*$ 互换, 即将 0 改成 0^*, 将 0^* 改成 0, 所以 0^* 比原来多了一个, 而且备选列被选中. 此时明显地 j_0 列有了 0^*, 而且 $i_1, i_2, \cdots, i_p$ 行上原来有 0^* 仍保持有 0^*, 多了一行 i_{p+1}, 在此行上有了 0^*; 而 $j_1, j_2, \cdots, j_p$ 列上仍保持有 0^*. 标完后再转到 2°. 第二种可能是终止在 0^* 处, 即当找到 (i_p, j_p) 处为 0^* 时, 在 j_p 列没有 0. 也就是说在 j_p 列只有一个 0 元素已被分配成 0^*, 其余 c_{ij} 均不为 0. 此时我们把 i_p 行称为主要行, 将 (i_p, j_{p-1}) 处的 0 及 (i_p, j_p) 处的 0^* 从这一组 $0, 0^*, \cdots$, 中去掉. 于是再来考虑 (i_{p-1}, j_{p-1}) 处的 0^*, 看 j_{p-1} 列除这个 0^* 外还有没有另外的 0, 如无 0 再去掉一对 $0, 0^*$. 这样反查上去有两种可能;一种是找到 0, 再找 0^*, 一直找下去. 若

最后一个为 0 时上面已处理过，否则按一对一对去掉 0，0* 处理，而且标出许多主要行．另一种是把全部 0，0* 去掉，标上一些主要行．我们按列全部查完．于是作下面定义．

定义 3.9．所谓主要行，系指这一行已标上 0*，但在标 0* 列除这一 0* 外没有可分配的 0 存在．

我们按上述方式把 2° 的检查对所有列查完，于是已没有可以分配的 0 出现在备选列上，所以此时得到的分配是最大的分配．

定义 3.10．所谓主要列，即这些列上有 0*，但这个 0* 不在主要行上．

因此，可以看出，任何一个 0* 或者在主要行上，或者在主要列上，二者必居其一．而且 0* 与主要行，主要列一一对应．进一步有

定理 3.12．对于一个 c_{ij} 表，若对其已得最大分配，则任意一个 $c_{ij}=0$，或者在主要行上，或者在主要列上．

证　0* 或者在主要行上，或者在主要列上，这由主要列的定义可知．所以关键的是讨论 0 是否在主要行，主要列上．设有 (i_p, j_p) 处 $c_{i_pj_p}=0$，i_p 不是主要行，j_p 也不是主要列．因为 j_p 不是主要列，这就有两种可能：一种是 j_p 上没有 0*；另一种是有 0*，但 0* 在主要行上．现在讨论 j_p 列没有 0*，i_p 不是主要行，这时一种可能 i_p 上有 0*，一种可能 i_p 上没有 0*．当 i_p 行上没有 0*，j_p 上也没有 0* 时，可以把 (i_p, j_p) 处的 0 分配成 0*，与最大分配矛盾．另外 i_p 行上有 0*，因为 i_p 不是主要行，因而一定可以找到一组 0，0*，0，0*，…，而且以 0 结尾，于是改 0 为 0*，改 0* 为 0，0* 增加了一个，也与最大分配矛盾．我们现在讨论 j_p 列上有 0*，但 0* 在主要行上．此时 i_p 本身就一定是主要行．否则有一组 0，0*，0，0*，…，0 于这一行结束，于是进行 0 改 0*，0* 改 0 的调整，与最大分配的假设矛盾．i_p 本身是主要行与假设矛盾．

上面的性质指出了 0* 与主要行，主要列的一一对应关系．而且可以知道，把主要行、主要列看成线，这 k 条线将全部 0 串上．这

也就是定理 3.11 的另一种证明.

定理 3.13. 给定一个矩阵 c_{ij} 和一个最大分配,设 0^* 有 k 个,则

i) 存在主要行、主要列,总数为 k;

ii) 将这 k 个主要行、主要列视为线,它们串上 c_{ij} 中的全部 0;

iii) 没有一个 0^* 既在主要行又在主要列上.

这个性质只是前面性质的总结,不须证明.

定理 3.14. 若对一个给定的矩阵 c_{ij} 和一个最大分配,0^* 的个数 $k<n$ 时,一定可以引进变换

$$c'_{ij}=c_{ij}-(u_i+v_j)$$

使一方面保持 0^* 处仍为 $c'_{ij}=0$ 不变外,在非主要行,非主要列外有新的 0 出现

证明可利用定理 3.13 及定理 3.10 得出.

3.2. 分配问题的计算方法及算例

在前一节所讨论的理论基础上,我们总结出如下的分配问题的计算方法:

设所讨论的分配问题的矩阵为 (c_{ij}).

1° 实现变换

取

$$\theta_i=\min_{1\leqslant j\leqslant n}\{c_{ij}\}\qquad(i=1,2,\cdots,n),$$

进行变换

$$c'_{ij}\Leftarrow c_{ij}-\theta_i\quad(i=1,2,\cdots,n;\ j=1,2,\cdots,n).$$

记变换后的 c'_{ij} 仍为 c_{ij}. 再于变换后的 c_{ij} 中取

$$\theta_j=\min_{1\leqslant i\leqslant n}\{c_{ij}\}\qquad(j=1,2,\cdots,n),$$

进行变换

$$c'_{ij}\Leftarrow c_{ij}-\theta_j\quad(i=1,2,\cdots,n;\ j=1,2,\cdots,n).$$

于是变换后的 c_{ij} 表中任何一行,任何一列都有至少一个 0 出现.

2° 找最大分配. 对每一行取出足标最小的 0, 如在 (i_k,j_k)

位置上，看 j_k 列有无 0*，若无，则标此 0 为 0*.

3° 逐列检查，若找到一列无 0*，则设为 j_0 列. 取行号最小的 0，设在 (i_1, j_0) 处. 在 i_1 行找 0*，记为 (i_1, j_1). 在 j_1 列找行号最小的 0，记为 (i_2, j_1). 如此下去，于是得出一组

0 在 (i_1, j_0) 处，

0* 在 (i_1, j_1) 处，

⋮

0 在 (i_p, j_{p-1}) 处，

0* 在 (i_p, j_p) 处，

0 在 (i_{p+1}, j_p) 处，

⋮

若这组 0, 0*, ···，以 0 结尾，我们改 0 为 0*，改 0* 为 0. 若这组 0, 0*, ···，以 0* 结尾则把 0* 所在行标上主要行，将与其相邻的 0 及最后一个 0* 去掉. 看去掉后最后一个 0* 是否能找到另外的 0，如能找到再往下找，如找不到再将 0, 0* 去掉，于是有两种可能：一种是把全部 0, 0*···去掉，每去掉一对 0, 0*，把它们所在行标上主要行；另一种是找到一组 0, 0*, ···, 0 以 0 结尾，于是改 0 为 0*，改 0* 为 0.

4° 看标上的 0* 的个数 k 是否有 $k=n$，若 $k=n$，则求出了最优解，即 0* 处 $x_{ij}=1$，否则转入 5°.

5° 对 0* 所在行未标上主要行的，将其所在列标为主要列. c_{ij} 中把主要行主要列去掉，在余下的 c_{ij} 中求出最小的，记为 θ 于是对非主要行各行 c_{ij} 减去 θ，主要列各 c_{ij} 加上 θ，得出新的表 c_{ij}. 主要行，主要列外增加了 0，转入 3°.

以上算法是有穷算法，因为每迭代一次 k 值便增加至少 1. 而 k 的最大值为 n，所以总可以用有限步迭代使 k 取值为 n.

下面介绍一个修改算法，主要修改在 2°、3°. 用下面的 a)、b)、c) 代替 2°, 3°.

a) 找出含有未标上号的 0 的所在行，若某一行只有一个没被标号的 0，则便把这个 0 标成 0*，同时将这个 0* 同一列的 0 标成

0^m. 这种 0^m 以后就不能再标了.

反复对各行进行这种标号,直到标完为止.

b) 再对列类似于上面标号.

c) 反复进行上面的 a), b) 直到发生下面两种情形之一.

i) 直到所有 0 都标上,此时我们便得到了最大分配. 所有包含 0^* 的行为主要行.

ii) 直到每一行、每一列至少有两个没有标号的 0, 所有包含 0^* 的行标成主要行.此时把主要行去掉,我们用前面标法中的 2°, 3° 再进行标号.

在上述标号中,很多问题都以 c) 中 i) 的情况结束. 此时,便求到了最大分配. 即使出现 c) 中的 ii); 我们所考虑的问题规模也会小得多.

例 3.7 考虑一个分配问题,其目标函数的系数矩阵为

$$C=\begin{pmatrix}0&0&2&3&2&4\\3&4&0&0&0&5\\0&2&0&2&0&0\\0&4&2&3&3&1\\0&2&0&4&0&2\\4&3&0&2&0&4\end{pmatrix}.$$

这一矩阵 C 在每行每列都有 0. 首先不用修改方法, 而用原来方法分配 0.

首先按每行最小列号的 0 标号,即(1, 1)处标为 0^*, (2, 3)处标为 0^*. 但 (3,1),(4,1),(5,1)处的 0 因 (1, 1)处有 0^*, 故不能标号. (6, 3)处的 0 因(2, 3)处有 0^*, 也不能标号. 这样,得

$$C=\begin{pmatrix}0^*&0&2&3&2&4\\3&4&0^*&0&0&5\\0&2&0&2&0&0\\0&4&2&3&3&1\\0&2&0&4&0&2\\4&3&0&2&0&4\end{pmatrix}.$$

再按列检查．首先第二列无 0^*，先考虑(1,2)处的 0，于是找出

$$\begin{aligned}&0 \quad 在(1,2)处,\\&0^* \quad 在(1,1)处,\\&0 \quad 在(3,1)处.\end{aligned}$$

第三行没有 0^*，故这一组 $0, 0^*, 0$ 结束．以 0 结尾，所以改 0 为 0^*，改 0^* 为 0．把改变后的结果列出于后，

$$C=\begin{pmatrix} 0 & 0^* & 2 & 3 & 2 & 4\\ 3 & 4 & 0^* & 0 & 0 & 5\\ 0^* & 2 & 0 & 2 & 0 & 0\\ 0 & 4 & 2 & 3 & 3 & 1\\ 0 & 2 & 0 & 4 & 0 & 2\\ 4 & 3 & 0 & 2 & 0 & 4 \end{pmatrix}.$$

顺序下去查到第四列，在第四列(2,4)处有 0，于是得出

$$\begin{aligned}&0 \quad 在(2,4)处,\\&0^* \quad 在(2,3)处,\\&0 \quad 在(3,3)处,\\&0^* \quad 在(3,1)处,\\&0 \quad 在(1,1)处,\\&0^* \quad 在(1,2)处.\end{aligned}$$

因为第二列处(1,2)处 0^* 外无 0，因而这一组 $0, 0^*, 0, 0^*, 0, 0^*$ 结束，以 0^* 结尾．把第一行标成主元行，去掉(1,1)处的 0，去掉(1,2)处的 0^*．在第一列又找到(4,1)处的 0，而第四行无 0^*，结束，得出

$$\begin{aligned}&0 \quad 在(2,4)处,\\&0^* \quad 在(2,3)处,\\&0 \quad 在(3,3)处,\\&0^* \quad 在(3,1)处,\\&0 \quad 在(4,1)处.\end{aligned}$$

改 0 为 0^*，改 0^* 为 0 得

$$C=\begin{pmatrix}0&0^*&2&3&2&4\\3&4&0&0^*&0&5\\0&2&0^*&2&0&0\\0^*&4&2&3&3&1\\0&2&0&4&0&2\\4&3&0&2&0&4\end{pmatrix}\begin{matrix}\triangle\\ \\ \\ \\ \\ \\ \end{matrix}.$$

下面查第五列，首先看(2,5)处的 0，于是有

0 在 (2,5) 处，

0^* 在 (2,4) 处.

但第四列只有一个 0^*，再无别的 0，故将第二行标为主要行．把这一对 0，0^* 去掉，往下看，第五列还有 0 于(3,5)处，于是得

0 于 (3,5) 处，

0^* 于 (3,3) 处，

0 于 (2,3) 处，

0^* 于 (2,4) 处.

但第二行为主要行，故后面两个 0，0^* 不要.在第三列往下于(5,3)处还有 0，而第五行无 0^*，故得

0 于 (3,5) 处，

0^* 于 (3,3) 处，

0 于 (5,3) 处.

改 0 为 0^*，改 0^* 为 0，得

$$C=\begin{pmatrix}0&0^*&2&3&2&4\\3&4&0&0^*&0&5\\0&2&0&2&0^*&0\\0^*&4&2&3&3&1\\0&2&0^*&4&0&2\\4&3&0&2&0&4\end{pmatrix}\begin{matrix}\triangle\\ \triangle\\ \\ \\ \\ \\ \end{matrix}.$$

再查第六列，于(3,6)处有 0，找出

0 于 (3,6) 处，

0^* 于 (3,5) 处，

0　于(5,5)处,不找(2,5)处. 因第二行是主要行

0*　于(5,3)处,

0　于(6,3)处,第二行是主要行,第三行已找过了.

改 0 为 0*,改 0* 为 0 得

$$C=\begin{pmatrix} 0 & 0^* & 2 & 3 & 2 & 4 \\ 3 & 4 & 0 & 0^* & 0 & 5 \\ 0 & 2 & 0 & 2 & 0 & 0^* \\ 0^* & 4 & 2 & 3 & 3 & 1 \\ 0 & 2 & 0 & 4 & 0^* & 2 \\ 4 & 3 & 0^* & 2 & 0 & 4 \end{pmatrix}.$$

于是共有 6 个 0*,而问题也是 6 阶,所以求出了分配问题的最优解为

$$x_{1,2}^*=1,\ x_{2,4}^*=1,\ x_{3,6}^*=1,\ x_{4,1}^*=1,$$
$$x_{5,5}^*=1,\ x_{6,3}^*=1.$$

$$x_{1,j}^*=0\ (j=1,3,4,5,6),\ x_{2,j}^*=0\ (j=1,2,3,5,6)$$
$$x_{3,j}^*=0\ (j=1,2,3,4,5),\ x_{4,j}^*=0\ (j=2,3,4,5,6),$$
$$x_{5,j}^*=0\ (j=1,2,3,4,6),\ x_{6,j}^*=0\ (j=1,2,4,5,6).$$

最优值

$$s^*=0.$$

下面用修改的方法分配 0.

首先对每行进行标号,(4, 1) 处有第四行唯一的 0,标上 0*,第一列其余 0 标上 0^m. 于是第一行只有(1,2)处有一个未标 0,标上 0*,但第二列无其他 0. 按行标完,有

$$C=\begin{pmatrix} 0^m & 0^* & 2 & 3 & 2 & 4 \\ 3 & 4 & 0 & 0 & 0 & 5 \\ 0^m & 2 & 0 & 2 & 0 & 0 \\ 0^* & 4 & 2 & 3 & 3 & 1 \\ 0^m & 2 & 0 & 4 & 0 & 2 \\ 4 & 3 & 0 & 2 & 0 & 4 \end{pmatrix}.$$

再对每列标号．(2,4)处有第四列唯一的 0，故标上 0^*，第二行其余 0 标上 0^m．(3,6) 处有第六列唯一的 0，标上 0^*，第三行其余 0 标上 0^m．按列标完，有

$$C=\begin{pmatrix} 0^m & 0^* & 2 & 3 & 2 & 4 \\ 3 & 4 & 0^m & 0^* & 0^m & 5 \\ 0^m & 2 & 0^m & 2 & 0^m & 0^* \\ 0^* & 4 & 2 & 3 & 3 & 1 \\ 0^m & 2 & 0 & 4 & 0 & 2 \\ 4 & 3 & 0 & 2 & 0 & 4 \end{pmatrix}.$$

于是这个标号法完成，对余下的问题再用原来标号法标号．

$$\begin{array}{c} \\ 第五行 \\ 第六行 \end{array}\begin{array}{c} \begin{array}{cc} 第三列 & 第五列 \end{array} \\ \begin{pmatrix} 0 & 0 \\ 0 & 0 \end{pmatrix} \end{array}.$$

于是标上(5,3)处的 0^*．查第五列找到

0　在 (5,5) 处，

0^* 在 (5,3) 处，

0　在 (6,3) 处．

改 0 为 0^*，改 0^* 为 0 得

$$\begin{array}{c} \\ 5 \\ 6 \end{array}\begin{array}{c} \begin{array}{cc} 3 & 5 \end{array} \\ \begin{pmatrix} 0 & 0^* \\ 0^* & 0 \end{pmatrix} \end{array}.$$

整个分配为

$$C=\begin{pmatrix} 0 & 0^* & 2 & 3 & 2 & 4 \\ 3 & 4 & 0 & 0 & 0^* & 5 \\ 0 & 2 & 0 & 2 & 0 & 0^* \\ 0^* & 4 & 2 & 3 & 3 & 1 \\ 0 & 2 & 0 & 4 & 0^* & 2 \\ 2 & 3 & 0^* & 2 & 0 & 4 \end{pmatrix}.$$

与前面方法所得结果完全一致．

练　　习

1．试指出求运输问题初始基本容许解的共同之处与特殊之处，并考虑怎样把它们的叙述统一起来？

2．试画出解乘数法的总框图及各部分的分框图．

3．试画出求运输问题初始基本容许解几种方法的框图．

4．试画出求位势及求判别数部分的框图．

5．试设计在计算机上实现找闭迴路的实现方案．

6．画出分配问题计算方法的框图．

7．求解下述分配问题

C_{ij}	1	2	3	4	5	6
1	0	35	0	31	0	0
2	35	0	35	22	30	0
3	31	22	0	0	31	26
4	14	0	0	10	0	0
5	0	30	16	29	0	30
6	0	0	16	26	36	0

8．求解下述运输问题

	B_1	B_2	B_3	B_4	B_5	B_6	a_i
A_1	9	22	58	11	19	27	1
A_2	43	78	72	50	63	48	1
A_3	41	28	91	37	45	33	1
A_4	74	42	27	49	39	32	1
A_5	36	11	57	22	25	18	1
A_6	3	56	53	31	17	28	1
b_j	1	1	1	1	1	1	

9．求解下述运输问题

	B_1	B_2	B_3	B_4	a_i
A_1	10	5	6	7	25
A_2	8	2	7	6	25
A_3	9	3	4	8	50
b_j	15	20	30	35	

10．用不同方法求解练习 9 的初始方案，并比较目标函数值.

11．设有一工厂有 5 台机床，要生产 6 种产品，生产效率为

	1	2	3	4	5	6
1	7	6	5	8	2	3
2	6	2	7	9	3	1
3	8	7	2	4	1	2
4	4	9	3	6	7	0
5	1	2	4	0	9	7

各种产品配套关系为

$$1, 3, 2, 1, 4, 5.$$

问如何安排生产使产量最高.

12．在什么情形下运输问题一定有多个最优基本容许解？ 怎样求多个最优基本容许解？

13．在什么情形下分配问题一定有多个最优基本容许解？ 怎样求多个最优基本容许解？

第四章 线性规划与其他

前三章都是介绍线性规划的计算方法. 关于计算方面还有两个课题应予讨论. 其一是有一些方法，它们被构造出来并不是为了求解线性规划问题而是为了求解其他规划问题. 但用它们解线性规划问题却很有效. 如投影梯度法、不连续罚函数法，动态规划法等，限于篇幅，我们不对它们进行详细的讨论. 大家可以参看有关文献，如[17]—[22]. 其二是有些其他问题，并不是线性规划问题，它们却可以用解线性规划的方法求解. 关于这方面的课题也非常多，如数理方程、函数逼近、数理统计、博奕论等. 我们只讨论三个问题：分段线性规划问题的解法、解线性规划的逐步线性化方法、整数规划的割平面解法.

§1. 分段线性规划问题的解法

在实际问题中，往往所讨论的目标函数并不象线性规划那样，如物品的销售单价往往随一批物品的售量有关，售的多单价低，售的少单价高；矿山的开发，受剥离的影响，矿石产出不同吨数单价也不同，产的多单价低，产的少单价高；零件的加工，加工件数多或少成本就不一样；书籍的出版，每印不同册数售价就应有所差异，印的多单价就会低一些，印的少单价就高. 所以在生产实践之中常常发生如下的数学规划问题.

问题(I)：极小化

$$s(\boldsymbol{x}) = c_1(x_1)x_1 + c_2(x_2)x_2 + \cdots + c_n(x_n)x_n, \qquad (4.1)$$

满足于约束条件

$$a_{1,1}x_1 + a_{1,2}x_2 + \cdots + a_{1n}x_n \geqslant b_1,$$

$$a_{2,1}x_1 + a_{2,2}x_2 + \cdots + a_{2n}x_n \geqslant b_2,$$
$$\cdots\cdots \tag{4.2}$$
$$a_{m1}x_1 + a_{m2}x_2 + \cdots + a_{mn}x_n \geqslant b_m,$$
$$x_j \geqslant 0 \ (j = 1, 2, \cdots, n). \tag{4.3}$$

其中

$$c_j(x_j) = \begin{cases} c_j^1, & \text{当 } L_{j1} = L_{j0} \leqslant x_j < L_{j1}, \\ c_j^2, & \text{当 } L_{j1} \leqslant x_j < L_{j2}, \\ \cdots\cdots \\ c_j^{r_j}, & \text{当 } L_{jr_{j-1}} \leqslant x_j \leqslant L_{jr_j}. \end{cases} \tag{4.4}$$

一般 $c_j^1, c_j^2, \cdots, c_j^{r_j}$ 为大于 0 的已知常数. 讨论中也不排除有负数的情形.

就是说,我们所讨论的问题的目标函数是分段线性的. 当 L_{j1} 为∞时, c_j 不变,此时就是一般的线性规划问题. 对此,解法已在前面第一、二章中讨论过了. 但是, 当 $L_{j1} \neq \infty$ 时,即问题为分段线性的时候, 前几章的方法就不能直接应用了. 我们针对这种特殊的数学规划问题给出如下计算方法.

首先分析这种数学规划问题.

对应公式(4.4)把 $\boldsymbol{x}$ 的取值范围分为若干子集合. 我们可以依某种顺序把这些子集合编号,记为

$$\mathscr{K}_p: \ L_{jh_j} \leqslant x_j < L_{jh_j+1}$$
$$(j = 1, 2, \cdots, n; \ 0 \leqslant h_j \leqslant r_j - 1),$$

h_j 为非负整数. 子集合一共有

$$R = \prod_{j=1}^{n} r_j$$

个. 一般,实际问题中 R 并不大. 于是整个问题(I)分成 R 个子问题,对 $p = 1, 2, \cdots, R$ 有问题(II): 极小化

$$\begin{aligned} s(\boldsymbol{x}) &= c_1(x_1)x_1 + c_2(x_2)x_2 + \cdots + c_n(x_n)x_n \\ &= c_1^{h_1}x_1 + c_2^{h_2}x_2 + \cdots + c_n^{h_n}x_n, \end{aligned} \tag{4.5}$$

满足于约束条件

$$a_{1,1}x_1 + a_{1,2}x_2 + \cdots + a_{1n}x_n \geqslant b_1,$$

$$a_{2,1}x_1 + a_{2,2}x_2 + \cdots + a_{2n}x_n \geqslant b_2,$$
$$\cdots\cdots$$
$$a_{m1}x_1 + a_{m2}x_2 + \cdots + a_{mn}x_n \geqslant b_m,$$
$$\boldsymbol{x} \in \mathscr{K}_p,$$
其中

$$\mathscr{K}_p:\ L_{jh_j-1} \leqslant x_j < L_{jh_j}$$
$$(j=1,2,\cdots,n;\ 1 \leqslant h_j \leqslant r_j). \tag{4.6}$$

问题(II)是一个线性规划问题．从严格性出发，可以把问题写成求目标函数的下确界的形式；但是，为了方便，还是把 $\mathscr{K}_p$ 改写成

$$\mathscr{K}_p:\ L_{jh_j-1} \leqslant x_j \leqslant L_{jh_j}$$
$$(j=1,2,\cdots,n;\ 1 \leqslant h_j \leqslant r_j). \tag{4.7}$$

(4.6)与(4.7)中的 h_j 应为非负整数．子问题(II)当 p 取不同值时，问题也就不同．将(4.6)改写成(4.7)子问题(II)也就发生了变化．变化后的子问题(II)刚好是讨论过的变量有界的线性规划问题．但对变化后的子问题(II)求出最优解 $\boldsymbol{x}^*$ 后，若 $x_j^* = L_{jh_j}$，$h_j \neq r_j$，则不应取 $x_j^* = L_{jh_j}$，否则与实际问题不符；只能将 x_j^* 取成比 L_{jh_j} 略小的值，即 $L_{jh_j-1} \leqslant x_j < L_{jh_j}$，使目标函数系数为 $c_j^{h_j}$．也就是当误差给定为 ε 时，我们取 $x_j^* = L_{jh_j} - \dfrac{\varepsilon}{2}$ 的值作为近似值．后面，就是在这种意义下讨论算法的．

下面讨论问题(II)的求解．当然，用解一般线性规划的算法直接求解这 R 个子问题，从中选出最优解是可以的，但是，运算量较大．我们用下面思想把问题简化．

我们把 $\mathscr{K}_p$ 分成三类：

i) $\mathscr{K}_p$ 的顶点全部满足所有 m 个约束条件(4.2)．此时显然 $\mathscr{K}_p$ 整个落在 $A\boldsymbol{x} \geqslant \boldsymbol{b}$ 的容许集合的内部．所以此时问题(II)化成

极小化

$$s = c_1^{h_1}x_1 + c_2^{h_2}x_2 + \cdots + c_n^{h_n}x_n,$$

满足于约束条件

$$\boldsymbol{x} \in \mathscr{K}_p.$$

ii) 约束条件(4.2)中至少有一个约束条件，$\mathscr{K}_p$ 的全部顶点都不满足它．即全部 $\mathscr{K}_p$ 落在约束条件 $\boldsymbol{Ax} \geqslant \boldsymbol{b}$ 的外边的情形．此时无容许解，不必考虑．

iii) 除 i)、ii) 情形之外的情形．即 $\mathscr{K}_p$ 既不完全在约束区域的内部，也不完全落在约束区域的外部．

此时，在(4.2)的 m 个约束条件中，有的约束条件被 $\mathscr{K}_p$ 的全部顶点所满足，这些约束条件在考虑子问题时可以去掉．记没有去掉的约束条件的足标集合为 $\mathscr{I}_p$．于是此时的子问题为：

极小化

$$s = c_1^{h_1}x_1 + c_2^{h_2}x_2 + \cdots + c_n^{h_n}x_n,$$

满足于约束条件

$$\sum_{j=1}^{n} a_{ij}x_j \geqslant b_i,\ i \in \mathscr{I}_p,$$

$$\boldsymbol{x} \in \mathscr{K}_p.$$

下面讨论 i) 中子问题的求解．

问题：极小化

$$s = c_1^{h_1}x_1 + c_2^{h_2}x_2 + \cdots + c_n^{h_n}x_n,$$

满足于约束条件

$\mathscr{K}_p$：$L_{jh_j-1} \leqslant x_j \leqslant L_{jh_j}$ $(j = 1, 2, \cdots, n;\ 1 \leqslant h_j \leqslant r_j)$,

b_j 为非负整数．

这个问题的最优解为 $\boldsymbol{x}^* = (x_1^*, x_2^*, \cdots, x_n^*)^T$

其中

$$x_j^* = \begin{cases} L_{jh_j-1}, & \text{当 } c_j^{h_j} \geqslant 0 \text{ 时}, \\ L_{jh_j}, & \text{当 } c_j^{h_j} < 0 \text{ 时}. \end{cases}$$

再来讨论 iii) 中子问题的下界估计．

问题：极小化

$$s(\boldsymbol{x}) = c_1^{h_1}x_1 + c_2^{h_2}x_2 + \cdots + c_n^{h_n}x_n, \tag{4.8}$$

满足于约束条件

$$\sum_{j=1}^{n} a_{ij}x_j \geqslant b_i\ \ i \in \mathscr{I}_p,$$

$$\boldsymbol{x} \in \mathscr{K}_p.$$

记此问题的容许集合为 $\mathscr{T}$，明显地有

$$\mathscr{T} \subset \mathscr{K}_p.$$

所以(4.8)在 $\mathscr{T}$ 上的最小值一定不比(4.8)在 $\mathscr{K}_p$ 上的最小值小，所以 i) 中求出的最优值是 iii) 中最优值的下界估计.

基于这两个结果，我们建立如下的计算方法.

为了计算方便，仍如前述，对子集合仍以某种顺序记为 $\mathscr{K}^p$ $(p=1, 2, 3, \cdots, R)$. 集合 $\mathscr{K}^*$ 首先置为空集合，s^* 置以大数 $M>0$. p 置以值 1，$\boldsymbol{x}^*$ 置空.

1° 取 $\mathscr{K}_p$，形成问题

极小化

$$s = c_1^{h_1}x_1 + c_2^{h_2}x_2 + \cdots + c_n^{h_n}x_n,$$

满足于约束条件

$$\boldsymbol{x} \in \mathscr{K}_p.$$

利用 $\boldsymbol{x}^{\triangle} = (x_1^{\triangle}, x_2^{\triangle}, \cdots, x_n^{\triangle})^T$,

$$x_j^{\triangle} = \begin{cases} L_{jh_j-1}, & 当\ c_j^{h_j} \geqslant 0, \\ L_{jh_j}, & 当\ c_j^{h_j} < 0. \end{cases}$$

得出最优解，并求出最优值

$$s_p^{\triangle} = \sum_{j=1}^{n} c_j^{h_j} x_j^{\triangle}.$$

若

$$s^* \leqslant s_p^{\triangle}$$

时转到 3°，否则转到 2°.

2° $\mathscr{K}_p$ 的顶点共有 2^n 个，用 δ_{ij} 表示第 j 个顶点是否满足第 i 个约束条件的记号，即

$$\delta_{ij} = \begin{cases} 1, & 当\ \sum_{g=1}^{n} a_{ig}x_g^{(j)} \geqslant b_i\ 时, \\ 0, & 当\ \sum_{g=1}^{n} a_{ig}x_g^{(j)} < b_i\ 时. \end{cases}$$

其中 $\boldsymbol{x}^{(j)} = (x_1^{(j)}, x_2^{(j)}, \cdots, x_n^{(j)})^T$ 为 $\mathscr{K}_p$ 的第 j 个顶点. 于是

$\prod_{j=1}^{2^n}\delta_{ij}=1$，一定是所有 $\mathscr{K}_p$ 的顶点均满足第 i 个约束条件．

$\sum_{j=1}^{2^n}\delta_{ij}=0$，一定是所有 $\mathscr{K}_p$ 的顶点均不满足第 i 个约束条件．

$\prod_{i=1}^{m}\prod_{j=1}^{2^n}\delta_{ij}=1$，所有 $\mathscr{K}_p$ 的顶点满足全部 m 个约束条件．

若有 i 使 $\sum_{j=1}^{2^n}\delta_{ij}=0$ 时，$\mathscr{K}_p$ 为属于 ii) 类的子集合，故 $\mathscr{K}_p$ 不必考虑，转到 3°．

若当 $\prod_{i=1}^{m}\prod_{j=1}^{2^n}\delta_{ij}=1$ 时，$\mathscr{K}_p$ 为属于 i 类的子集合，则将 $\boldsymbol{x}^{\Delta}$ 送入 $\boldsymbol{x}^*$，将 s^* 取成 $s_p^{\wedge}$，转到 3°，否则，既没有 i 使 $\sum_{j=1}^{2^n}\delta_{ij}=0$，也不是 $\prod_{i=1}^{m}\prod_{j=1}^{2^n}\delta_{ij}=1$ 的情形，记

$$\mathscr{I}_p=\left\{i\ \middle|\ \prod_{j=1}^{2^n}\delta_{ij}=0,\ i=1,2,\cdots,m\right\}$$

将 $\{p,\mathscr{I}_p,s_p^{\wedge}\}$ 记入 $\mathscr{K}^*$．

3° 若 $p=R$ 则转到 4°，否则 $p+1\Rightarrow p$ 转回 1°．为减少运算量，可将 $\mathscr{K}^*$ 中各组元素以 $s_p^{\wedge}$ 从小到大的顺序排列．

4° 若 $\mathscr{K}^*$ 为空集合，则问题解完．若此时 $s^*=M$，则问题无解，否则最优解为 $\boldsymbol{x}^*$，最优值为 s^*．若 $\mathscr{K}^*$ 非空则转到 5°．

5° 取 $\mathscr{K}^*$ 中第一组 $\{p,\mathscr{I},s_p^{\wedge}\}$，若 $s^*\leqslant s_p^{\wedge}$，则将这一组 $\{p,\mathscr{I},s_p^{\wedge}\}$ 自 $\mathscr{K}^*$ 中去掉，$\mathscr{K}^*$ 中各组向前顺移．若 $s^*>s_p^{\wedge}$ 则转到 6°．

6° 形成问题：

极小化

$$s=c_1^{h_1}x_1+c_2^{h_2}x_2+\cdots+c_n^{h_n}x_n,$$

满足于约束条件

$$\sum_{j=1}^{n} a_{ij}x_j \geqslant b_i, \quad i \in \mathscr{I}_p,$$

$$\boldsymbol{x} \in \mathscr{K}_p,$$

并求解. 记最优解为 $\boldsymbol{x}^\circ$, 最优值为 s°. 若当 $s^\circ < s^*$ 时, 则将 $\boldsymbol{x}^\circ$ 送入 $\boldsymbol{x}^*$, s° 送入 s^*, 否则 s^*, $\boldsymbol{x}^*$ 不变.

将 $\{p, \mathscr{I}_p, s_p^\diamond\}$ 从 $\mathscr{K}^*$ 中去掉, $\mathscr{K}^*$ 中各组元素向前顺移. 转回 4°.

这样,所解子问题的数目一般比原来子问题少,子问题的规模一般比原来子问题的规模小.

§2. 用逐步线性化方法求解非线性规划问题

解非线性规划的方法很多,但是逐步线性化方法,即将非线性规划转化成线性规划求解, 是一种深受大家欢迎的方法. 这里不想作详细讨论,只是力求把计算方案介绍清楚.

假设要求解的非线性规划问题为

极小化

$$f(\boldsymbol{x}), \quad \boldsymbol{x} \in R^n \tag{4.9}$$

满足于约束条件

$$g_i(\boldsymbol{x}) \geqslant 0 \qquad (j = 1, 2, \cdots, m). \tag{4.10}$$

为了保证求出的局部极值就是全局极值, 往往在理论上还要作一些假设,如 $f(\boldsymbol{x})$ 是凸函数, $g_i(\boldsymbol{x})$ 是凹函数, 也就是问题的容许集合是凸集合. 但一方面这些条件一般都是充分条件, 而且检验并不那么容易; 另一方面可采取一些措施来求一般情形下的全局极值,所以这些理论上的假设一般并不去核查,有时这种核查也确实是难办到的.

因为下面要用到 $f(\boldsymbol{x})$, $g_i(\boldsymbol{x})$ 的梯度, 因而要求它们是可微的.

对于给定的一个迭代点 $\boldsymbol{x}^{(k)}$, 于 $\boldsymbol{x}^{(k)}$ 点把 $f(\boldsymbol{x})$ 与 $g_i(\boldsymbol{x})$ 线性

化，有

$$f(\boldsymbol{x}) \doteq F(\boldsymbol{x}) = f(\boldsymbol{x}^{(k)}) + (\nabla f(\boldsymbol{x}^{(k)}))^T(\boldsymbol{x} - \boldsymbol{x}^{(k)}), \quad (4.11)$$

$$g_i(\boldsymbol{x}) \doteq G_i(\boldsymbol{x}) = g_i(\boldsymbol{x}^{(k)}) + (\nabla g_i(\boldsymbol{x}^{(k)}))^T(\boldsymbol{x} - \boldsymbol{x}^{(k)}). \quad (4.12)$$

由多元函数的泰勒展开式可知，只要对 $f(\boldsymbol{x})$，$g_i(\boldsymbol{x})$ 作一些不太严格的限制，当 $\|\boldsymbol{x} - \boldsymbol{x}^{(k)}\|$ 足够小时，上面的近似程度还是很好的.

于是上面的非线性规划问题可以近似地写为:

极小化

$$s = f(\boldsymbol{x}^{(k)}) + (\nabla f(\boldsymbol{x}^{(k)}))^T(\boldsymbol{x} - \boldsymbol{x}^{(k)}), \quad (4.13)$$

满足于约束条件

$$g_i(\boldsymbol{x}^{(k)}) + (\nabla g(\boldsymbol{x}^{(k)}))^T(\boldsymbol{x} - \boldsymbol{x}^{(k)}) \geqslant 0 \quad (4.14)$$
$$(i = 1, 2, \cdots, m),$$

$$|x_j - x_j^{(k)}| \leqslant \delta_j \qquad (j = 1, 2, \cdots, n). \quad (4.15)$$

其中 δ_j 为取成适当小的正数，以免线性逼近的失真太严重.

如果记

$$\boldsymbol{x} - \boldsymbol{x}^{(k)} = \boldsymbol{y}$$

于是上面问题可以写为:

极小化

$$s = c_1y_1 + c_2y_2 + \cdots + c_ny_n, \quad (4.16)$$

满足于约束条件

$$A\boldsymbol{y} \geqslant \boldsymbol{b}, \quad (4.17)$$

$$|y_j| \leqslant \delta_j \qquad (j = 1, 2, \cdots, n). \quad (4.18)$$

其中

$$c_j = \frac{\partial f(\boldsymbol{x}^{(k)})}{\partial x_j} \qquad (j = 1, 2, \cdots, n),$$

$$a_{ij} = \frac{\partial g_i(\boldsymbol{x}^{(k)})}{\partial x_j} \quad (i = 1, 2, \cdots, m;\ j = 1, 2, \cdots, n),$$

$$-b_i = g_i(\boldsymbol{x}^{(k)}) \qquad (i = 1, 2, \cdots, m).$$

对此可以略作变化，变成我们所需要的标准形式，用前面介绍的求解线性规划的计算方法求解. 解出 $\boldsymbol{y}^*$ 后，要注意，一种情形是 $\boldsymbol{x}^{(k+1)} = \boldsymbol{x}^{(k)} + \boldsymbol{y}^*$ 满足所有约束条件 $g_i(\boldsymbol{x}^{(k+1)}) \geqslant 0$ $(i = 1,$

$2, \cdots, m$)，此时便可以用 $\boldsymbol{x}^{(k+1)}$ 代替 $\boldsymbol{x}^{(k)}$ 作下一次迭代．若 $\boldsymbol{x}^{(k+1)} = \boldsymbol{x}^{(k)} + \boldsymbol{y}^*$ 不满足 $g_i(\boldsymbol{x}^{(k+1)}) \geqslant 0$ ($i = 1, 2, \cdots, m$)，此时最好不用 $\boldsymbol{x}^{(k+1)}$ 代替 $\boldsymbol{x}^{(k)}$ 作一次迭代，而是重新找满足 $g_i(\boldsymbol{x}^{(k+1)}) \geqslant 0$ 的 $\boldsymbol{x}^{(k+1)}$．为了解决这个问题，也可以有很多种方法，下面介绍一种方法．

把原问题的约束改成，对 $\varepsilon_i > 0$ 有

$$g_i(\boldsymbol{x}) \geqslant \varepsilon_i \qquad (i = 1, 2, \cdots, m),$$

于是满足这一约束条件的 $\boldsymbol{x}^{(k)}$ 有

$$g_i(\boldsymbol{x}^{(k)}) > 0 \qquad (i = 1, 2, \cdots, m).$$

因此当 δ_j 取得足够小时会有

$$\boldsymbol{x}^{(k+1)} = \boldsymbol{x}^{(k)} + \boldsymbol{y}^*$$

仍满足

$$g_i(\boldsymbol{x}^{(k+1)}) \geqslant 0 \qquad (i = 1, 2, \cdots, m).$$

关于解非线性规划的逐步线性化方法的收敛性说明如下．若求出的 $\boldsymbol{x}^{(k+1)}$ 满足 $g_i(\boldsymbol{x}^{(k+1)}) \geqslant 0$ ($i = 1, 2, \cdots, m$)，则因线性规划问题中 $\boldsymbol{x}^{(k)}$ 为一容许解，$\boldsymbol{x}^{(k+1)}$ 为一最优解，故有 $F(\boldsymbol{x}^{(k+1)}) \leqslant F(\boldsymbol{x}^{(k)})$，所以只要取 δ_j 足够小，一般总会有 $f(\boldsymbol{x}^{(k+1)}) \leqslant f(\boldsymbol{x}^{(k)})$．而当 $\boldsymbol{x}^{(k+1)}$ 不满足 $g_i(\boldsymbol{x}^{(k+1)}) \geqslant 0$ 时，对所取的 $\boldsymbol{x}^{(k+1)}$ 仍能使 $f(\boldsymbol{x}^{(k+1)}) \leqslant f(\boldsymbol{x}^{(k)})$ 时，于是迭代也能使目标函数下降．因此迭代对一般函数是下降法，而若 $f(\boldsymbol{x})$ 最优值有界，则经若干次迭代便可求出最优解 $\boldsymbol{x}^*$．在迭代中只要 $\boldsymbol{x}^{(k+1)}$ 与 $\boldsymbol{x}^{(k)}$ 满足

$$\|\boldsymbol{x}^{(k+1)} - \boldsymbol{x}^{(k)}\| \leqslant \varepsilon$$

我们便认为求出了最优解．

现在把计算方法的迭代公式总结如下：

给定初始点 $\boldsymbol{x}^{(0)}$ 满足

$$g_i(\boldsymbol{x}^{(0)}) \geqslant \varepsilon_i \qquad (i = 1, 2, \cdots, m).$$

1° 求

$$\begin{aligned} &\boldsymbol{c} = \nabla f(\boldsymbol{x}^{(k)}), \\ &\boldsymbol{a}_{i\cdot} = \nabla g_i(\boldsymbol{x}^{(k)}) \qquad (i = 1, 2, \cdots, m), \\ &b_i = -g_i(\boldsymbol{x}^{(k)}) + \varepsilon_i, \end{aligned}$$

2° 解线性规划问题

极小化

$$s = \boldsymbol{c}^T\boldsymbol{y}$$

满足于

$$\boldsymbol{a}_i^T\boldsymbol{y} \geqslant \boldsymbol{b}_i \quad (i = 1, 2, \cdots, m),$$
$$|y_j| \leqslant \delta_j \quad (j = 1, 2, \cdots, n).$$

记其最优解为 $\boldsymbol{y}^{(k)}$

3° 若

$$\|\boldsymbol{y}^{(k)}\| \leqslant \varepsilon,$$

则求

$$\theta = \|\boldsymbol{x}^* - \boldsymbol{x}^{(k)}\|,$$

若

$$\theta \leqslant \varepsilon',$$

则求出了最优解 $\boldsymbol{x}^{(k+1)} = \boldsymbol{x}^{(k)} + \boldsymbol{y}^{(k)}$，此处 ε' 为另一给定的控制误差．若 $\theta > \varepsilon'$，则将 ε_i 缩小，将 $\boldsymbol{x}^{(k+1)} = \boldsymbol{x}^{(k)} + \boldsymbol{y}^{(k)}$ 送入 $\boldsymbol{x}^*$．再转回 1°．

若

$$\|\boldsymbol{y}^{(k)}\| > \varepsilon,$$

则转到 4°．

4° 求

$$\boldsymbol{x}^{(k+1)} = \boldsymbol{x}^{(k)} + \boldsymbol{y}^{(k)}$$

代入约束条件，若满足

$$g_i(\boldsymbol{x}^{(k+1)}) \geqslant 0 \qquad (i = 1, 2, \cdots, m),$$

则以 $\boldsymbol{x}^{(k+1)}$ 代 $\boldsymbol{x}^{(k)}$ 转回 1°．若 $\boldsymbol{x}^{(k+1)}$ 不满足

$$g_i(\boldsymbol{x}^{(k+1)}) \geqslant 0 \qquad (i = 1, 2, \cdots, m),$$

则求 λ 使

$$\tilde{\boldsymbol{x}}^{(k+1)} = \lambda\boldsymbol{x}^{(k)} + (1 - \lambda)\boldsymbol{x}^{(k+1)},$$
$$g_i(\tilde{\boldsymbol{x}}^{(k+1)}) \geqslant 0 \qquad (i = 1, 2, \cdots, m)$$
$$f(\tilde{\boldsymbol{x}}^{(k+1)}) \leqslant f(\tilde{\boldsymbol{x}}^{(k)}).$$

若找不到 λ 则方法失败，若找到 $\tilde{\boldsymbol{x}}^{(k+1)}$ 则以 $\tilde{\boldsymbol{x}}^{(k+1)}$ 代替 $\boldsymbol{x}^{(k)}$ 转回 1°．

§3. 整数线性规划的计算方法

在实际问题中有时要求变量的取值必须只取某些限定的值，这便是通常的离散型数学规划. 由于取这些离散值，在线性规划情形下很容易化成只取整数值，因而有所谓整数数学规划问题.

离散数学规划的计算方法中整数线性规划的算法最多，最常用的有三大类：割平面法、分支限界法以及化成 0-1 规划的布尔运算法. 因为割平面法与单纯形法关系十分密切,所以,这里仅介绍解整数线性规划的割平面方法.

当然,前一章介绍的运输问题是整数线性规划的特例,分配问题是 0-1 规划的特例,但它们类型特殊，因而方法也特殊，一般并不把它们放入整数规划中讨论.

我们这里讨论的问题是:

极小化

$$s=\boldsymbol{c}^T\boldsymbol{x}, \tag{4.19}$$

满足于约束条件

$$A\boldsymbol{x}=\boldsymbol{b}, \tag{4.20}$$

$$\boldsymbol{x}\geqslant 0, \tag{4.21}$$

记 $\boldsymbol{x}=(x_1, x_2, \cdots, x_n)^T$, $\mathscr{J}=\{1, 2, \cdots, n\}$, 还要求

$$x_j \text{ 为整数,对 } j\in\mathscr{J}_1,\ \mathscr{J}_1\subset\mathscr{J}. \tag{4.22}$$

若当 $\mathscr{J}_1=\mathscr{J}$ 时则称之为完全整数线性规划问题,否则 $\mathscr{J}_1\neq\mathscr{J}$ 时称之为混合整数线性规划问题.

我们首先介绍完全整数线性规划的割平面法.

这个方法,首先不考虑整数要求，求出最优解，设最优解所对应的单纯形表格如表4.1-1.

当所有 $x_i^{(M)}$ $(i=1, 2, \cdots, m)$ 均为整数时，便求出了整数线性规划的最优解.

现在假定有 $x_i^{(M)}$ 不是整数，于是在最后的单纯形表格中得出

$$x_i^{(M)} = x_{j_i} + \sum_{\substack{j=1 \\ j \notin \mathscr{J}_M}}^{n} a_{ij} x_j. \tag{4.23}$$

这里用 $x_i^{(M)}$ 表示 x_{j_i} 的取值，与前面章节不同. (4.23) 中 a_{ij} 为单纯形表格中的值，$\mathscr{J}_M = \{j_1, j_2, \cdots, j_m\}$ 为基底描述的集合.

表 4.1-1

			p_1	p_2	p_3	$\cdots$	p_n
			c_1	c_2	c_3	$\cdots$	c_n
p_{j_1}	c_{j_1}	$x_1^{(M)}$	$a_{1,1}$	$a_{1,2}$	$a_{1,3}$	$\cdots$	a_{1n}
p_{j_2}	c_{j_2}	$x_2^{(M)}$	$a_{2,1}$	$a_{2,2}$	$a_{2,3}$	$\cdots$	a_{2n}
$\vdots$	$\vdots$	$\vdots$	$\vdots$	$\vdots$	$\vdots$		$\vdots$
p_{j_m}	c_{j_m}	$x_m^{(M)}$	a_{m1}	a_{m2}	a_{m3}	$\cdots$	a_{mn}
	σ_j		σ_1	σ_2	σ_3	$\cdots$	σ_n

把(4.23)中的参数均作分离整数小数的运算. 即

$$x_i^{(M)} = N_{i_0} + f_{i_0},$$

$$a_{ij} = N_{ij} + f_{ij}.$$

其中 $N_{i_0} = [x_i^{(M)}]$，表示 $x_i^{(M)}$ 的整数部分；$f_{i_0} = \{x_i^{(M)}\}$，表示 $x_i^{(M)}$ 的小数部分;类似地，$N_{ij} = [a_{ij}]$；$f_{ij} = \{a_{ij}\}$. 自然有

$$0 \leqslant f_{ij} < 1 \qquad (j \notin \mathscr{J}_M, j = 0, 1, 2, \cdots, n).$$

定义

$$x_s = \sum_{\substack{j=1 \\ j \notin \mathscr{J}_M}}^{n} f_{ij} x_j \geqslant 0.$$

于是

$$f_{i_0} - x_s = x_{j_i} + \sum_{\substack{j=1 \\ j \notin \mathscr{J}_M}}^{n} N_{ij} x_j - N_{i_0}.$$

当所有变量都取整数时，等式右边一定是整数，于是左边也必然是整数. 但左面 $f_{i_0} < 1$，$x_s > 0$，所以一定有 $f_{i_0} - x_s \leqslant 0$，也就是一定要求有 $x_s \geqslant f_{i_0}$. 定义

$$x_{n+1} = x_s - f_{i_0} \geqslant 0,$$

而且要求 x_{n+1} 为整数，于是增加一个约束，一个变量，具体为

$$x_{n+1}-\sum_{\substack{j=1\\ j\in \mathcal{J}_M}}^{n} f_{ij}x_j=-f_{i_0}.$$

把它引入单纯形表格.

在新的单纯形表格中 x_{n+1} 为一基本变量，但这一基本变量的取值为负，所以要用对偶单纯形法的手段把 x_{n+1} 从基本变量中换出去.

我们用类似的方法处理所有不是整数的基本变量取值.

这个方法在理论上可以证明是收敛的，但当问题的阶数和维数很大时，由于舍入误差等原因，却很难得出最后结果．而且阶越来越高，以致于计算不能继续进行.

现在介绍混合整数线性规划的割平面法.

与完全整数线性规划的割平面法一样，首先不管各变量是否要求为整数，略去整数的要求，求出最优解．设最后得出的单纯形表格为

表 4.1-2

			$\boldsymbol{p}_1$	$\boldsymbol{p}_2$	$\boldsymbol{p}_3$	$\cdots$	$\boldsymbol{p}_n$
			c_1	c_2	c_3	$\cdots$	c_n
$\boldsymbol{p}_{j_1}$	c_{j_1}	$x_1^{(M)}$	$a_{1,1}$	$a_{1,2}$	$a_{1,3}$	$\cdots$	a_{1n}
$\boldsymbol{p}_{j_2}$	c_{j_2}	$x_2^{(M)}$	$a_{2,1}$	$a_{2,2}$	$a_{2,3}$	$\cdots$	a_{2n}
$\vdots$	$\vdots$	$\vdots$	$\vdots$	$\vdots$	$\vdots$		$\vdots$
$\boldsymbol{p}_{j_m}$	c_{j_m}	$x_m^{(M)}$	a_{m1}	a_{m2}	a_{m3}	$\cdots$	a_{mn}
	σ_j		σ_1	σ_2	σ_3	$\cdots$	σ_n

假若要求取值为整数的分量，在基底中的，对应的 $x_i^{(M)}$ 的值均为整数，则求出了满足要求的最优解，否则，设变量 x_{j_i} 要求取整数值，但得值 $x_i^{(M)}$ 并不是整数，这时要求继续迭代下去．由单纯形表格得出

$$x_i^{(M)}=x_{j_i}+\sum_{j\in \mathcal{J}_I} a_{ij}x_j+\sum_{j\in \mathcal{J}_N} a_{ij}x_j,$$

这里 $x_i^{(M)}$ 表示单纯形表上 x_{ji} 的取值．式中 $\mathscr{J}_I$ 表示非基本变量中要求取整数变量的足标集合；$\mathscr{J}_N$ 表示非基本变量中其余变量足标集合．

类似于前面的讨论，有

$$\sum_{j\in\mathscr{J}_I} f_{ij}x_j + \sum_{j\in\mathscr{J}_N} a_{ij}x_j - f_{i_0} = N_{i_0} - \sum_{j\in\mathscr{J}_I} N_{ij}x_j - x_{ji}.$$

于是，在等式右边，因为常数都是整数，所以当变量取整数时应得出整数值，此时等式左边也自然应为整数．因此或者

$$\sum_{j\in\mathscr{J}_I} f_{ij}x_j + \sum_{j\in\mathscr{J}_N} a_{ij}x_j - f_{i_0} \geqslant 0; \tag{4.24}$$

或者

$$\sum_{j\in\mathscr{J}_I} f_{ij}x_j + \sum_{j\in\mathscr{J}_N} a_{ij}x_j - f_{i_0} \leqslant -1. \tag{4.25}$$

进一步，再把 $\mathscr{J}_N$ 分成两部分：

$$\mathscr{J}_N^+ = \{j|j\in\mathscr{J}_N,\ a_{ij}>0\},$$
$$\mathscr{J}_N^- = \{j|j\in\mathscr{J}_N,\ a_{ij}<0\}.$$

这样，(4.24)成立就一定有

$$\sum_{j\in\mathscr{J}_I} f_{ij}x_j + \sum_{j\in\mathscr{J}_N^+} a_{ij}x_j \geqslant f_{i_0}. \tag{4.26}$$

若(4.25)成立就一定有

$$\sum_{j\in\mathscr{J}_N^-} a_{ij}x_j \leqslant -1 + f_{i_0}.$$

两边同时乘以 $\dfrac{f_{i_0}}{-1+f_{i_0}}$，又因其小于 0，因而有

$$-\sum_{j\in\mathscr{J}_N^-} \frac{f_{i_0}a_{ij}x_j}{1-f_{i_0}} \geqslant f_{i_0}. \tag{4.27}$$

因为(4.26)及(4.27)左面均非负，而且其中一定有一个成立，也就是

$$\sum_{j\in\mathscr{J}_I} f_{ij}x_j + \sum_{j\in\mathscr{J}_N^+} a_{ij}x_j - \sum_{j\in\mathscr{J}_N^-} \frac{\delta_{i_0}a_{ij}x_j}{1-f_{i_0}} \geqslant f_{i_0}. \tag{4.28}$$

若一个问题有 $\mathscr{J}_N^+=\mathscr{J}_N^-=\phi$，于是有

$$\sum f_{ij}x_j \geqslant f_{i_0},$$

这正是完全整数线性规划的情形.

若存在 $j\in\mathscr{J}_I$ 使 $f_{ij}>f_{i_0}$，则把 $\mathscr{J}_I$ 也分成两部分为：

$$\mathscr{J}_I^+=\{j|j\in\mathscr{J}_I, f_{ij}\leqslant f_{i_0}\},$$

$$\mathscr{J}_I^-=\{j|j\in\mathscr{J}_I, f_{ij}>f_{i_0}\}.$$

因为 $f_{i_0}>0$，故有

$$f_{ij}>0，\text{对所有 } j\in\mathscr{J}_I^-.$$

从

$$\sum_{j\in\mathscr{J}_I} f_{ij}x_j+\sum_{j\in\mathscr{J}_N} a_{ij}x_j-f_{i_0}$$

$$=N_{i_0}-\sum_{j\in\mathscr{J}_I} N_{ij}x_j-x_{ji}$$

两边减去 $\sum\limits_{j\in\mathscr{J}_I^-} x_j$ 得到

$$\sum_{j\in\mathscr{J}_I^+} f_{ij}x_j+\sum_{j\in\mathscr{J}_I^-}(f_{ij}-1)x_j+\sum_{j\in\mathscr{J}_N} a_{ij}x_j-f_{i_0}$$

$$=N_{i_0}-\sum_{j\in\mathscr{J}_I^+} N_{ij}x_j-\sum_{j\in\mathscr{J}_I^-}(N_{ij}+1)x_j-x_{ji}.$$

类似于前面同样的处理，由此式推出下面两式必有一式成立，而且只有一式成立.

$$\sum_{j\in\mathscr{J}_I^+} f_{ij}x_j+\sum_{j\in\mathscr{J}_N^+} a_{ij}x_j\geqslant f_{i_0},$$

$$-\frac{f_{i_0}}{1-f_{i_0}}\left[\sum_{j\in\mathscr{J}_I^-}(f_{ij}-1)x_j+\sum_{j\in\mathscr{J}_N^-} a_{ij}x_j\right]\geqslant f_{i_0}.$$

类似于(4.28)得到

$$\sum_{j\in\mathscr{J}_I^+} f_{ij}x_j+\sum_{j\in\mathscr{J}_I^-}\frac{f_{i_0}(1-f_{ij})x_j}{1-f_{i_0}}+\sum_{j\in\mathscr{J}_N^+} a_{ij}x_j$$

$$-\sum_{j\in \mathscr{J}_N^-}\frac{f_{i_0}a_{ij}x_j}{1-f_{i_0}}\geqslant f_{i_0} \tag{4.29}$$

注意，(4.28)与(4.29)形式上一致，只是(4.29)比(4.28)多了一项，即对 $j\in \mathscr{J}_I^-$ 求和的一项．因为这部分 x_j 的系数是与(4.28)中不一致的，若 $f_{ij}>f_{i_0}$ 时有

$$f_{ij}-f_{i_0}f_{ij}>f_{i_0}-f_{i_0}f_{ij}$$

得出

$$f_{ij}>\frac{f_{i_0}(1-f_{ij})}{1-f_{i_0}},$$

这便是他们之间系数的差别．由此说明(4.29)比(4.28)式要强．

混合整数线性规划的计算方法与完全整数线性规划的计算方法除个别地方外都一样，这个别地方仅是用

$$x_s=\sum_{j\in \mathscr{J}_I^+}f_{ij}x_j+\sum_{j\in \mathscr{J}_I^-}\frac{f_{i_0}(1-f_{ij})x_j}{1-f_{i_0}}$$
$$+\sum_{j\in \mathscr{J}_N^+}a_{ij}x_j-\sum_{j\in \mathscr{J}_N^-}\frac{f_{i_0}a_{ij}x_j}{1-f_{i_0}},$$

代替

$$x_s=\sum_{\substack{j=1\\ j\in \mathscr{J}_M}}^{n}f_{ij}x_j$$

罢了．所以混合整数规划的计算方法也就无须再讨论了．

练　　习

1．求解下述问题：

极小化

$$s(\boldsymbol{x})=c_1(x_1)x_1+c_2(x_2)x_2$$

满足于约束条件

$$x_1+x_2\leqslant 3,$$
$$x_1-2x_2\leqslant 1,$$

$$-2x_1 + x_2 \leqslant 2,$$
$$x_1, x_2 \geqslant 0.$$

其中

$$c_1(x_1) = \begin{cases} 3, & 当\ 0 \leqslant x_1 < 1, \\ 2, & 当\ 1 \leqslant x_1 < 2, \\ 1, & 当\ 2 \leqslant x_1 \leqslant 3; \end{cases}$$

$$c_2(x_2) = \begin{cases} -1, & 当\ 0 \leqslant x_2 < 1, \\ -2, & 当\ 1 \leqslant x_2 < 2, \\ -3, & 当\ 2 \leqslant x_2 \leqslant 3. \end{cases}$$

2．用逐步线性化方法求解：

极小化

$$f(x_1, x_2) = 2x_1^2 + x_2^2 - 2x_1x_2,$$

满足于约束条件

$$x_1 + x_2 - x_1x_2 \geqslant 0,$$
$$x_1, x_2 \geqslant 0.$$

3．求解下述整数线性规划问题：

极大化

$$s = 2x_1 + x_2,$$

满足于约束条件

$$x_1 + x_2 + x_3 = 5,$$
$$-x_1 + x_2 + x_4 = 0,$$
$$6x_1 + 2x_2 + x_5 = 21,$$
$$x_1, x_2, x_3, x_4, x_5 \geqslant 0,\ 为整数.$$

参 考 文 献

[1] Agmon, S., The relaxation method for linear inequalities. *Canadian Journal of Mathematics*, **6**(1954).

[2] Arrow, K. J., Hurwicz, L. and Uzawa, H., Studies in linear and nonlinear programming, Standford University Press. Standford, California, 1958.

[3] Dantzig, G. B., Linear programming and extensions. princeton university press, princeton, New York, 1963.

[4] Simmons, D. M., Nonlinear programming for operations research, Englewood cliffs, N. J. Prentice-Hall, 1975.

[5] Gass, S. I., Linear programming: Method and application, McGraw-Hill Book Company, Inc., New York, 1958.

[6] Neumann, K., Operations research verfahren, Carl. Hanser Verlag Müncher Wien, 1975.

[7] Kuhn, H. W. and Tucker, A. W., Linear inequalities and related system, *Annals of Mathematics Studies*, No. 38, Princeton, N. J. Princeton University Press, 1956

[8] Lasdon, L. S., Optimization theory for large systems, Collier-Macmillan limited, London, 1970.

[9] Mitra, G., Theory and application of mathematical programming, Academic Press, London, New York, San Francisco, 1976.

[10] Sposito, V. A., Linear and nonlinear programming, The Iowa State University Press/Ames, 1975.

[11] Vajda, S., Mathematical programming, Addison-Wesley Publishing Company Inc., 1961.

[12] Hartman, J. K., A generalized upper bounding methods for doubly coupled linear programming, *NRLQ*, **17**(1970), No. 4.

[13] Булавский, В. А., Итеративный метод решения общей задачи Линейного программирования, *Сибирский Математический журнал*, **3** (1962).

[14] Федоренко, Р. П., Итерационное решение задач линейного програмирования, *Ж. вычисл. матем. и матем. физ.*, **10** (1970).

[15] Simmons, D. M., Nonlinear programming for operations research, Englewood cliffs, N. J. Prentice-Hall, 1975.

[16] Л. В., 康特洛维奇,生产组织与计划中的数学方法，科学出版社. 1959.

[17] Bandler, J. W. and Charalambous, C., Nonlinear programming using minimax techniques, *JOTA*, **13**(1974), No. 6.

[18] Conn, A. R., Constrained optimization using a nondifferentiable penalty function, *SIAM J. Numer. Anal.*, **10**(1973), No. 4.

[19] Conn, A. R., Linear programming via a nondifferentiable penalty function, *SIAM. J. Numer. Anal.*, **13**(1976), No. 1.

[20] Conn, A. R. and Pietrzykowski, T., A penalty function method conver-

ging directly to a constrained optimum. *SIAM J. Numer. Anal.*, **4** (1977), No. 2.

[21] Rosen, J. B., The gradient projection method part I: Linear constraints, *JSIAM*, 8(1960), No. 1.

[22] Rosen, J. B., The gradient projection method for nonlinear programming part II: Nonlinear Constraints, *JSIAM*, **9**(1961), No. 4.

[23] Sposito, V. A., Linear and nonlinear programming. The Iowa State University Press/Ames., 1975.

[24] Zionts, S., Linear and integer programming, Prentice-Hall, Inc., 1974.

《计算方法丛书 · 典藏版》书目

1 样条函数方法 1979.6 李岳生 齐东旭 著
2 高维数值积分 1980.3 徐利治 周蕴时 著
3 快速数论变换 1980.10 孙 琦等 著
4 线性规划计算方法 1981.10 赵凤治 编著
5 样条函数与计算几何 1982.12 孙家昶 著
6 无约束最优化计算方法 1982.12 邓乃扬等 著
7 解数学物理问题的异步并行算法 1985.9 康立山等 著
8 矩阵扰动分析(第二版) 2001.11 孙继广 著
9 非线性方程组的数值解法 1987.7 李庆扬等 著
10 二维非定常流体力学数值方法 1987.10 李德元等 著
11 刚性常微分方程初值问题的数值解法 1987.11 费景高等 著
12 多元函数逼近 1988.6 王仁宏等 著
13 代数方程组和计算复杂性理论 1989.5 徐森林等 著
14 一维非定常流体力学 1990.8 周毓麟 著
15 椭圆边值问题的边界元分析 1991.5 祝家麟 著
16 约束最优化方法 1991.8 赵凤治等 著
17 双曲型守恒律方程及其差分方法 1991.11 应隆安等 著
18 线性代数方程组的迭代解法 1991.12 胡家赣 著
19 区域分解算法——偏微分方程数值解新技术 1992.5 吕 涛等 著
20 软件工程方法 1992.8 崔俊芝等 著
21 有限元结构分析并行计算 1994.4 周树荃等 著
22 非数值并行算法(第一册)模拟退火算法 1994.4 康立山等 著
23 非数值并行算法(第二册)遗传算法 1995.1 刘 勇等 著
24 矩阵与算子广义逆 1994.6 王国荣 著
25 偏微分方程并行有限差分方法 1994.9 张宝琳等 著
26 准确计算方法 1996.3 邓健新 著
27 最优化理论与方法 1997.1 袁亚湘 孙文瑜 著
28 黏性流体的混合有限分析解法 2000.1 李 炜 著
29 线性规划 2002.6 张建中等 著